浙江大学重大项目学术研究成果出版工程

解·舒

基于案例的养蚕病害诊断学

鲁兴萌　著

前　言

书名《解·舒》内涵并非缫丝工业中专业术语“解舒”的本意（茧丝从蚕茧茧层上离解难易程度），而是“解”和“舒”独立语义之合成。本“解”取分开和打开束缚之意，即为解开生产中养蚕病害发生之谜；本“舒”取适意之说，用科学合理的病害诊断意见，有效说服养蚕病害发生时可能相关的利益各方，达成长久的和谐共生与共同发展之效。此书意在通过养蚕病害诊断案例的剖析和相关专业基础知识的介绍，为农户、业主和管理者解开困扰，达成适意之旨。

自人类开始饲养家蚕，以获取用于纺丝织绸的原料开始，养蚕病害发生问题也如影随形，养蚕病害诊断也应运而生。不能否认，人类发现、驯养和培育了在生长速度和高产动物纤维（蛋白）性能方面无与伦比的家蚕，是一件登峰造极之作，但也不由自主地造就了一种对病害抗性极为脆弱的畸形动物。民间所言之“蚕宝宝”除其精灵和憨态可爱外，也有易于患病之特征内涵。养蚕病害犹如养蚕生产中挥之不去的阴影。

“使蚕不疾病者皆置之黄金一斤”《管子·山权数篇第七十五》是当时（约公元前645年）对家蚕病害之重视的描述；“若有拳翅、秃眉、焦尾、赤肚无毛等蛾，拣去不用，止留无病者，匀布连上”《农桑衣食撮要》（约1330年）和“凡蚕将病，则脑上放光，通身黄色，头渐大而尾渐小；并及眠之时，游走不眠，食叶又不多者，皆病作也。急择而去之，勿使败群。凡蚕强美者必眠叶面，压在下者或力弱或性懒，作茧亦薄。其作茧不知收法，妄吐丝成阔窝者，乃蠢蚕，非懒蚕也”《天工开物·乃服》（宋应星，1587年）则是对养蚕病害诊断及采取有效后续措施的早期记载，也是养蚕病害诊断在生产中发挥重要作用的体现。这些古人的经验和智慧，有些至今仍有应用。

随着科学技术的发展，养蚕技术发生了巨大的变化。这种变化既体现在从栽桑到收茧的整个过程中，也体现在人类对养蚕主体——家蚕的认识上。特别是现代生物学和生物技术（包括家蚕病理学、养蚕流行病学、蚕病检测技术和病害防控技术等）的快速发展，使人类对家蚕和养蚕的认识更趋深刻。

养蚕病害诊断是蚕病防控技术实施的基础，诊断的重点在于准确判断引起病害的主要原因，没有正确的诊断就无法实施有效的病害防控技术。养蚕病害的发生或流行往往是综合因素导致的结果，它不仅与致病因素（包括病原微生物的生物因素、有毒化学物质因素、生态因素和物理因素等）有关，而且与大生态环境、区域农作结构和农作习惯、养蚕方式和技术，以及区域社会经济结构等相关。因此，准确诊断养蚕病害，不仅需要对家蚕病理学、养蚕流行病学和蚕病检测技术等家蚕直接相关的理论与技术具有良好的基础，而且需要对区域的养蚕生产、自然和人文生态等有所了解，并具有足够的心理学、社会学、逻辑学和系统评价理论等知识。

作者1980年从业，1986年开始跟随我国知名蚕病学家金伟先生学习家蚕病理学与病害控制技术。当时，浙江蚕区氟化物污染依然十分严重，金伟先生在致病因素和发生主要原因的判断及事件处置中所表现的睿智，对纷繁因果关系缜密推理至水落石出这一过程所展现的简约之美，以及提出后续调查研究方向和应该采取措施的果断，令人敬佩和倾慕。虽然自身并未从事有关家蚕氟化物中毒的毕业论文选题研究，但出于对问题引导的关注，大量的文献学习使我对养蚕氟化物中毒的情况颇有了解。科技工作者通过大量研究后，在氟化物对家蚕和养蚕业危害分析及防控技术研发等方面做出了贡献，也为政府决策并造福百姓提供了科学依据。也许，这种科学技术的魅力和造福百姓的冲动，正是指引自己坚持知行合一，从事家蚕病理学与病害控制技术教学与科研的恒久动力。

硕士毕业后，在浙江农业大学蚕病教研室工作，参与了多次养蚕生产中病害的诊断，有幸与金伟、钱旭庭、蒋敏求、陈钦培、王丕承、吴春泉、屠天顺、马秀康和朱根生等多位具有丰富理论知识与实践经验的老专家共事，耳濡目染，受益匪浅。

从1995年开始，养成了每次出诊后的记录习惯，至今已积累了20多万文字及图片的养蚕病害诊断工作经历。在复杂的工作环境或问题解决中，尤其是几次重大病害流行的诊断工作，从许多基层技术人员和政府管理人员身上感受到爱岗敬业的不朽精神、充满智慧的思维逻辑、贴合实际的问题解决思路。从多年养蚕病害诊断工作中深刻体会到：养蚕病害的诊断不是单纯地根据家蚕病理学知识或检测技术进行的一项工作，而是需要在此基础上综合心理学、社会学、逻辑学和系统评价理论等多种学科知识进行的一项复杂性工作。

因此，养蚕病害诊断可以分为专业性的知识技术能力和综合性的思维分析能力。前者是基础，后者是应用，两者有着复杂的关联性。成稿前一直纠结于从基础到应用，还是实战优先的抉择，最终还是决意以信息收集、系统分析和综合评价为主轴，以案例分析为羽翼，以便基层处理养蚕病害的农技人员或政府管理人员在日趋泛专业化状态下快速入门，为其提供快餐式援助。家蚕病理学、养蚕流行病学和简易病害诊断技术，则作为基础性支撑内容，以供兴趣爱好者进一步学习，提高养蚕病害诊断水平和现场实际问题解决能力。

希望本书能为养蚕生产一线的技术人员和基层政府管理人员，以及从事养蚕有关研究人员的实际工作提供参考与帮助。

鲁兴萌

己亥岁末于启真湖畔

目 录

第四章 家蚕病理学基础 164

第一章　概　论

养蚕病害诊断是运用家蚕病理学和养蚕流行病学的基本理论、基本知识和基本技能，在充分获取病害发生和流行过程相关信息的基础上，通过科学的逻辑推理或实验技术验证，对病害的种类和发生的主要原因及相关因素做出系统分析和综合评价，并提出相应后续技术措施的一项工作。养蚕病害诊断在养蚕生产中日常进行，或在重大灾害性事故发生后经常开展。

养蚕病害诊断的基本目标是确定病害的种类，根本目的是探明病害发生的主要原因。病害种类的确定是养蚕病害诊断的基础，它既可为养蚕病害发生主要原因的探明提供理论基础，也可为病原学和病理学等的研究提供丰富素材。养蚕病害发生主要原因的探明是提出和实施具体后续技术措施，或解决利益纠纷的科学基础和依据。

如果说“世界上最出色的医生是兽医，他无法向他的患者询问病痛，他必须得找出病情”（罗•杰斯），那么家蚕医生或养蚕病害诊断者需要具备更多与间接求证相结合的知识与技能。因为“蚕宝宝”是较畜禽更为低等的动物，不仅不会告诉你它的病痛在哪里，也不会对你的触摸做出对应的回复。

1.1　养蚕病害诊断的特点

家蚕是一种低等免疫动物，对入侵病原微生物的抵抗能力十分有限，对部分化学物质的加害作用十分敏感。养蚕病害发生的主要时期为幼虫期

（约25天），时间较短。从病原微生物或有毒化学物质进入蚕体，到经过一定的潜伏期后被饲养人员或技术人员发现（个体异常）的时间滞后性，决定了家蚕个体治愈性很差。可引起家蚕中毒的有毒化学物质无穷无尽，判断具体为祸化学物质的难度十分艰巨；引起家蚕病害的病原微生物种类十分有限，传染病病种确定相对简单。家蚕与人和畜禽动物病害发生有明显不同的特征，是认识养蚕病害诊断特点的基础。

养蚕方式都为特定空间内高密度的群体饲养。对于饲养直接相关的蚕室空间环境致病因素，有效控制的难度相对较小（与生产成本或投入有关）；但对于饲养空间内家蚕、食物（桑叶或人工饲料）和排泄物混为一体的蚕座空间环境，致病因素的控制十分困难。这也决定了在特定饲养空间内普遍发生的病害，往往是由于蚕室空间环境控制出现问题。在蚕座内或部分蚕座内发生的病害，往往是食物（桑叶或人工饲料）和相关用具的洁净或消毒出现问题，特别是传染性病害，极易在蚕座内流行或暴发。

养蚕生产主要对象物（家蚕）和饲养方式的上述特征，决定了养蚕病害诊断的时间有限性和目标的对象群体性特点。

养蚕病害诊断的时间有限性：从发现家蚕病害个体到诊断意见确定，再到技术措施有效实施之间的时间十分有限。生产中养蚕病害多数发生在5龄大蚕期，而整个5龄期的时间仅为一周左右，而且在5龄后期或上蔟期间发生养蚕病害的极端情况也不少见。这种时间有限性决定了在技术手段上耗时较长的实验室检测技术将受到严重的限制。养蚕病害诊断在较多情况下依赖于现场诊断，通过诊断发现病害发生的主要原因，为后续生产提供技术参考或技术管理意见。

养蚕病害诊断目标的对象群体性：养蚕病害诊断的主要目标往往并不局限于发生病害的饲养家蚕群体或个体，而是为区域内物理空间上存在隔离的同期饲养家蚕群体（发病农户或饲养蚕室以外的饲养家蚕群体），或在时间次序上存在隔离的不同批次饲养家蚕群体，及时采取防控技术提供科学依据（根本目的）。养蚕病害发生和流行的特点、诊断的时间有限性，以及可进行治疗时间和治疗技术发展的局限性，都决定了养蚕病害诊断对象上有明显的群体性特点。

在不同养蚕区域家蚕饲养模式不同，群体性特点也不同。在间隙性养蚕区域（如江浙蚕区等）养蚕病害发生或流行后，养蚕病害诊断后的具体防控技术措施对诊断对象批饲养家蚕（小群体）的状态改善十分有限，但能尽量减少该批次的更大损失；对区域内其他养蚕农户同批次饲养家蚕（大群体），或当季其他饲养群体病害的及时防控具有十分积极的意义；对今后（下季养蚕）防止或杜绝类似情况的发生具有重要参考价值。在连续性养蚕区域（如两广蚕区）养蚕病害发生或流行后，由于区域内饲养家蚕幼虫期的不间断性，虽然具体防控技术措施对当批次（或户）的养蚕状态改善同样十分有限，但对控制污染（包括病原微生物和化学因素等）扩散，对有效控制同期饲养家蚕中病害的流行和对今后防止或杜绝类似情况的发生具有重要参考价值。因此，养蚕病害诊断目标的对象群体性不同，诊断后提出的防控技术或侧重点也应该有所不同。

在养蚕区域，社会经济结构和生态环境的复杂性（例如，区域内工业和农业、农业中的种植与养殖以及桑园与其他农田往往处于犬牙交错状态），极易造成致病因素的多样化和复杂性。养蚕生产单元（养蚕农户或生产单位）规模较小的模式，必然导致养蚕过程实施区域与其他可能具有致病因素区域的边界大幅增加，生产单元间技术水平的参差不齐，从而使致病因素对不同养蚕户或生产单位的饲养家蚕群体影响也有所不同。在养蚕区域，社会经济结构和生态环境较为复杂及养蚕规模较小的特点，不仅使养蚕病害防控的技术普及较为困难，而且对养蚕病害诊断中病害发生主要原因的探明也十分不利。此外，在发生较大规模损失或涉及赔偿等责任追究或经济纠纷问题时，诊断者获取有效信息也变得十分困难。养蚕病害诊断"基本目标"和"根本目的"，与养蚕病害发生过程复杂性间的矛盾，决定了诊断过程的综合性。

完整的养蚕病害诊断主要包括病害发生后病害种类的确定，病害发生主要原因的确定，防控技术措施或综合决策的提出（图1-1）。在病害种类确定中，家蚕病理学、养蚕流行病学和检测技术等专业理论和技能是基础。有效应用心理学、社会学和逻辑学等理论和知识，不仅在信息收集、系统分析和病害种类确定工作中发挥重要作用，而且对病害发生主要原因的确定帮助很大，对形成诊断结论中的综合评价等也有很大影响。因此，养蚕病害诊断是一项需要运用多种学科知识和理论的综合性工作。

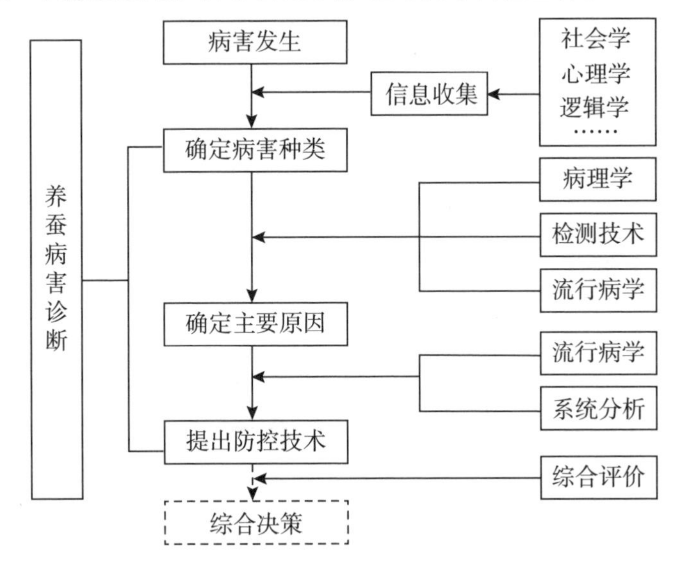

图1-1　养蚕病害诊断主要内容和流程

养蚕病害诊断中探明病害发生的主要原因，可为其他养蚕生产单元（养蚕户或生产单位）或下季（今后）养蚕防控该类病害发生或流行提供科学依据，为制定有效病害防控技术方案，实现“综合防治，预防为主”的策略提供技术支撑。

1.2　养蚕病害诊断与家蚕病理学

养蚕病害的发生历史与人类养蚕历史同步而行，养蚕病害是家蚕生长、发育和繁殖中正常生理平衡状态发生偏离的过程，该过程的发展必然导致家蚕在形态或行为，以及生理生化和分子生物学等多方面的异常，这种异常的表征显现或发现就是养蚕病害诊断的开始。

对于基于经验科学的养蚕病害诊断，我国早在汉代有关栽桑养蚕的记载中已有描述。到了明清时代，则有关栽桑养蚕的书籍更为丰富，并有诸多书籍流传至今。这些书籍中描述或记载了有关养蚕病害诊断、病因学、流行病学和防治措施等丰富内容。例如:《农桑衣食撮要》(1330年)"若有拳翅、秃眉、焦尾、赤肚无毛等蛾,拣去不用"和"蚕食冷露湿叶,必成白僵。蚕食旧干湿叶,则腹结、头大、尾瘠仓卒开门,暗风中者,必多红僵。若高撒远撒蚕身与箔相击后多不旺,多赤蛹";《广蚕桑说辑补》(1862年)"大眠起后二三日,有蚕身独短,其节高耸,不食叶而常在叶上往来,脚下有白水者,宜急去之,勿使他蚕沾染";《蚕桑辑要》(1871年)"蚕食湿叶,多生泻病、白僵,食热叶则腹结、头大、尾尖,食叶多而不老,亦不作茧";《裨农最要》(1897年)"又有通体青白,其头独亮者是亮头蚕,日后俱不能作茧,宜拣出"。

基于实验科学的养蚕病害诊断与家蚕病理学源于欧洲,与养蚕病害诊断相关的家蚕病理学主要涉及病因学、致病机制和免疫学等领域,家蚕病理学的发展为养蚕病害诊断提供了坚实的理论基础。

1.2.1 病因学

为了避免病害(异常)对蚕茧产量(收获)的影响,人类开始探究引起病害发生的原因(致病因素),由此而逐渐形成了家蚕病理学最基本的病原学或病因学研究领域,其研究成果为养蚕病害防控提供了直接的科学依据。

在病原性微生物的发现方面,最早在实验科学研究领域取得突破性进展的为意大利科学家阿戈斯蒂诺·巴希(Agostino Bassi, 1773—1856)。巴希在1807年开始研究使意大利和法国遭受严重经济损失的家蚕白僵病,历时25年,终于通过实验证实该病害由球孢白僵菌(*Beauveria bassiana*,当时被称为微小植物)寄生引起,并发现该病菌通过接触和污染食物引发病害,由此提出防病措施而使该病害得到有效控制。1835年巴希在《家蚕白僵病》中提出,许多植物、动物和人类的疾病是由微生物寄生引起的。他的研究成果不仅在推翻"自然发生学说"中发挥了重要的作用,也开创了家蚕等动物的病原学研究先河(浙江大学, 2001)。

1865年,法国养蚕业受一种被称为"胡椒蚕(pebrine disease)"病害的影响，蚕茧产量从1853年的2.6万吨下降为0.4万吨，路易斯·巴斯德（Louis Pasteur，1822—1895）受命开展相关研究。巴斯德与4位同事历时5年，在1870年出版的《蚕病研究》一书中报告了其研究成果，即引起该病害的是一种病原微生物（家蚕微粒子虫，*Nosema bombycis*）；该病原微生物可以通过蚕粪在蚕座内传播，也可以通过胚胎进行传播；采用隔离制种技术（袋制种,光学显微镜检查母蛾,选用健康母蛾所产蚕卵）可以有效防控该病害（浙江大学，2001）。

在病原性病毒的发现方面，1856年意大利科学家马埃斯特里（Maestri）用光学显微镜发现"脓病蚕"的血淋巴中存在大量颗粒状物体；1872年，奥地利科学家博列（Bolle）将该颗粒状物体称为"多角体"，并认为是"脓病蚕"的致病因素。1907—1912年，德国科学家冯·普劳沃泽克（von Prowazek）采用多层滤纸法和裴式过滤器（Berkefilter）进行实验，用不同稀释倍数滤液添食家蚕，确认"脓病蚕"的致病因子为过滤性病原微生物，但并不认为多角体是致病因素。1947年，德国科学家伯戈尔德（Bergold）采用血清学、生物化学和电子显微镜等技术证实，多角体内含有大量杆状病毒，碳酸钠稀释溶液处理多角体后饲喂家蚕可以重演致病过程，最终确定该"脓病蚕"的病原微生物为家蚕血液型脓病多角体病毒（*Bombyx mori* nuclear polyhedrosis virus，BmNPV;或称家蚕核型多角体病毒）。1934年，日本科学家石森直人在病蚕中肠组织中发现多角体；其后有贺（1955年）和鲇泽（1958年）等确认这种在我国被称为"干白肚"的"脓病蚕"的致病因素为家蚕中肠型脓病多角体病毒（*Bombyx mori* cytoplasmic polyhedrosis virus，BmCPV；或称家蚕质型多角体病毒）。1941年，帕约（Paillot）根据过滤实验结果确认家蚕软化病由病毒引起；1964年，鲇泽对日本长野蚕区样本进行分离纯化和形态观察等，确认引起家蚕病毒性软化病的致病因子为家蚕传染性软化病病毒（*Bombyx mori* infectious flacherie virus，BmIFV）（吕鸿声，1982，1998；浙江大学，2001）；2005年，该病毒在我国浙江桐乡蚕区被发现（王瀛等，2005）。清水和渡部分别于1975年和1976年分离和确认了家蚕浓核病病毒（*Bombyx mori* densovirus，BmDNV）的存在；20世纪50年代末60年代初，引起我国江浙蚕区大规模软化病的病毒曾被认为是BmIFV，但在

80年代被认为是 BmDNV（鲁兴萌，2006）。

除上述家蚕病原微生物被相继发现外，一些病原性细菌，或与上述病原微生物存在一定差异或归属不同种、株系的致病性病原微生物也不断被发现。同时，随着现代生物科学和技术的发展，这些病原微生物的形态结构、生化组成、基因组和蛋白质组等的研究成果，不仅为养蚕病害诊断中病因分析提供了重要的理论依据，而且为应用现代免疫学和分子生物学技术研发快速高灵敏性实验室检测技术提供重要基础。

随着工业的发展，厂矿企业“三废”在环境中排放量的增加，大农业使用农药种类增多和使用频率升高，以及桑园农药种类的有限性导致的非桑园指定农药的使用等，有害化学污染物成为家蚕的重要致病因素，有害化学污染物（厂矿企业“三废”和农药）对家蚕致病作用的影响日益受到关注。

随着工业的发展，早期大量燃煤造成空气中硫化物（二氧化硫）的增加，桑树或桑叶吸收有害化学污染物而被家蚕食下，导致养蚕病害发生（中毒）。其后，厂矿企业“三废”中的氯化物（氯气和盐酸烟雾）、碘化物、氮化物（二氧化氮和偏二甲基肼）及重金属（镉、锌、铅、砷和铜等）对家蚕的危害也相继被发现。20世纪80年代，在我国的浙江、江苏和广东等地相继发生养蚕中毒的现象。在1982年春蚕期，浙江杭嘉湖蚕区因养蚕发生中毒而减产蚕茧数千吨。大量学者和技术人员通过广泛的现场考察、文献查阅和研讨，根据日本文献中在钢铁、磷肥、玻璃、陶瓷和制铝等企业周边容易发生养蚕氟化物中毒的报道，结合现场考察中这些区域砖瓦窑遍地林立的实际情况，最终确定该类养蚕中毒为氟化物中毒，引起大面积养蚕氟化物中毒的原因是砖瓦窑生产过程中氟化物的大量排放。其后大量的科学实验证实了氟化物对家蚕的毒害作用（浙江大学，2001）。

厂矿企业“三废”的产生与企业使用燃料、原料和产品，以及生产过程和工艺等有关。因此，厂矿企业排放对家蚕有害化学污染物的可能性也是无穷无尽的。

农药的种类繁多，不同农药对家蚕的毒性差别巨大。农药中对家蚕毒性较大的是杀虫剂和杀螨剂，除草剂和杀菌剂的毒性相对较低。例如，菊酯类农药对家蚕的毒性剂量远远低于现有仪器检测灵敏度的最高限度，从而给仪器检测诊断造成困难。

不论是厂矿企业“三废”，还是农药，由于化学性质不同、进入蚕体的方式和剂量不同，以及进入蚕体后积累性不同等，有毒化学物质对家蚕的危害不同，家蚕所表现的异常也有很大差距，特别是微量有毒化学物质导致家蚕受害的情况下，次生诱发传染病或生理性障碍，从而造成病害诊断中主要原因分析的复杂性。

1.2.2 致病机制

致病机制是家蚕病理学研究的核心内容。致病因素如何作用于家蚕或如何进入蚕体？致病因素进入蚕体后，在蚕体内繁殖或积累的过程如何？家蚕在遭受致病因素作用后，在形态和行为、组织器官与细胞的结构和功能以及生理生化与分子生物学方面发生哪些变化？致病因素如何排出体外？这些问题是致病机制研究中关注的问题，也是养蚕病害诊断中病害种类确定和病害发生主要原因分析的科学依据之所在。

致病因素作用于家蚕或进入蚕体的途径和方式，是养蚕病害诊断中病因分析的一个侧面。例如，细菌性败血症的病种确认并不困难，其重点在于发病原因的判断，细菌的存在并非发病的主要原因，而创伤形成的原因分析有利于防控措施的实施。细菌性败血症的发生一定是败血性病原细菌进入蚕体血淋巴而引起的，而常规养蚕方式下败血性病原细菌广泛存在于饲养家蚕的环境之中，消毒或清洁技术难于或无法做到使家蚕与这些细菌不接触，从败血症一定是细菌从创口进入血淋巴的病理学结论，即可分析发病原因为造成蚕体创口的可能，如饲养密度过高以及给桑、眠起处理、上蔟和雌雄鉴别等操作过于粗放而造成创伤等。

不同致病因素进入蚕体后，在蚕体内繁殖或积累的过程存在差异，可直接将其病程（或潜伏期）不同的特征应用于养蚕病害的诊断。例如，养蚕发生急性中毒，一定是高剂量或剧毒有害化学物质（包括无机物、有机物和蛋白质等）进入蚕体造成的。同时，在养蚕病害诊断的病因分析中，必须关注蚕室环境的变化和桑叶被污染的情况。在小蚕一眠（头眠）或二眠期间减蚕率（饲养头数减少的比率）明显升高，很有可能由曲霉菌、家蚕微粒子虫或化学有害物质等引起。

致病因素作用于家蚕后，家蚕在形态和行为上的异常表现被称为病征，组织器官和细胞的结构或功能及生理生化与分子生物学方面的异常被称为病变。不同的致病因素作用于家蚕后,家蚕可能表现出不同的病征和（或）病变，也可能表现出相同或类似的病征和（或）病变。这种因果关系是养蚕病害诊断中最为常用的依据。如家蚕出现翻身打滚和大量吐水，则是有毒化学物质引起的中毒；如家蚕环节间出现黑色病斑和竹节状，则很有可能是氟化物中毒；如血液浑浊，则可能是血液型脓病、微粒子病或真菌病；发育不齐的可能致病因素更多，如严重不齐则可能是微粒子病或氟化物中毒，或中肠型脓病；如食桑不旺，则是绝大多数致病因素作用于家蚕后首先表现的异常，但在实际生产中相对较难发现。典型病征或病变是确定病种的必要和充分条件，所以利用其可以直接确诊病害的种类。如家蚕表现出“体色乳白、体躯肿胀、狂躁爬行、体壁易破”的典型病征，可直接确诊为血液型脓病；如家蚕发病后中肠后部或整个中肠呈乳白色横皱状的典型病变，可直接确诊为中肠型脓病；如家蚕发病后丝腺出现乳白色脓包的典型病变，可直接确诊为家蚕微粒子病。这种现象与事件之间的分析、判断，涉及因果关系的逻辑推理，“充分条件”和“必要条件”的认识，或发生概率的判断。

致病因素作用于家蚕后，家蚕在组织器官与细胞的结构和功能以及生理生化与分子生物学方面发生的一些特定变化，也可作为实验室仪器检测的取样靶向和技术研发依据；而致病因素排出体外的方式或数量等，则是流行病学研究和防控技术措施采取中必须关注的事件。

1.2.3　免疫学

家蚕是一种抗御致病因素作用和外界环境影响能力十分有限的昆虫，但在长期的进化（驯化）过程中为了自身种族的繁衍，还是形成了多种防御功能，这些防御功能稳定遗传而成为其基本的生理特征，在某些方面也形成了其独特的防御能力。在家蚕群体水平上，这种生理特征称为抗病性和抗逆性，一般用半数致死剂量（median lethal dose，LD_{50}）、半数致死浓度（median lethal concentration，LC_{50}）、半数感染剂量（median infectious dose，IC_{50}）和半数致死时间（median lethal time，LT_{50}）等进行衡量或评价。

早期由于缺乏系统的家蚕免疫学研究，一般都将家蚕的防御功能称为广义的免疫学功能。但随着家蚕血细胞吞噬微生物现象的发现，以及体液免疫物质（抗菌肽、凝集素等）和酚氧化酶系统生化机制等系统免疫相关研究成果的发表，包括家蚕在内的昆虫免疫应答、识别机制、免疫信号调控和系统进化等研究成果日趋丰富，特别是分子生物学理论和技术的快速发展，使家蚕等昆虫免疫相关分子和系统调控机制更趋清晰，昆虫免疫学的系统性也更加完善。家蚕或昆虫免疫学的发展，为养蚕病害诊断和深刻理解家蚕对致病因子的防御能力提供了有益的参考依据。

家蚕的身体结构（如体壁、气门和围食膜等）、化学组成（凝集素、抗菌肽和红色荧光蛋白等）具有抵御致病因素的功能，其血细胞的吞噬与包囊作用也可抵御致病因素。

家蚕体壁的表皮层由蜡质层（wax layer）、表皮质（cuticulin）和几丁质（chitin）等组成。除病原性真菌外，尚未发现其他病原微生物可以通过体壁感染家蚕。因此，在养蚕病害诊断中可排除其他引起病害的病原性微生物从体壁进入蚕体的可能性，从而在诊断中提出针对性更强的防控措施。虽然病原性真菌在一定温湿度条件下，可以透过家蚕体壁入侵家蚕，但家蚕体壁仍然对其具有一定的抵抗性，而且体壁对不同病原真菌的抵抗性存在差异，不同生长发育阶段和部位体壁的抵抗性也有差异。例如：体壁对白僵菌（*Beauveria*）的抗性较弱，对曲霉菌（*Aspergillus*）的抗性较强，因此曲霉病多数发生于小蚕期家蚕体壁较薄时；家蚕体壁节间膜位置的抗性相对其他部位抵抗性较弱，二三龄期间胸部环节上端皱褶较多而较易附着真菌分生孢子，所以以上部位应该是养蚕病害诊断中首要关注的部位（是否出现病斑），特别是对入侵能力相对较弱的曲霉菌引起的病害。

健康桑叶育家蚕中肠的消化液为强碱性（pH 11.0 ～ 11.5），绝大部分细菌和真菌无法在中肠繁殖，所以多数细菌和真菌为路过性微生物，无法入侵家蚕。肠球菌（enterococci）虽然可在其中有限生长，但健康家蚕的强碱性消化液、有机酸及抗肠球菌蛋白（anti enterococcus protein，AEP）等可有效控制其繁殖。但在家蚕体质下降（各种生理性或病理性因素影响）的情况下，肠球菌极易大量繁殖及继发其他细菌增殖。因此，从养蚕病害诊断而言，在摄食过程中摄入白僵菌，不会引发白僵病，或不是其发病的主要原因；白僵病往往由家蚕体壁附着白僵菌分生孢子并具备适宜温湿度而引起。细菌性肠道病发生的主要原因并非细菌的大量存在，而是家蚕体质的下降。蚕体发生腐烂而未见败血症症状的家蚕死亡，往往是其他致病因素作用的结果，腐烂现象仅是致死后细菌大量繁殖的表现。

家蚕对不同病原性微生物或有毒化学物质的抵抗能力存在明显差异，前者称为抗病性，后者称为抗逆性。

按抗逆性的一般规律，品种中的热带系统和中国系统较强、日本系统次之、欧洲系统较弱，杂交蚕种强于原蚕种；不同杂交蚕品种中，较强抗逆性系统来源遗传成分多的则较强，少或中丝量蚕品种强于多丝量蚕品种；对高温和多湿的抵抗力，小蚕期强于大蚕期；对有毒化学物质的抵抗力，多数情况下，大蚕期强于小蚕期，食桑期强于眠起和上蔟期。家蚕对不同有毒化学物质的抵抗力差距非常大，如杀灭菊酯和氧化乐果对家蚕的 LD_{50}分别为0.0332 μg/g和37.11 μg/g（后者是前者的1118倍，两种物质在桑叶上的残毒期也有明显差异）。

按抗病性的一般规律，多化性品种较强、二化性品种次之、一化性品种较弱；不同龄期中，大蚕期较强，小蚕期较弱；同一龄期中盛食期较强，将眠期次之，起蚕期较弱；同一品种的雄蚕强于雌蚕。抗病性还可细分为感染抵抗性、发病抵抗性和诱发抵抗性。虽然总体上不同蚕品种间的抗病性差异不大（流行病学视角），但在个别环境条件下可产生显著的差异，如家蚕5龄期遭遇极端高温或饥饿等不良环境因素影响后，对血液型脓病病毒的抵抗性将数以千倍地下降。在养蚕病害诊断中，这种诱发抵抗性的特征也是必须关注的。由于生产中使用的一代杂交蚕品种之间对主要病原微生物的抗病性差异较小，有育种专家建议抗性蚕品种的选育应以抗逆性为先。

家蚕抗御致病因素作用和外界环境影响的能力虽然十分弱小，但家蚕病害的发生是致病因素和家蚕在特定环境下相互作用的结果。因此，养蚕病害诊断必须充分关注家蚕自身的健康状况（抗性或免疫能力）等。在养蚕病害诊断中，充分认识家蚕品种、生长发育阶段和饲养家蚕体质水平之间存在的明显差异，可有效提高诊断的正确性和效率。

1.3 养蚕病害诊断与养蚕流行病学

有关养蚕流行病学的经验或知识，在我国早期农书中虽然有大量记载，但在病因学方面未能取得实验性依据的情况下，这些记载在病害诊断中应用的经验性特征较为突出。

养蚕流行病学与家蚕病理学的关注重点不同，前者重点关注“群体”，而后者重点关注“个体”。养蚕流行病学主要关注的问题有致病因素的分布状态，致病因素进入家蚕饲养群体的路径，致病因素在一个饲养群体（或多个饲养群体）及区域内的扩散途径，以及致病因素间相互作用关系等。家蚕病理学是养蚕流行病学的基础，养蚕流行病学是家蚕病理学的延伸。在养蚕病害诊断中，家蚕病理学主要用于病种的确定，养蚕流行病学主要用于病因分析及防控措施的建议。

致病因素的分布状态与养蚕流行病发生或暴发直接相关。一方面，了解致病因素的分布规律或建立监控养蚕环境分布状态的监控技术及制度，十分有利于养蚕病害的防控。另一方面，掌握致病因素分布状态，则是养蚕病害诊断中发病主要原因分析的重要基础。已有大量的研究和报道揭示致病因素的分布状态或规律，有些规律适用于大部分养蚕区域。例如：一年中随着养蚕次数的增加，或桑园害虫治理不善，或养蚕发病并流行后未进行严格的环境消毒等，养蚕环境中的病原微生物分布数量就较多；桑园与其他农作地块相间而存的程度较高或养蚕区域内排放厂矿企业“三废”的企业较多时，养蚕区域内有毒化学物质的分布概率较高；与健康母蛾所产蚕卵制成的蚕种的蚕室环境相比，农户或生产单位用感染家蚕微粒子病母蛾所产蚕卵制成的蚕种的蚕室环境中家蚕微粒子虫的分布更多。养蚕是一种半开放的饲养过程，饲养过程中作业人员行为对致病因素的分布具有明显的影响，如不同区域或同一区域的不同农户间，养蚕技术水平或养蚕习惯（特别是与病害控制相关环节）的不同可以显著影响致病因素的分布状态（鲁兴萌等，2013）。

致病因素进入家蚕饲养群体的路径是养蚕病害控制十分关注的问题，有效切断这些路径是达到病害防控目的的关键所在。致病因素进入家蚕饲养群体的方式和数量决定了病害流行程度，也是养蚕病害诊断中必须关注的问题。致病因素主要通过食物（桑叶或人工饲料）和空气两种方式进入家蚕饲养群体。

致病因素通过食物（桑叶或人工饲料）进入饲养群体的方式，主要是指病原微生物和有毒化学物质等致病因素污染食物，家蚕在摄食过程中摄入体内及接触发生作用。食物被污染主要有以下两种情况：①桑叶暴露于自然空气（或土壤）中，被传染性病原微生物或有毒化学物质（黏附、呼吸和吸收传导）污染，或人工饲料配方组成原料中含有有毒化学物质，该种情况下的初次病害出现往往没有发病中心，或饲养群体内不同空间的家蚕没有明显差异；②养蚕用具和作业人员等携带病原微生物或有毒化学物质直接或间接污染食物等，该种情况下的初次病害出现往往有发病中心，或饲养群体内不同空间的家蚕有明显差异。

通过空气进入饲养群体的方式，主要是指大环境（蚕室以外）中的病原微生物和有毒化学物质等致病因素，通过空气流动进入小环境（蚕室）。致病因素进入蚕室可直接或间接导致家蚕发病。直接方式：有毒化学物质直接通过家蚕呼吸进入体内而引起中毒；真菌分生孢子沉降于家蚕体壁而发芽入侵；细菌沉降于家蚕体壁并与创口偶合而导致败血症等。间接方式：有毒化学物质和传染性病原微生物污染食物（桑叶或人工饲料）而导致家蚕的食下感染。致病因素以该类方式进入蚕室，则初次病害的出现往往没有发病中心或群体内不同空间的家蚕没有明显差异，且养蚕病害发生的规模和范围往往较大。

致病因素进入家蚕饲养群体的数量与病害发生、流行程度和发生时间节点等都有密切的关系，与人为因素也有很大的关系，且具有明显区域特征。因此，在养蚕病害诊断中，通过与养蚕相关人员的充分沟通，获取有效信息，在综合一般规律与特殊情况后进行系统分析，对发病或流行主要原因的分析具有重要价值。

致病因素在一个家蚕饲养群体，或多个饲养群体（或单元）组成的区域内的扩散途径，是目前养蚕流行病学研究中相对较为系统和完整的内容。家蚕饲养群体内的扩散主要是指蚕座内传染，区域内的扩散主要是指同一地理区域内生态自然环境基本一致状态下的病害流行。致病因素进入家蚕饲养群体的时间影响，一般都有进入时间越早，发生扩散的严重性或流行程度越大的趋势。

蚕座内传染主要是指传染性病害的扩散，各种传染性蚕病都有其特定的感染途径、感染组织与器官及排出途径，这些家蚕病理学过程在外观上表现为病程。因此，病程在养蚕病害诊断中也是非常重要的观察指标和判断依据。蚕座内的扩散主要通过食下、接触或创伤等途径感染，明确各种传染病的病原微生物排出途径，并及时采取有效隔离措施，蚕座内传染即可得到有效控制。在发生真菌病或血液型脓病时，如能及时剔除尚未长出分生孢子的病蚕或体壁尚未破裂的病蚕，则可有效控制其蚕座内传染，否则流行程度就会加重；有些病害则在病征出现以前，已经向蚕座排放病原微生物（中肠型脓病和微粒子病等），但家蚕在感染后往往在发育进程上会出现异常，通过分批提青或淘汰迟眠蚕等眠起技术处理，可减轻其在蚕座内的传染。在养蚕病害诊断中，根据发病或流行病害种类的不同与其病程特征，结合相关防病技术的实施或到位率，以及区域内不同饲养群体间发生程度的差异，可分析和判断发病的主要原因。

家蚕微粒子病是家蚕病害中唯一具有胚种传染途径的病害，是一种检疫性病害。养蚕生产中使用的原种（包括母种、原原种和原种）和一代杂交蚕种都应是经过检疫合格的蚕种。原种生产单位使用的原种（种茧育）必须是母蛾检疫未检出家蚕微粒子虫的蚕种；一代杂交蚕种饲养使用的蚕种（丝茧育）允许带有一定数量的感染个体（有病蚕卵），但要求是经母蛾抽样检疫或成品卵检疫符合标准要求的蚕种。因此，家蚕微粒子病在一个养蚕群体或区域内的扩散，除具有与其他传染性病害类似的流行规律外，还涉及使用蚕种的检疫指标问题。在流行病学上，胚种传染引起的家蚕微粒子病诊断问题涉及微粒子虫进入群体的方式，以及有病个体的数量问题（风险阈值）。在该病害诊断中，除应用一般传染性病害的流行病学理论之外，必须对家蚕微粒子虫进入养蚕群体的独特方式、蚕座内传染规律和检疫规程内涵有充分的了解（鲁兴萌等，2017）。

有毒化学物质引起的养蚕病害不存在蚕座内传染的问题，只要撤除或杜绝有毒食物（桑叶或人工饲料）或用具等其他毒源，即可防止扩散，此特点也是在养蚕病害诊断和防控病害技术措施提出时必须充分考虑的问题。

传染性病原微生物和有毒化学物质及其他非传染性致病因素引起的病害，都存在区域内的扩散。传染性病害在区域内扩散的过程主要是指病原微生物的扩散过程，或者说是养蚕开始后病原微生物在区域内数量增加和分布结构发生变化的过程。有毒化学物质在区域内扩散的过程，就是其在养蚕环境中分布和数量的变化过程，以及进入家蚕饲养群体的数量变化过程。

多种致病因素与家蚕间相互作用的结果导致病害流行，理清相互作用关系并发现病害发生主要原因也即养蚕病害诊断之根本目的。养蚕病害诊断中主要原因分析难度与致病因素的种类（或数量）和相互之间关系的复杂度有关。致病因素越少，关系越简单，诊断难度就相对较低；致病因素越多，关系越复杂，诊断难度则相对较高，需要收集的信息更全面，开展实验室检测（仪器或生物检测）的内容更多，系统分析和综合评价的要求更高。

1.4 养蚕病害诊断与检测技术

确定养蚕病害种类是诊断的基本目标，也是病害发生主要原因判断的重要基础，以及实现诊断根本目的的前提。检测技术是完成养蚕病害诊断的主要技术手段，在病害种类确定和发生主因的判断中，检测技术可以发挥基础性、关键性或根本性作用。

检测技术的基础性作用，是指通过检测可以确定养蚕病害发生的种类，而病害种类的确定是后续技术措施实施和病害发生主因系统分析的基础。检测技术的关键性或根本性作用，是指通过检测可以明确致病因素的主要来源，而致病因素主要来源的确定是后续技术措施高效实施和病害发生主要原因判断，以及养蚕病害事件处理综合决策的技术关键和根本之所在。

养蚕病害诊断中主要涉及的检测靶标，是生物因素中的传染性病原微生物和化学因素中的有毒化学物质。对生物因素中传染性病原微生物的检测，主要基于家蚕病理学的生物学检测技术，其中包括以病征和病变等为主要依据的肉眼检测技术、以病原微生物形态等为主要依据的光学显微镜检测技术、以病原微生物的蛋白和核酸分子特征为主要依据的免疫学和分子生物学检测技术，以及基于科赫法则（Koch's postulates）的生物学试验检测技术。免疫学检测技术包括单向免疫扩散（single immunodiffusion）、双向免疫扩散（double immunodiffusion）、逆向免疫扩散（reversed immunodiffusion）、免疫电泳（immunoelectrophoresis）、酶联免疫吸附分析（enzyme-linked immunosorbent assay，ELISA）、荧光免疫分析（fluorescence immunoassay，FIA）、免疫胶体金技术（Immunocolloidal gold technique，GICT）等。分子生物学检测技术主要有基于核酸靶基因的各类聚合酶链式反应（polymerase chain reaction，PCR），如常规PCR、巢式PCR（nested PCR）、多重PCR（multiplex PCR）、反转录PCR（reverse transcription PCR，RT-PCR）、环介导等温扩增反应（loop mediated isothermal amplification，LAMP），以及荧光定量PCR（real time quantitative PCR）等。对化学因素中有毒化学物质的检测，主要基于化学分析仪器的检测技术，如气相色谱（GC）、高效液相色谱（HPLC）、气相色谱-质谱联用（GC-MS）、高效液相色谱-高分辨串联质谱（HPLC-HRMS/MS）、气相色谱-三重串联四极杆质谱联用（GC-QqQ-MS/MS）、液相色谱-质谱联用（LC-MS）、酶联免疫吸附分析和免疫胶体金技术等（鲁兴萌，2012a）。

养蚕病害诊断的目的、家蚕病害发生和流行的特征，以及检测技术的特性，决定了现实检测技术的选择和应用，不能简单地以检测技术的"高大上"为准则。检测技术选择和应用的基本准绳应该是有效、可靠和可行。有效是指检测技术能达成养蚕病害诊断的基本目标，即可有效控制病害继续扩散和减少经济损失，并为杜绝再次发生类似病害提供技术依据。可靠是指检测技术具有足够的理论依据和结果重演性。可行是指检测技术实施在时间和仪器等物质条件上满足提出诊断结论的要求。

引起养蚕病害发生的生物因素中，传染性病原微生物种数并不太多。对于许多病原微生物引起的病害，通过病征和病变观察，或光学显微镜观察即可进行判断或确诊，并根据流行病学的基本规律提出有效的病害控制技术措施。在发现养蚕群体表现异常（或发病）但未出现典型病征或病变个体的情况下，传染性病原微生物引起的病害多数可通过光学显微镜检测技术进行确诊或排除，部分则需要生物学试验或免疫学和分子生物学的检测技术进行确诊或排除。

引起养蚕病害发生的化学因素，即有毒化学物质的种类数，无穷无尽；检测技术可检出的化学物质与之相较，则十分有限。在有毒化学物质对家蚕的毒性方面，对于部分化学物质，即使剂量可引起家蚕急性中毒，现有的化学分析仪器检测技术也无法检出。0.11 μg/L和108 μg/L氯氰菊酯溶液喷施桑树，66天后用其桑叶喂饲2龄蚕，依然可以导致家蚕1%和14%的死亡率。用0.11 ng/L的氯氰菊酯溶液连续添食3龄起蚕，家蚕死亡率显著上升和眠蚕体重显著下降（$p<0.05$）；当氯氰菊酯溶液添食浓度为1.08 ng/L时，则家蚕死亡率达到极显著水平（$p<0.01$）。现有的仪器检测能力虽然可以达到10 ng/mL，但导致家蚕中毒的菊酯类农药浓度剂量远远低于其检测，或者说可以导致家蚕急性中毒的菊酯类农药浓度，现有仪器检测技术无法检出，微量中毒的情况则更甚。根据GB 31650—2019，LC-MS/MS法检测动物食品中阿维菌素残留量的检测限为2 μg/kg，但阿维菌素和依维菌素对家蚕的致死浓度为0.1 ～ 10 μg /L。用0.1 ～ 10 μg /L不同浓度的阿维菌素连续添食4龄家蚕，死亡蚕数增加，而不同浓度的阿维菌素对眠蚕体重的影响存在显著性差异（$p<0.05$）。

此外，化学分析仪器检测中，样本前处理具有较高的技术性和一定的复杂性。液-液萃取（liquid- liquid extraction，LLE）、固相萃取（solid phase extraction，SPE）、固相微萃取（solid phase micro-extraction，SPME）、凝胶渗透色谱法（gel permeation chromatography，GPC）等不同样品前处理方法对检测灵敏度有很大的影响，且家蚕或桑叶等养蚕相关样本材料的前处理耗时较长。因此，仪器检测有毒化学物的有限性、家蚕对部分物质的高度敏感性，以及待测样本前处理的复杂性，决定了基于化学分析仪器的检测技术应用案例很少。

在养蚕病害诊断中，诊断者必须根据家蚕病理学和养蚕流行病学的基础知识，针对现场实际情况，灵活应用和有效组合不同检测技术（肉眼检测、光学显微镜检测、免疫学检测、分子生物学检测、化学分析仪器检测和生物学试验等）来开展诊断工作。基于家蚕病理学和养蚕流行病学的基础知识，可以发现亚典型病征或病变的个体，如"体壁出现黑色环形黑斑""蔟中大量出现吐浮丝或平板丝的熟蚕"和"身体蜷曲，大量吐水"等。"体壁出现黑色环形黑斑"，可初步确诊为氟化物中毒，或通过仪器检测技术测定桑叶氟化物含量来进一步确诊。"蔟中大量出现吐浮丝或平板丝的熟蚕"和"身体蜷曲，大量吐水"，分别可初步确诊为有机氮（杀虫双等）和菊酯类农药中毒，并通过生物学试验或仪器进行检测。

从病征和病变的"典型性"到"亚典型性"及"非典型性"，在诊断的本质上是一个根据病征或病变判断病害种类的概率递减过程。对病害诊断，"典型性"病征或病变是一种"充分"和"必要"条件，在逻辑上可以成立简单的因果关系，或简单确诊；"亚典型性"病征或病变是一种"不充分"但"必要"的条件，需应用检测技术开展进一步的检测，在养蚕病害诊断的现实性上需对其逻辑关系成立的概率进行判断；"非典型性"病征或病变是一种"不充分"且可能"非必要"的条件，不仅需开展进一步的检测，而且逻辑关系成立概率的判断更为复杂。在现实生产中，由于养蚕病害发生后事件处置或后续技术措施实施的时间紧迫性，诊断者往往通过逻辑关系成立概率或可能性大小进行判断。

在"逻辑关系成立概率"的分析和判断中，不仅需要掌握基本的家蚕病理学和养蚕流行病学知识或理论，而且需要有效收集信息、多维系统分析，以及充分利用有效信息和检测结果进行综合评价。

1.5 养蚕病害诊断与信息收集

信息收集是指通过各种方式获取所需信息的过程，是一切工作有效开展的前提。除日常养蚕病害诊断外，多数诊断或需要专业人员参与的诊断，往往是在病害发生较为严重，甚至大规模发生或流行性暴发情况下的工作。因此，该类养蚕病害诊断中的信息收集是一项溯源性和预判性的工作，需要对发生过程的溯源和对充满不确定性的趋势进行预判，是养蚕病害诊断的基础性工作。

信息收集的溯源性需要在时间、空间和社会的不同维度开展工作。在时间维度上，需要对养蚕病害发生或流行的经过、整个饲养经过，以及过往该区域（或农户，或生产单位等）病害发生和流行的信息进行收集。在空间维度上，需要对养蚕病害发生或流行区域的蚕室结构和桑园分布、区域内农作结构，以及可能产生污染源的厂矿企业和临时性工程的"三废"等排放信息进行收集。在社会维度上，需要对区域内包括养蚕在内的农作习惯、社会经济的结构组成，以及不同社会阶层或角色人员的利益取向等信息进行收集。

信息收集的预判性包括前期、过程和后期。前期预判是在获得养蚕病害发生初步信息的基础上，利用文献检索、网络终端和即时观察等收集相关信息后进行的判断。过程预判是在养蚕病害诊断过程中，通过主观信息调查（汇报、询问和交流等）和客观信息调查（基于饲养发病现场，包括病征和病变、饲养群体间差异和生态环境等）收集相关信息后进行的判断。后期预判是综合主客观信息，经过系统分析和综合评价，做出诊断结论后的各种不确定性可能的判断。

信息收集中的溯源和预判，不是单向实施的过程，而是交互进行和不断反馈调整的过程。溯源中的时间、空间和社会维度的信息多数为主观信息，少数为客观信息（如同批次蚕种在不同区域的孵化率和饲养情况差异具有明显的客观性），三个维度也具有明显的交互性（如不同养蚕区域生态环境空间差异与人文环境差异之间的交互作用对病害发生或流行的明显影响）。前期和过程预判中，随着信息的不断增加，必须不断进行反馈调整，进一步明确信息收集的方向和重点，或及时调整诊断调查方案；前期和过程预判是后期预判的基础，后期预判性信息收集必须充分利用所有溯源和预判相关的信息。

高效开展信息收集工作，需要良好的家蚕病理学和养蚕流行病学知识，以及心理学、社会学和生态学等知识与理论。收集信息的准确性和一致性是相对的，但必须遵循可靠性、完整性和时效性的信息收集原则，并使之从随意性信息发展到事实性信息，最终形成开放性的信息或诊断结论。因此，信息收集工作也是后续系统分析和综合评价的基础。

1.6 养蚕病害诊断与系统分析及综合评价

养蚕病害诊断的基本目标和根本目的，决定了诊断直接和（或）间接相关的家蚕、致病因素和环境等都是复杂的系统，以及在诊断过程中信息收集和诊断结论（或决策）中直接和（或）间接相关的更为复杂的当事人系统。家蚕、致病因素和环境条件的复杂系统，都具有不同层级的复杂子系统，并存在复杂的相互关系。因此，养蚕病害诊断是一项解决复杂系统问题的工作。复杂系统问题的解决必然要求在实施过程中，进行系统分析（systematic analysis）和综合评价（comprehensive evaluation）。

养蚕病害诊断对象具有明显的复杂性特征。病害发生的生物主体为家蚕，家蚕作为一个生物体就是一个复杂系统。有关家蚕复杂系统的研究范畴与领域包括家蚕遗传与育种学、家蚕良种繁育学、家蚕生理和生化学、家蚕饲养学、家蚕病理学及养蚕流行病学等。家蚕病理学又包含了病因学（或病原学和毒物学）、免疫学、致病机制等广泛的内容。养蚕病害发生的另一个主角就是致病因素，致病因素包括生物因素、化学因素、物理因素和生态因素等，都有其自身的复杂系统特征。生物因素可分为传染性病原微生物和非传染性寄生及其他伤害因素两大类。传染性病原微生物中又有病毒、细菌、真菌和原生动物等，病毒有BmNPV、BmCPV、BmDNV和BmIFV等。化学因素包括农药和厂矿企业“三废”中的各类有毒化学物质，因此有毒化学物质只能陈述为“无穷无尽”。

养蚕病害发生的交汇点在于家蚕与致病因素相互作用（致病机制）后，家蚕出现异常。家蚕与致病因素的相互作用一定是在特定的环境条件下发生的。环境条件更是一个庞杂的系统。环境条件不仅对两者相遇之际的相互作用产生直接影响（例如，真菌分生孢子降落于家蚕体壁后，发芽穿入蚕体的相对湿度要求在80%或以上），而且对家蚕的抗性、致病因素的数量分布、致病性和扩散（如有害化学污染物的扩散与风向和风力等有明显关系）等都有间接的影响。影响养蚕病害发生的环境条件还可延伸扩展到桑园管理、养蚕设施设备条件、农作的结构布局、整个社会经济结构与产业布局等。

养蚕病害诊断信息收集和诊断结论认可过程中的复杂性主要来自人。养蚕病害的发生必然存在受害方，在某些情况下还可能存在加害方或协调方（发生较大养蚕病害的情况下往往有多方存在）。在信息收集和诊断结论认可过程中，必然与各类人员发生交集，而人又被称为“最为复杂的生物”，人既不是“木偶人”，也不是单纯“经济人”或“社会人”，人的本能、经济和社会属性在不同时间、场所和环境中的表现也会出现不同。因此，在信息收集中的询问、倾听和交流环节，以及诊断结论讨论或决断时，必须对不同人的复杂性进行不同的处理和综合的权衡。

基于养蚕病害诊断的复杂性，在信息收集、现场考察、实验检测、系统分析和综合评价中，必须将整体性、结构性、立体性、动态性和综合性等系统思维方式贯穿于整个流程。同时，基于系统思维的基本原则，有效利用家蚕病理学、养蚕流行病学和养蚕病害检测技术，根据诊断中结构和功能的逻辑关系，运用“5W+1H”（六何分析法）等方法，构建科学合理的相关树和基模（schema），科学、合理和有效达成养蚕病害诊断的基本目标和根本目的。

第二章　信息收集

信息收集是养蚕病害诊断工作有效开展的前提和基础，缺乏信息或信息不完整都会使诊断成为无本之源或导致误诊。具有良好的信息收集能力与素养，十分有利于养蚕病害的诊断。

养蚕病害的诊断方式可分为两种类型：①就地诊断，即养蚕人员或当地技术员在现场直接完成诊断，或咨询专家后直接诊断；②专家现场会诊，即邀请非本地专家到现场调查后进行的病害诊断。

养蚕病害发生是十分普遍的现象。在多数情况下，养蚕病害发生和流行程度较小，或造成的经济损失并不十分严重，养蚕人员（蚕农、专业合作社和蚕种生产单位技术人员）通过各类技术书刊和资料、网络终端（如相关专业网站www.lxm3s.com），获取家蚕病理学和养蚕流行病学的基本理论、知识、技能和诊断方法等，以及自身积累的知识和经验，根据现场家蚕病害发生情况（病征和病变等），对所获取的信息进行合理分析，直接做出病种的确定和发病原因的判断。养蚕农户也可通过咨询当地技术人员或专业人员获取信息后进行诊断，及采取相应的技术措施。由于诊断者对生产流程和病害发生经过（是否存在明显技术作业失当等）比较清楚、所需的信息量和处理信息的难度相对较低、诊断的正确性对生产整体影响相对较小，对诊断者的社会压力也相对较轻。因此，该类情况下一般采用就地诊断的方式。但在诊断或后续技术措施失误的情况下，容易成为后续养蚕或区域内养蚕的隐患并使风险增加。

当养蚕病害发生较为严重或出现区域性病害流行和暴发时，病害发生范围较大或发生原因超出个别农户的范畴，养蚕人员或基层技术人员往往由于经济利益的影响、事件本身的复杂性和重要性及当事人的社会压力等，难于或无法做出科学而合理的养蚕病害诊断。在该种情况下，往往需要技术主管专家、高校或研究机构专家介入养蚕病害的诊断。

在该类情况下，诊断不仅涉及技术问题的科学处置，而且可能由于较大的经济损失易与地方舆情相连，导致单纯的农业事故演变成激烈的民事纠纷，甚至诱发群体事件，最后偏离养蚕病害诊断的根本目的。因此，专家或专家组需要在当地政府、技术人员和事件各相关方的大力支持和积极配合下，收集足够的信息并加以梳理、提炼和分析，或进一步采用实验室检测技术获取信息，应用家蚕病理学和养蚕流行病学理论和知识，以及相关文献资料等，通过系统分析和综合评价，进行养蚕病害诊断及提出后续技术措施要点，为政府处置事件提供科学依据。

在信息收集和系统分析及综合评价的整个养蚕病害诊断过程中，专家或专家组成员与地方政府的科学态度和技术水平或事件处置能力，专家或专家组成员在与事件相关方或人员（受害方、可能的加害方和基层技术员等）沟通中信息收集的能力，专家所具有的良好心理学素养和丰富的社会学知识背景，系统分析、综合评价和提出技术措施时专家组成员间及专家与政府间的沟通与协调等都十分重要。

2.1　信息收集的基本概念

养蚕病害发生后，诊断的首要工作就是信息收集，主要是根据家蚕病理学、养蚕流行病学和检测技术的理论与知识，从接诊后即开始收集相关信息。收集的信息主要包括主观信息和客观信息，信息收集是养蚕病害诊断有效性和正确性的基本保障，贯穿于整个养蚕病害诊断过程。

2.1.1　信息收集基本原则

信息收集的准确性和一致性是相对的，但在收集过程中必须遵循可靠性、完整性和时效性的基本原则。

2.1.1.1　可靠性原则

可靠性原则是信息收集最为基本的要求。诊断者在接诊养蚕病害后，不仅需要考察和诊视现场，还要听取饲养当事人、相关技术或管理人员对病害发生经过的情况反映。诊断者必须具备鉴别所获信息可靠性的能力，才能从这些主观或间接的信息中敏锐地发现其中的价值或伪装。要想具备这种能力，一方面要熟练掌握专业技能，另一方面需加强有效获取不同相关人员来源信息并加于处理的能力（包括心理学和社会学等能力）。可靠性原则不仅是其他技术手段实施的重要前提，还需要后续诊断的验证或证伪。现场考察和视诊是最为基础的信息收集点，也是获得可靠信息的原点，唯有经过现场调查才有可能做到确诊。

2.1.1.2　完整性原则

完整性原则是养蚕病害诊断过程有效推进和准确判断的基础要求。完整性原则要求获取的病害诊断案例信息广泛、全面和有效。收集信息的完整性程度对病害种类的确定和发生主要原因分析有重要影响。理论上完整性程度越高，越有利于做出科学合理的判断，虽然客观上往往难于做到，但必须严格遵循。再者，收集信息必须要有重点，不能眉毛胡子一把抓。在发生区域性养蚕病害的情况下，必须对养蚕病害发生程度不同的农户或饲养单元（蚕室饲养的家蚕群体或桑园的分布结构）进行视诊；在怀疑中毒的情况下，必须对饲养过程、桑园和周边可能污染源等进行信息收集或进一步通过调查获取更多的信息。

2.1.1.3　时效性原则

时效性原则是养蚕病害诊断的明显特征，养蚕病害发生后的现场（家蚕）可保留时间很短，尽快到达现场采集信息是信息可靠性和完整性重要条件。因此。在家蚕饲养过程中，尽早发现饲养中出现的异常个体，不仅有利于正确诊断，也有利于避免养蚕经济损失的无端扩大甚至无法挽救。

小蚕期家蚕群体出现的血液型脓病如发现得太迟，结果往往是全军覆灭，难于判断发病原因是蚕种消毒问题，还是饲养消毒问题；如在2眠之前发现血液型脓病，则在调查该区域的养蚕消毒技术水平和使用蚕种生产情况后，即可确诊主要原因，并及时采取分批淘汰和蚕座消毒隔离措施，减少损失。虽然利用很多检测技术，可以获取更为精准的信息或证据，但耗时较长的时效性缺陷导致其无法发挥作用。此外，及时掌握国家环保和农药等领域管理基础政策信息的变化也十分有利于诊断。

分析和筛选出带有全局性、典型性、驱向性和规律性特征的信息是信息处理的关键所在。在需要进行后期实验室检测的情况下，现场调查中的信息收集对检测技术运用的有效性也具有重要影响。对现场调查中信息的收集，则需要诊断者与事件相关人员进行良好的沟通。现场调查收集的信息和相关文献资料信息可以成为诊断者系统评价时的重要参考依据。

2.1.2　信息收集方式和内容

养蚕病害诊断的方式有就地诊断和专家会诊，两种类型的诊断方式都可采用现场或远程的信息收集方式。在信息收集的内容方面，主要包括养蚕病害发生相关的时间、空间和社会信息。

2.1.2.1　远程信息收集

远程信息收集主要是利用通信或互联网终端（电脑或手机）等收集相关信息。就地诊断者（蚕农、生产技术员或区域政府技术人员）在现场收集信息后，如怀疑自身专业能力不足于确诊，则可以利用通信和互联网技术平台快捷和便利的远程信息收集优点，搜索相关专业网站（如养蚕安全工作站 www.lxm3s.com）或应用软件等来收集信息，或检索数据库（如万方数据、维普期刊、CNKI中国学术期刊和博硕士学位论文等网站）来获取相关专业文献。也可通过提供图片、文字或语音等信息，开展与同行或专家的交互式远程信息收集，根据同行或专家建议进一步收集信息和开展诊断。对就地诊断者而言，积累信息网络资源，如相关专家的联络通道、专业网站和应用软件的应用能力以及利用手机终端构建养蚕病害诊断相关的“朋友圈”或“工作群”等形式，十分有利于及时获取远程诊断所需要的丰富信息资源。

会诊专家在接诊后，同样应该根据接诊信息和邀请方的情况反映做出初步判断，并根据初步掌握信息，通过互联网技术平台或应用软件等开展信息收集工作。另一方面，根据所获信息向现场技术人员等深入了解情况和收集信息，或向邀请方提出进一步提供信息的要求（时效性的要求）。

2.1.2.2 现场信息收集

现场信息收集主要是指饲养者、地方专业人员、专家或专家组成员等诊断者在现场进行诊断时的信息收集。现场收集信息是最为基本的信息收集方式，主要包括人际沟通与交流、现场视诊和样本采集等。

在多数情况下，饲养者或地方专业人员通过观察饲养家蚕出现的异常（病征和病变等），以及了解发病过程或生态环境等，即可进行判断或确诊，并及时采取相应技术措施（时效性优势）。

在发生相对复杂养蚕病害的情况下，地方政府或技术管理负责人需要邀请相关专家或专家组进行会诊，专家或专家组必须开展现场信息收集工作。专家或专家组成员在进入养蚕病害发生区域后，必须注意观察区域内桑园、蚕室、农作和厂矿企业等的分布结构。如专家组成员中有同行地方人员，则更有利于在进入现场前了解掌握更多相关信息（时效性的要求）。

专家或专家组成员到达养蚕病害发生地后，应选择某个场所（村或乡镇等行政机构的会议室或办公室等），听取当地技术员和政府人员或饲养者代表等参加的基本情况（包括发生经过、区域范围和严重程度等）汇报。在涉及第二或第三个养蚕病害发生相关或利益相关方时，应进行两次或多次的情况汇报或信息收集会议（主观或间接信息为主的信息收集）。避免不同相关方在同一空间内发生激烈争执而无法有序开展诊断工作。

在经过简要交互式汇报和信息收集后，专家或专家组根据初步掌握的信息和经验，提出养蚕病害发生的现场调查具体方案，在当地技术员或政府人员的引导下，到养蚕场所或病害发生现场、桑园、周边农田和厂矿企业等处进行现场视诊和样本采集。同时，进一步广泛收集饲养者和相关人员反映的信息。在该过程中，专家与家蚕饲养者（或农户等相关人员）间的交流是十分重要的信息收集环节，也是平淡与细微处见真章的良好时机。同时，也可根据现场视诊获取的信息，进行远程信息的再收集等。专家或专家组成员必须对不同来源信息的可靠性和完整性等进行甄别和重构。

信息可分为主观信息和客观信息两类。主观信息的主要来源是基层农技人员（专职蚕桑辅导员、非蚕桑专职农技推广人员或其他产业农技人员等）和基层政府人员（村或乡镇分管者），家蚕饲养者（应该包括病害发生程度不同的受害方）和可能的加害方（企业或其他农作生产过程中的污染制造方，或桑园农药提供方），以及地方技术主管（蚕种提供或监管者）等。主观信息由于受利益和个人大脑记忆等的影响，容易偏离客观事实。在进一步收集信息和应用这些信息时，专家（信息收集者）需具备良好的发现和鉴别能力。客观信息的主要来源是现场调查中，发病家蚕个体或群体表现的症状或病变、病害发生农户间发生程度的差异、病害发生农户蚕室和桑园的分布规律、农作结构和生态格局分布的状态，以及取样后的实验室检测结果等。在现场信息收集过程中，主观和客观信息之间是可以相互利用的。有效利用主观信息可以开拓信息来源，观察到更为客观的现场。同样，有效利用客观信息可通过进一步的询问，开拓信息来源，收集更为广泛和中肯的主观信息。专家在现场调查和系统分析及综合评价过程中，收集信息的发现力、获取力和集聚力，对养蚕病害诊断的正确性具有明显的影响。

2.1.2.3　信息收集内容和范围

信息收集内容的范式包括时间、空间和社会三个维度，全面收集养蚕病害发生相关的信息，并充分体现溯源和预判两个特性。

在时间维度上，需要收集三个时间层次的信息：①该病害发生直接相关过程的信息收集，即个体病害发现和扩展（发病个体在蚕匾或饲育框，蚕室或自然村，或更大区域内的数量增加过程，以及病害范围扩大过程）的时间过程；②整个饲养经过的相关信息收集，如饲养或消毒等技术实施情况和饲养过程中生态环境的急变或异常等情况发生的时间节点；③过往该区域

（或农户，或生产单位等）相同或类似病害发生和流行的情况，或流行史的信息收集。

在空间维度上，需要收集三个结构空间的信息：①可能对病害发生产生影响的因子分布情况，包括病害发生在场所（蚕匾、蚕框和蚕台等蚕座）和蚕室中的空间分布、饲养环境的温湿度控制情况和蚕室空间结构（隔离状态）等；②桑园的情况，主要包括桑园的分布（与蚕室的距离，与其他农田或厂矿企业的距离和位置结构等）、桑园栽培管理和桑园病虫害管理情况（如为人工饲料养蚕，则需要了解配方各组成的质量控制和运输储藏等过程的污染可能性）；③蚕室和桑园在区域空间内的分布状态，即区域内可能与养蚕病害发生相关的农作空间结构（虫害发生与农药使用情况等）、厂矿企业或临时工程的空间分布，以及区域地理和气候的结构与变化等。当发生传染性养蚕病害时，空间维度的信息收集相对较为简单；当有毒化学物质引起养蚕病害时，空间维度的信息收集相对较为复杂，做到信息完整性的难度较大。

在社会维度上，需要收集三个相关内容的信息：①区域内包括养蚕在内的农作习惯。养蚕习惯与病害发生直接相关，其他农作习惯与病害发生间接相关。②社会经济的结构组成信息。养蚕在社会经济结构中的地位，直接影响养蚕病害防控技术的到位率。经济收入占比越大，区域内饲养密度越高，技术到位率越高，但一旦出现病害发生或流行后问题也更严重。③不同社会阶层或角色人员的利益取向信息，包括利益受损方的“同情和正义声张”道德感召力驱使下的被害心理、可能加害方的“趋利避害”本能驱使下的逃避心理和处理方“不值得定律”驱使下的敷衍心理，以及其他社会学相关的信息等。社会学维度的信息收集范围较为庞杂，具有明显的外场性特征。

上述时间、空间和社会维度是信息收集最基本的范围，不同养蚕病害发生后的信息收集内容和范围有很大差异。如何在遵循信息收集可靠性和完整性的基础上达成时效性的特征要求，是多数养蚕病害诊断信息收集中必须妥善处理的。例如，在怀疑蚕种质量引起的养蚕病害诊断时，获取蚕种生产、质量检验和流通环节的相关信息，以及同批次蚕种在不同区域的同期饲养情况等场外信息非常重要。在怀疑农药化学污染物或厂矿企业“三废”引起的养蚕病害诊断时，周边农作或森林治虫的相关信息（包括用药时间、种类和次数等）；厂矿企业生产的产品、原料、流程，以及“三废”处理工艺和可能的排放物等；国家环保的相关政策规定、排放标准和检测机构等信息收集非常重要。在有些复杂事件处理中，信息收集内容和范围更为广泛，诊断者应该根据具体情况高效、合理收集信息，但必须遵循溯源性和预判性特征。在重大和复杂的养蚕病害诊断的综合评价中，还必须对不同社会阶层或角色人员的心理发展趋势做出准确的判断，并充分准备预后方案。

2.1.3 主观信息收集与人际沟通

无论是就地诊断，还是专家或政府管理者等参与的会诊，在信息收集、现场调查、系统分析和综合评价的整个养蚕病害诊断过程中，都需要进行大量的人际沟通。良好的专业技术基础、心理学素养和逻辑思辨能力，是收集信息能力的重要基础，但具备良好的沟通技能同样十分有利于信息的收集。良好的沟通技能是收集信息中发现力、获取力和聚集力的基础，只有与人开展良好的沟通，才能得到必要的信息或重要的线索。赢得信任、获取有效信息也是沟通的目的。

2.1.3.1 信息收集者素养

在信息收集者（专家）的基本素养和能力方面，坚定不移地追求养蚕病害发生真相的信念和心理状态是专业能力基础之外的重要素养。信息收集者过高估计自身能力、过度重视自身地位和过于依赖他人意见等，都会导致信息收集在可靠性、完整性和时效性等方面的缺陷。违背实事求是的原则，在信息收集端的主观性、片面性或表面性等错误，都将使养蚕病害诊断的科学性与合理性出现偏离。

信息收集者过高估计自身能力，在急于给出问题答案的心理驱动下，在收集信息不够充分或现有技术手段无法获取必要证据的情况下，草率得出养蚕病害的诊断结论。这种情况下，容易造成事件中至少一方明显的不认可，或无法接受，而无益于问题的解决和事态的平息；也可能由于诊断结论中事件发生主要原因的误判及后续应对技术措施的不当，无法在技术上有效控制病害流行的趋势并达成减少或挽回经济损失的目的。

信息收集者过度重视自身地位，出于虚荣，就会对周边群体对其尊重程度有过分要求。信息收集者过分看重自身权威性，在信息收集阶段无视他人意见，必然导致信息收集中沟通的不畅，显著降低信息的发现能力。信息的可靠性、完整性和时效性受到影响，导致系统分析产生偏差而无法保证养蚕病害诊断的准确性，也无益于养蚕病害发生事件的合理处置。

信息收集者过于依赖他人意见，往往是由于缺乏坚定不移追求事件真相的信念，或专业技术能力缺陷，或心理上对所承担责任的过度恐惧。信息收集者在此种状态下，容易受养蚕病害发生相关方中某一方的强势意见或片面信息影响，在诊断或系统分析和综合评价中表现出意见上的模棱两可或偏差，无益于事件的有效处置，延误诊断和后续技术措施实施的时机，甚至造成误诊或造成更大的经济损失。

信息收集者是沟通过程的发起者。信息收集者对沟通目的的明确程度，对沟通对象（饲养者或蚕农、基层农技人员、政府相关管理人员，以及其他养蚕病害发生相关方等不同社会阶层和角色）的认知和了解程度，以及是否采用沟通对象所能接受的方式等，对沟通的效果和信息收集效果都有明显的影响。养蚕病害发生后，饲养者或蚕农往往是经济利益的受损方，在信息收集中表现的基本心理特点：希望通过自己的陈述、信息的提供或诉求，维护自己的利益。信息收集者如果缺乏对这种心理特点的认识和理解，将难于有效开展信息收集工作。在养蚕病害发生规模较大、受害人群较多的情况下，信息收集对象的认同、排外、归属和整体意识容易使之成为一个群体，但群体中又可分为主动者、评价顾忌者、分心者及纯粹在场者。如何利用这种群体心理的差异，同样是信息收集的重要技巧。此外，在群体中由于个体身份容易被隐藏而出现去个体化，信息收集者在收集、筛选和鉴别信息中必须加于关注。

2.1.3.2　信息收集的方式

询问方式收集信息，是最为常用和方便的主观信息收集方法。整个询问过程是信息收集者（诊断者、专家或政府管理者等询问者）与沟通对象（饲养者或蚕农、基层农技人员、政府相关管理人员，以及其他养蚕病害发生相关方等被询问者）互相影响、互相作用的双向传导过程，这是其最主要的特征，即人际沟通的过程。信息收集者必须坚持信任就会被信任、怀疑就会被怀疑的心理学互惠关系定律。同时，信息收集者在询问沟通中，应该把握好询问的正确性、相关性、简明性、条理性、重复性和集中性等要点，充分考虑沟通对象的文化、知识、经验和利益等背景要素的差异。信息收集者在询问沟通中，针对不同对象采用不同询问方式和提问内容，有效利用语言文字表述、语言表达形式（语调、语速、音量，甚至使用方言）、姿态举止和表情手势等肢体语言等来表现自身的亲和力和使对方感知自己被尊重，进入询问对象的心理沟通频道并博取其信任，可充分挖掘他（她）所了解的情况，从而获得所需要的信息。

尽量避免在利益冲突双方同时在场情况下开展询问。如在利益冲突双方同时在场情况下询问，则必须考虑信息受情绪和利益的影响。对询问对象也应该进行细分，如不同养蚕技术水平和不同受害程度的农户。

倾听是询问方式收集信息时的基本过程。利用倾听中再询问和反馈的作用，即充分利用人际沟通交互性的基本特征，可获得更为详细和精准的信息。在倾听过程中,信息收集者（或询问者）可根据沟通对象（或被询问者）提供信息中正确的观点或意见，对其进行肯定和赞赏；也可针对其陈述中需要进一步了解的问题，适时进行诱导性提问（可采用开门见山的直接提问、由远而近的迂回提问方式），或以友善、不解的姿态询问其陈述中自相矛盾之处。但在交互沟通中，必须注意时机选择，掌握火候；因人而异，有的放矢；晓之以理，动之以情；实事求是，注意分寸；遵循消除对立情绪的基本原则。询问中，必须避免频繁打断对方的陈述、指出对方的错误之处、表达任何结论性的陈述等等。做一位“耐心、专心、用心”的倾听者，这是养蚕病害诊断者或专家有效提高信息获取量的基本要求。在询问获取信息阶段，没有结果，只有倾听、倾听再倾听，询问、询问再询问，不同视角的再询问。如果事先对事发当地的风俗人情、生活习惯、养蚕习惯、农作和社会经济结构等社会知识有所了解，则将更有利于询问的开展和信息收集目的的达成。

在信息收集过程中，信息收集者（或询问者，或专家）切忌先入为主、主观臆断、证据预测和主观标准等带有潜意识的思维方式。

2.2 现场调查与取证

在发生较为严重或复杂的养蚕病害或养蚕病害发生后可能引发群体事件的情况下，当地技术人员无法通过自身技术能力（包括远程信息收集方式中专家等资源的利用等）进行确诊或解决问题，或养蚕病害发生区域地方政府为避免群体事件的发生，邀请专家或专家组进行现场调查和会诊。专家或专家组的规模与组成结构，与养蚕病害发生的种类（传染性病害或有害化学污染物引起的中毒）、严重程度（发生的区域范围、发病比率和经济损失等）和复杂性（养蚕病害发生可能的相关方数量、区域内其他历史性变迁和事发后的舆情等）等有关。

现场调查一般按照前期信息收集、汇报信息收集、现场考察和信息交流，以及采集样本等环节程序进行。该环节程序为一般性过程。在事件严重性程度较低时，前期信息收集环节可以简化甚至省略，也可直接请专家到现场考察后再汇报交流。但在事件严重性程度较高时，以进行该环节程序为佳。在有些情况下，现场考察后无法做出明确的养蚕病害诊断意见，需要进一步的实验室检测等后续信息收集或确认工作，因此需要采集代表性样本，甚至需要进行多次多地的现场考察及与实验室检测相结合。

2.2.1 前期信息收集

前期信息收集是指当地技术人员或相关人员了解信息，或专家在现场调查开始前获取信息（包括远程收集信息，汇报收集信息，查找文献、书籍和网络等）的过程。前期收集信息主要包括养蚕病害发生经过信息、桑园管理信息、饲养蚕种信息、区域内农作信息和区域内厂矿企业信息等。

养蚕病害发生经过信息主要包括养蚕经过的信息，包括催青情况、收蚁时的孵化率、发病个体的出现时间、当龄的眠起时间和（或）入眠率、龄期经过或上蔟整齐度、区域内发生和扩散的进程与范围（最早以及大量出现异常或病蚕的时间），以及蚕茧产量等；养蚕相关防病技术措施的到位率信息，主要包括蚕室蚕具的清洗和消毒、养蚕期中的消毒、温湿度控制、分批-提青-隔离等措施实施情况、蚕期中桑园和养蚕用药情况、原蚕饲养的分区规模情况等；养蚕期间的气候信息，主要有气温和降雨等（包括历年情况），以及周边生态环境的变化等。

桑园管理信息主要包括桑园栽培和管理的基本过程（施肥、修枝剪伐、生长状态和采叶等）、不良气候对桑园的影响、治虫技术实施情况（用药种类和频率等）、用叶桑园和周边桑园虫害发生情况（虫害种类、发生经过和发生程度等），以及不同桑园用叶的家蚕饲养情况等。

饲养蚕种信息主要包括饲养蚕品种和特性、蚕种经营和生产来源、蚕种质量检验情况（孵化率、微粒子病率和质保过程）、养蚕病害发生家蚕同批次蚕种在其他区域的饲养情况、养蚕病害发生区域中不同批次蚕种的病害发生情况，以及同品种历年饲养情况或不同季节饲养品种情况等。

区域内农作信息主要包括栽培农作物种类（或主要林木和植被）、发生虫害的种类和农药的使用情况（农药种类和用药时间等），以及农作结构或生产、经营、管理主体的变化等。

区域内厂矿企业信息相对比较复杂，主要包括厂矿企业的分布和结构、生产产品的类别和使用的原料、生产工艺和“三废”处理工艺，以及结构性（产品、工艺和原料等）的变化，或临时性工程实施等。在养蚕病害发生区域内，非标准化厂矿企业或小作坊越多，信息收集和现场调查的难度越大。

上述前期收集信息越全面越有利于后期的现场调查和确诊，但在实际诊断中，往往由于时间的紧迫性、问题的复杂性和技术的局限性，难于达成全面完美的信息收集。因此，面对可能需要收集的海量信息，诊断者或专家应根据已经获得的信息，在避免先入为主、主观臆断和盲听盲从等可能的心理陷阱的基础上，有效分析、甄别和分类信息，发挥收集信息的集聚力，主导信息收集的进程和提高信息收集效率。关注养蚕过程中重点异常的发现，关注明显的偏离养蚕操作规程、生态环境的明显变迁和异常事件的发生等，有利于提高收集信息的速度和加快养蚕病害的确诊。同时，必须保持坚定的逆向思维求证途径。

2.2.2 现场考察方案

诊断者或专家（或组）在前期信息收集后，应该形成明确的现场考察方案，该方案也可随着现场考察和信息的进一步收集做出调整，但必须遵循准确、完整和及时的基本原则。

现场考察方案因发生病害的类型而有明显不同。在个别饲养农户发生养蚕病害的情况下，现场考察的方案相对比较简单，一般局限于饲养农户的蚕室、桑园和饲养者。在较大区域或较多农户或饲养点发生养蚕病害的情况下，传染性病害和有害化学污染物中毒病害是比较容易区别的大类别，前者的现场考察一般以蚕室现场考察为主，适度考察蚕室周边或桑园情况即可；后者的现场考察一般是在进行蚕室及周边环境考察的基础上，再进行桑园、其他农作和污染源等生态环境的考察，其中又可分为农药使用不当引起和厂矿企业“三废”污染引起等。

现场考察必须遵守代表性和规律性两个基本原则。代表性原则是指必须根据养蚕病害发生严重程度的不同，选择严重危害、中等危害和轻度危害的农户分别进行现场考察。这种危害严重程度的判断一般由当地技术员或蚕农提出，具有一定的主观性。但这种主观性可以在现场考察中得到校正，同时也可为专家在现场考察中发现矛盾和提出更为有效的信息收集（询问）要求创造有利条件。规律性原则是指发现指向性（信息提供方）或预判性（专家）病害发生原因与病害发生蚕室空间分布间的一般性规律，如污染源与桑园的远近规律、污染源与桑园的上下风向规律、可能的污染源与蚕农使用桑园（不同的危害程度）分布的规律等。

2.2.3　蚕室现场考察与取样

蚕室现场考察是养蚕病害诊断最为基础的考察，主要包括对养蚕病害不同发生程度饲养单元（农户或饲养点）的发病家蚕个体或群体病种的确定，以及与饲养者的沟通交流 和信息收集。

对于病害种类的判断，主要通过嗅诊（olfactory examination）、视诊（inspection）和触诊（palpation）等方式完成。在这三种方式无法确定病害种类的情况下，需开展样本采集和实验室检测工作。

2.2.3.1　嗅诊

嗅诊是指诊断者利用嗅觉来判断养蚕发生病害后异常气味与病征或发病原因间关系的一种诊断方法，可以为进一步有效收集信息和加快诊断进程提供具有重要价值的线索。异常气味主要有蚕室外和蚕室内两大类。

来自蚕室外的异味，主要是指空气中弥散的异味，这种异味可能是较大范围养蚕中毒的原因，如大田使用的某些农药会在空气中残留异味，部分企业在生产过程中排放或泄漏的某些化学物质也会在空气中残留异味。这种异味也可能在专家接近事发现场区域或汇报收集信息阶段就被嗅知。虽然并非所有的异味都会引起家蚕中毒，也并不是可引起家蚕病害的有毒化学物质都有异味，但诊断者嗅知异味的存在，对进一步有效收集信息和养蚕病害诊断具有积极意义。

来自蚕室内的异味，主要是指养蚕发病后大量病死蚕，或蚕座与蚕室清洁工作的失当所散发的异味。正常饲养5龄期家蚕的蚕室内一般会散发出桑叶的清香，如走进蚕室后闻到异味甚至恶臭，则往往发生传染性病害。传染性病害具有少量个体发生时难于被发现，扩散到一定程度才被发现的特点。在发现较大量病蚕之前的时间段内，已有一定数量或大量的家蚕个体死亡。各种传染病发生后家蚕体质虚弱或死亡，诱发蚕体内细菌的快速增殖而散发异味或恶臭。家蚕因细菌性败血症暴发死亡后体液外流，直接散发恶臭。在家蚕发生中毒的情况下，往往在死亡腐烂前家蚕已表现出其他明显症状，在未散发恶臭或明显异味时已被发现。如是微量中毒诱发的传染性病害，则情况同传染病的发生与流行。在个别情况下，蚕室（或邻近房间等空间）存放或使用有毒化学物质后散发或余留异味。

对于死亡后的病蚕（幼虫、蛹或蛾），如撕开体壁所流出的血液散发恶臭，则可与外观病征和血液浑浊度等情况相结合来确定病种——家蚕细菌性败血症。

如有明显化学物品散发气味，则需要关注其来源及化学性质。

2.2.3.2 视诊

视诊是指诊断者利用视觉来观察养蚕发生病害后家蚕个体或群体的异常，以及桑叶或桑园甚至其他周边农作的异常，从而判断家蚕的病种或可能病种的一种诊断方法，不仅为进一步收集信息和诊断提供重要线索，也为实验室检测提供靶向。

对家蚕的视诊，主要根据家蚕病征和病变初步判断或确定病种，是养蚕病害诊断的重要基础和常用手段。

在病害发生程度较轻或发病早期，个体表现的病征和病变相对不明显，可视的异常多数为“非典型性”，诊断者主要在群体水平上进行视诊。例如，家蚕食桑不旺和群体发育不齐，可能与中肠型脓病、浓核病、病毒性软化病和微粒子病等传染性病害，以及氟化物或低剂量有毒化学物质在蚕体内累积性危害有关。该种情况下，由于发病个体较少，在饲养群体中较难发现，且缺乏典型病征和病变，要做到病害种类的确定较为困难。

在家蚕病害发生较为严重，或出现区域性病害流行或暴发的情况下，由于各种病征和病变已充分表现出“典型性”或“亚典型性”，病害种类的确定相对较为容易。例如，细菌性败血症（胸腹部或整个蚕体出现大块或整段的黑色或墨绿色病斑）、真菌病（体表出现不同颜色的气生菌丝或分生孢子）和氟化物中毒（竹节状和环形黑斑等）的后期病征都可通过视诊确诊病害种类，血液型脓病可根据典型病征（体躯肿胀、体色乳白、狂躁爬行、体壁易破）确诊，中肠型脓病和微粒子病可分别根据其中肠后部乳白色横皱（或整个中肠呈乳白色横皱）和丝腺乳白色脓疱等典型病变确诊。

在发生养蚕中毒的情况下，一般都可观察到蚕体明显的异常（明显呆滞或极端兴奋），部分有毒化学物质导致家蚕中毒后产生特殊的症状或异常表现。如蚕体蜷曲并大量吐液，则可诊断为菊酯类农药中毒；如蚕体胸部膨大并伴有大量吐液、乱爬、身体缩短，甚至脱肛等症状，则可诊断为有机磷类农药中毒；如停止食桑、蚕体软化，但背脉管仍在收缩，或熟蚕在上蔟前大量吐平板丝，则可诊断为有机氮类农药中毒。由于可引起家蚕中毒的农药和化学物质种类的无穷无尽，以及微量（低剂量摄入）中毒时家蚕异常体征的表现并不明显等，无法通过视诊确定的情况也很常见。

在对家蚕进行视诊外，通过对桑叶甚至桑园周边植物（各类农作物等），或桑园害虫情况的视诊，都可收集有益的信息和为养蚕病害诊断提供佐证信息。

2.2.3.3 触诊

触诊是指诊断者利用手指触摸家蚕或轻压蚕体的感觉进行诊断的一种方式。家蚕可触诊的内容不多，主要应用于5龄期幼虫。通过触诊也可以收集一些有益的信息。例如，用手轻压蚕座内家蚕（约20条），在家蚕饲养正常或体质强健的情况下，手掌和手指都可明显感到家蚕蚕体活跃的蠕动和壮实的触感；在家蚕体质虚弱时，则触感为蠕动不明显和身体疲软。体质虚弱往往与细菌性肠道病、中肠型脓病或微量农药中毒等有关。利用触诊可以发现并确定病种类别：白僵病或绿僵病病蚕在死亡初期蚕体清白、身体柔软，过后身体逐渐硬化；家蚕在有机氮类农药和阿维菌素类农药中毒后，也会出现身体软化，但不会出现其后硬化的过程。

手触蚕体出现硬块，往往与曲霉病和体质虚弱有关。如果硬块在腹部后1/4位置（最后一对腹足，或第九环节），则可能与体质虚弱后家蚕中肠与后肠（小肠和结肠）部位曲霉菌或酵母菌大量增殖，导致中肠消化残余物无法顺利向后排出有关。这种情况一般发生在抗逆性相对不强的个别原种，当然也不能排除因家蚕食下严重不洁桑叶（泥污叶）引起。如硬块在其他部位出现，则可能与曲霉菌通过体表侵入有关，但这种硬块往往在环节的某一侧，而且仔细观察硬块处可发现褐色病斑。

2.2.3.4 采样

某些病害种类的病征或病变无法成为现场考察和病害种类确定的充分依据；某些病害种类的病征或病变虽然可以成为病害种类确定的充分依据，但在发生程度较轻时现场考察也无法收集到该类信息。在无法通过现场考察的嗅诊、视诊和触诊等确定病害种类的情况下，必须在养蚕现场考察中进行样本的采集工作，供实验室检测以进一步收集信息或证据。

样本的采集必须具有良好的代表性和针对性。采集样本的代表性是指样本在蚕室内或区域内的代表性。蚕室内的代表性的实现一般要求采用“五点（梅花）采样法”或“三点采样法”；区域内的代表性的实现要求从不同发病程度蚕室采集样本。

蚕室现场考察采集样本的针对性，是指根据前期信息收集和现场考察后的初步判断，即通过嗅诊、视诊和触诊等推测的可能病害种类（一种或多种），以及各种病害的病理学和流行病学特征进行的样本采集。例如，推测为真菌病时，以采集死亡时间不长或带有病斑的家蚕为佳；推测为家蚕浓核病和病毒性软化病时，以从发育相对较慢，而被分批提青出来的小批家蚕中抽取落小蚕为佳。诊断者应采集在嗅诊（蚕室有恶臭；死亡不久、但未出现病征的蚕）、视诊（不同类型和程度的病斑蚕）和触诊（有硬块或尸体软化的蚕）中发现疑似症状的家蚕。

在有些情况下，还需要采集蚕座内的剩余物（桑叶或饲料，蚕粪或蚕沙坑废弃物等）、收蚁后的剩余死卵与死亡蚁蚕、环境样本（包括桑园害虫、野外昆虫、尘埃等）等，以便为实验室检测提供更为详尽的佐证材料，也可为详细了解养蚕病害发生和流行的规律，以及实验室收集和发现新病原提供可能。

无论是已死亡个体还是活个体，一般家蚕样本采集都取整条蚕。死亡个体应单独放入试管，以避免个体间的干扰。回实验室检测要充分考虑腐败细菌对检测结果的影响。死亡个体的检测较难区别病原微生物的寄生部位，对确定病害种类会带来不利影响。对于活个体，可按户或自然村等取数条蚕并将之放在一个盒子内，再放入少量桑叶，取样数量可根据后期诊断的需要确定。如有桑园害虫或其他害虫样本，可参照家蚕样本采集方式进行采集。

2.2.4 生态环境考察与取样

除个别传染性病害的诊断需要对蚕室以外的生态环境进行考察外，生态环境考察主要针对厂矿企业“三废”污染物引起的家蚕中毒类病害的诊断。

一般在经过前期信息收集和蚕室现场考察后，即可确认是否是中毒引起的养蚕病害，或者说中毒引起的养蚕病害诊断相对较为简单。但要确定病害由何种具体污染物引起，则在多数情况下十分困难。生态环境考察及穿插期间的信息收集（与相关人员的沟通与交流）是确定污染物来源的重要手段之一，也是为实验室检测提供重要信息的基础。

中毒引起养蚕病害诊断的主要目标和困难是确定污染物的来源。进行生态环境考察的诊断者应该对家蚕中毒的基本知识和中毒类别有所了解和判断，由此确定考察和采集样本方案。例如，污染物虽然可以通过空气进入家蚕呼吸系统并造成家蚕中毒，但家蚕食下有毒化学物质发生中毒的敏感性远远大于呼吸摄入中毒，多数情况是有毒化学物质污染桑叶后引起的食下中毒。由此，生态环境考察重点应在桑园与可能污染源的地理分布格局上，采集样本以桑叶和可能的污染物（包括使用农药或未曾使用农药的其他农作物等植物材料，以及土壤等）为主。

桑叶样本采集中应该考虑不同地理位置和其在枝条上的叶位数，以便通过比较试验分析判断污染来源（距离远近）和污染物类别（气体或尘埃）。

必须进行生态环境考察的养蚕病害诊断主要包括以下几种情况：桑园周边农作在养蚕期间使用农药、桑园或其他农作使用劣质农药和企业排放污染物污染桑园引起的养蚕中毒。

2.2.4.1　对桑园周边农作在养蚕期间使用农药引起的养蚕中毒的考察与取样

对通过前期信息收集和蚕室现场考察，推测为桑园周边农作在养蚕期间使用农药所引起的养蚕中毒，需对桑园、与桑园或蚕室相邻农作物或其他植物的分布及农药使用情况等生态环境进行考察，并进行样本的采集。

桑园周边农作物或其他植物在养蚕期间使用农药，是对养蚕风险极大的作业。养蚕区域一般都规定区域内农作使用农药治虫时不得使用高压喷雾方式，或禁止在养蚕期间使用农药。但在养蚕主产区或非养蚕主产区，在特定情况下该类情况还是时有发生。

在该类情况下，现场生态环境考察相对较为简单，主要是通过蚕室现场考察中家蚕表现的中毒症状与可能使用农药可引起的家蚕中毒症状的比较，以及农药使用情况的调查和信息收集，即可确定污染来源。在必要情况下也可采集桑叶样本进行实验室检测，桑叶样本的采集应该遵循由近而远（桑园与使用农药地块间的距离）和不同严重程度的代表性的原则（图2-1）。该类情况下被污染桑园是否可以继续使用，或何时可以用于养蚕，是后续技术措施中最为关键的问题。

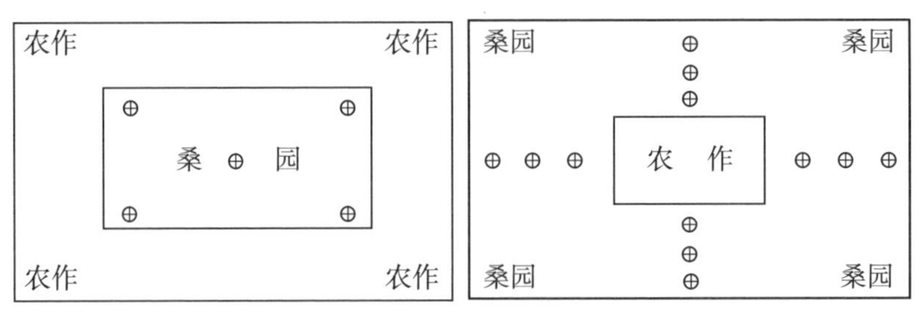

图2-1 桑园周边农作使用农药引起的养蚕中毒的桑园取样方案

注：⊕为采样点。

在零星或个别农户（饲养点）使用农药，用药次数较少或使用农药对家蚕毒性相对较低而引起养蚕中毒的情况下，由于现场考察发现问题和信息收集的难度较大等因素，往往难于究明污染来源。

2.2.4.2 对桑园或其他农作使用劣质农药引起的养蚕中毒的考察与取样

桑园或其他农作使用劣质农药引起的养蚕中毒，一般是指桑园治虫或桑园周边其他农作治虫用药中，虽然使用了非蚕区禁用农药（桑园用农药的残毒期较短，对家蚕毒性较低），并在超过残毒期后用叶养蚕，但仍发生了家蚕中毒的情况，即由于农药的产品质量问题而发生的养蚕中毒。该种情况的发生与上述桑园周边农作在养蚕期间使用农药引起的养蚕中毒情况的不同在于，使用农药的时间与发生养蚕中毒的时间有较大的间隔，养蚕农户和其他农作作业农户都会缺乏对农药引起中毒的敏感性，在信息提供过程中出现记忆偏差的可能性也较大。

农药污染的来源可分为其他农作使用农药和桑园治虫用药。引发养蚕中毒的劣质农药可因有意或无意造假形成。有意造假是指农药生产厂家为了提高与其他厂家生产的同类产品的竞争力，在该产品中掺入其他农药成分（对养蚕造成较大风险和损失的常见掺入农药成分是菊酯类和有机氮类农药）；无意造假是指农药生产厂家在农药乳化或分装等辅助性生产工艺流程中，将不同农药间使用的装备或设施混用，造成一些桑园用农药中混入对家蚕剧毒的农药（如菊酯类农药等）。

对于养蚕中毒是由其他农作使用农药引起的，还是由桑园治虫用药引起的，可通过蚕室现场考察、生态环境考察和桑园采样后的实验室检测鉴别。

在桑园治虫用药引起养蚕中毒的情况下，蚕室现场考察时，中毒家蚕较为均匀地分布于蚕座（或不同的蚕匾）内。如是个别蚕农使用农药失当，则仅有个别农户养的蚕会发生中毒，而大部分蚕农养的蚕不会发生中毒；如是大范围农户使用农药不当，则不仅蚕座内中毒家蚕分布较为均匀，农户间不会存在较大区别，而且通过生态环境考察，无法发现养蚕中毒农户桑园分布与其他农作分布的对应关系或分布规律。

在其他农作使用农药引起养蚕中毒的情况下，如中毒程度较轻，则根据蚕室内中毒家蚕局部分布的特征进行判断（注意与细菌性中毒的区别）；如中毒程度较重，则可以通过分析家蚕中毒程度（蚕室现场考察）

及桑园与其他农作间分布（生态环境考察）的对应性，发现其相关性和推测可能的污染来源地块。在个别其他农作农户使用农药失当而引发养蚕中毒时，桑园被污染的状态会出现明显的边际效应，即邻近其他农作地块桑园的桑叶喂养的家蚕中毒程度重，而远离该地块的桑叶喂养的家蚕中毒程度轻。按照图2-1（左）的方式采集桑叶样本后进行生物试验，即可做出判断。

在其他农作使用某些特定农药或中毒范围较小的情况下，往往难于判断污染来源地块。如有机氮类农药中的杀虫双等特定农药用于水稻田后，其有毒成分可以通过水分的蒸发和水稻叶片的蒸腾作用等进入空气。也就是说，桑园和施用特定农药地块的地理位置（相连或相间）、特定农药用药方式（喷雾和颗粒剂撒施等）及施用时间等情况与蚕室内家蚕中毒程度及分布的相关性都较低，诊断者难于通过蚕室现场考察和生态环境考察发现桑园被污染的端倪。对于有些保幼激素或类保幼激素农药，由于其引起家蚕中毒的剂量较低，或家蚕中毒症状表现不明显和滞后，诊断者也很难发现污染源相关证据信息。加之，低剂量中毒情况下，桑园被污染或污染程度还容易受地理环境和气候风向等的影响，使系统分析的复杂性明显增加，污染源的究明难于实现。这种情况最易发生在上蔟期间或在上蔟期间表现。

2.2.4.3 对厂矿企业“三废”等化学污染物引起的养蚕中毒的考察与取样

厂矿企业的“三废”、生产使用原料（包括燃料等）和产品，都有可能污染桑园或直接接触家蚕而引起养蚕中毒。该类情况中，因厂矿企业的规模、产品和工艺等不同而有很大差异。

大型企业和小企业（或作坊）在生产管理、污染排放数量和方式上都存在明显的差异。大型企业的污染物既有无组织排放的（非封闭工艺过程中污染物无规则地散发），又有有组织排放的（通过高于15米的排气筒排放经收集的污染物）；小企业（或作坊）的污染物多为无组织排放。无组织排放污染物一般呈梯度状分布于污染点四周，与风向有明显关系，即下风口方向污染物较多或污染距离更远；有组织排放污染物主要分布于排气筒（烟囱）下风口方向的某个区域范围，有污染中心。20世纪80年代，江浙一带的砖瓦窑排放氟化物，造成养蚕中毒。其中，以轮窑和土窑的排放形式为典型代表。轮窑污染物排放兼有无组织和有组织两种排放形式，造成养蚕中毒的桑园分布于轮窑四周（不同方向有区别）和下风口的某一区域，中间带不出现养蚕中毒或中毒程度明显较轻。土窑只有无组织排放，只造成周边桑园的养蚕中毒。具体养蚕中毒程度则与污染物排放量、化学性质，气候条件，以及企业污染物处理技术水平和管理强度等有关。

在产品和工艺上，不同厂矿企业的产品包罗万象、千差万别，即使同一产品的生产工艺也有很大的差别。产品为农药者，对周边养蚕的危害极大；产品为家蚕有害物（氟化物等），对周边养蚕危害也很大；凡此种种，难于穷举。生产工艺对养蚕的危害主要与封闭程度和污染物处理技术有关，敞开式生产工艺的危险性高于封闭式。例如，全管道式生产工艺的污染排放风险较低，但产品或使用的某种原料对家蚕剧毒并发生泄漏事故时，同样会对周边养蚕造成重大经济损失。具有严格的污染物处理技术的生产工艺危险性低于未作处理的工艺。例如，排放废气通过喷淋和水池（氟化物处理用石灰水）的工艺危害性相对较小；对于粉尘状有害物产生地，采用地沟式流水吸尘，或利用吸尘罩等形式处理，可大大减少粉尘的外泄而降低危险性。

厂矿企业的污染物排放的另一个复杂性是，企业环境评价或环境保护的重点考虑对象是人类，虽然对周边主要农作物的安全性也有评价要求，但现实社会中多有忽视该要求的案例（与区域政府对生态环境的管制强度有关），客观上这种评价也是比较耗时耗力的工作。

现场考察和取样的主要目的是收集客观信息，但这也是客观信息和主观信息收集交互进行的过程。此外，由于现场考察人文环境较汇报信息收集环节更为宽松和信息提供者更为广泛，必须充分加于利用。

现场考察和取样中明确的目的性、正确的步骤和顺序、善于捕捉细微变化或矛盾反常之处的敏锐观察能力，以及互动中有效的人际沟通能力等都有利于遵循信息收集的原则和顺利完成养蚕病害诊断的目的。

2.2.5 取样与取证

取样既是养蚕病害诊断中确诊病害种类或病害发生主要原因的工作需

要，也是取得相关证据说服相关人员的需要。

代表性是取样的基本属性，养蚕病害诊断目的性、复杂性和时效性的特征决定了取样工作以判断抽样为主，有机结合随机抽样的方式为多。养蚕病害诊断的目的是确定或部分确定其发生的主要因素，为杜绝类似事件的发生提供技术参考，或为解决可能的利益纠纷提供技术依据。养蚕过程本身是一个复杂系统，养蚕病害的发生也往往是多因素所致的，这种复杂性决定了抓住主要矛盾的必然要求。养蚕病害发生后现场可保留时间的有限性和技术措施提出的紧迫性，决定了养蚕病害诊断过程耗时不能太长。

诊断者或专家通过前期信息收集和现场考察，特别是蚕室现场考察和饲养家蚕群体观察后，在必要时需要进行取样或取证。对于传染性病原微生物引起的养蚕病害，现场考察时一般已是家蚕发病的后期，除过迟后因家蚕发生腐烂而无法观察判断外，诊断相对较易，不进行取样即可进行。但在诊断要求方诉求强烈的情况下，可采用随机抽样的方式取样，在实验室进行具有一定量化程度的检测和提供检测报告。对于有害化学污染物引起的养蚕病害，则因养蚕中毒原因的复杂性（不可穷尽的化学物可以使蚕中毒），除少数具有典型病征的中毒外，一般难于在现场考察中确诊，需要取样送实验室进行检测或进行生物试验。

对于有害化学污染物引起的养蚕病害，需要根据前期信息收集提出怀疑或疑似污染来源，再进行取样或取证。在怀疑桑园污染的情况下，应对不同地块，特别是中毒程度不同的桑园进行样本采集，包括采集桑树枝条上、中、下不同叶位的桑叶或三眼叶（止芯芽）。在怀疑周边作物（或其他植物）所用农药污染桑园的情况下，以与桑园相邻处由近及远进行采样（图2-1），还可采集所疑作物（或其他植物）的叶、茎和花等样本。在有害化学污染物引起大规模养蚕病害的情况下，前期信息收集中必须对养蚕病害发生的整体情况有所了解（包括起始时间和地点，发展扩散过程，以及预估的损失情况等），从其分布结构与污染源的相关性中得出初步判断。同时，对污染源的污染物排放形式（有组织或无组织）、生产规模和污染物的大概类型（气体或粉尘等）进行初步调查，再进行样本的采集工作。样本采集包括桑叶、其他作物或植物、废水、废渣、生产产品和原料等。

在取样过程中可能涉及多种类型样本的取样，应该尽量备足试管、塑料盒、自封袋、标签纸或记号笔等相关工具。如果样本数量较为庞大，还需适当准备一些解剖用具，及时处理样本，或准备冰袋等。现场相关场景和典型图片的及时拍摄同样是养蚕病害诊断非常重要的一个环节，因此照相设备也是现场调查和取样的重要设备之一。取样工作不仅对后续分析和确诊具有重要价值，对提高相关方对养蚕病害诊断的信任度，更为有效地提供相关信息也有一定的帮助。

此外，在具有较好前期信息收集的基础上和较为可靠的初步诊断或判断条件下，对于需要或计划进行责任认定的场景，地方政府或相关职能部门应该按照国家或地方政府，以及行业管理部门的相关规定，组织相关人员进行样本采集。

2.3 养蚕病害诊断案例解析

养蚕病害发生后，需要诊断或确定主要原因的案例中，以养蚕出现不结茧问题的案例为多。从案例分析和病害防控综合考虑，养蚕病害类别大致可分为传染性、中毒和不结茧。对养蚕病害类别的区分是信息收集和病害诊断的起点。简单案例从起点可直线到达终点，复杂案例则可能会随着诊断的深入而调整起点，再发展到终点。

不同的养蚕区域和不同的时期，由于地理和气候的特殊性，各种病害流行的规律也有其特殊性。不同养蚕区域：经济较为发达区域或工业发展较多的区域，较易发生“三废”引起的养蚕中毒案例；农作结构或植被结构复杂区域，较易发生养蚕的农药中毒案例；山区养蚕容易发生真菌性病害和虱螨病等。不同时期：春季，由于桑园和其他农作或植被使用农药的可能性较低，较少发生农药使用不当而引起的养蚕中毒；夏秋季节，养蚕易受高温多湿的影响而多发血液型脓病和细菌性病害；晚秋季节，养蚕易受低温影响，不结茧蚕和传染性病害加剧等。在不同的经济发展历史阶段，蚕桑产业的社会经济地位不同，发生养蚕病害的种类也不同。随着区域经济的发展，农药的成本相对降低，养蚕发生农药中毒的概率会有增加趋势；随着对生态环境的不断重视，该类区域养蚕中毒的发生率呈降低趋势；随着蚕茧收入占经济比重的下降，养蚕技术标准化程度降低，特别是蚕药使用量和防病措施的弱化，传染性病害发生的概率增加。

有效利用这些规律或趋势，快速建立诊断的思维基模，规避惯性思维弱点，开展现场考察、系统思维分析和综合评价，是提高养蚕病害诊断效率和正确性的重要基础。本节根据个人的案例经历，为便于读者检索，将案例分为传染性病害、养蚕中毒病害和不结茧养蚕病害3种类型，不同类型再根据常见程度进行细分，而具体案例则根据现场具体情况和特征进行重点描述。

2.3.1 传染性病害案例

传染性病害的发生是养蚕生产不可避免的事件。将其发生规模有效控制在一定限度内，是养蚕防病工作的现实目标。传染病也是部分养蚕不结茧的主要原因，为此也在本类型中介绍相关案例。

2.3.1.1 血液型脓病案例

血液型脓病是近年浙江蚕区及许多其他蚕区最为主要的流行性养蚕病害。1998年湖州市区中秋蚕期，仅因家蚕血液型脓病蚕茧产量的损失率就达15%（陈端豪等，2001），广西、云南及江苏等新老蚕区都有较高的发生频率和较大的规模（邱海洪等，2008；白兴荣等，2011；赵淑英和仝德侠，2011）。

案例 2-1 不良气候条件下的血液型脓病暴发

2001年5月，海宁市马桥镇新建村等地，5龄蚕后期大规模发生家蚕血液型脓病。

诉求　查明发病主要原因，蚕农怀疑蚕种质量有问题。

前期信息收集　春季桑园日照不足，桑叶成熟度不够，桑叶采摘中又未能采取叶位适当下调的措施；大蚕期间，曾遇高温多湿气候，蚕室小气候调控未能做好；普遍使用有机氯消毒剂，且未能有效实施现配现用，消毒液碱性不足，不利于对多角体病毒的杀灭。信息收集情况显示，家蚕对血液型脓病的抗性下降和养蚕环境中消毒未能达到有效目标。

现场考察　病害在不同自然村发生程度不同，同一自然村不同农户中病害发生程度也不同；发病严重者几近绝产，轻者只有少量病蚕。现场考察显示，病害发生与饲养水平（包括防病技术措施）存在明显相关。

信息再收集　蚕农饲养蚕品种为秋丰 × 白玉；同批蚕种在其他饲养蚕区未有发生该病害的报告；关于血液型脓病的研究，至今未发现胚种感染现象，且该病为亚急性病害，感染后3 ～ 7天即可发病，与现场5龄后期大规模发生及小蚕期未发现（该病小蚕期发生较易发现）的情况不符。

综合判断　本案主因：消毒技术实施不够充分，不利气候条件下养蚕防病技术未能得到足够的强化。

后续措施　妥善处理病死蚕和废弃物，加强包括蚕室外环境的回山消毒，继续提高养蚕防病技术水平，特别是在遭遇不良气候条件及小蚕期已有个别发生情况下，通过强化眠起处理时的弱小蚕淘汰强度等，进行有效防控。

其他类似案例　大眠期和5龄期遭遇高温，蚕室小气候调整不到位，养蚕防病技术能力不足，过于依赖传统经验等因素导致小区域普遍发生血液型脓病。2011年春蚕期德清县开发区龙胜村（图2-2A）、2011年春蚕期桐乡市高桥镇亭桥村（图2-2B）、2013年晚秋蚕期桐乡市梧桐街道同心村担沟浜、2014年春蚕期德清新安镇等区域部分农户均出现了类似案例。

浙江蚕区在春蚕饲养的大蚕期遭遇高温的情况并不少见。在大蚕饲养中，对蚕室温度控制不够重视也是普遍现象（大多数农户的大蚕室没有温度计）。部分桑苗产区养蚕用叶偏嫩，部分大棚养蚕棚内温度过高等，都会导致家蚕对血液型脓病抗性的下降。

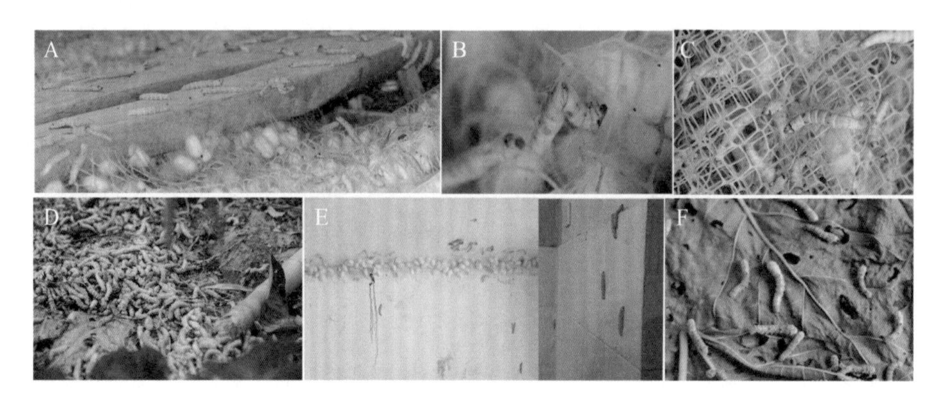

图2-2　农村养蚕血液型脓病发生现场

注：A. 德清龙胜养蚕病害现场；B. 桐乡高桥病蚕；C. 海盐通元不结茧蚕；D. 吴兴妙西乱弃的病死蚕；E. 桐庐瑶林病蚕（往高处爬）；F. 建德大洋不眠蚕和病蚕。

案例 2-2　野外昆虫引起的血液型脓病暴发

2002年9月，海宁市长安镇和周王庙镇一带发生区域性养蚕血液型脓病。

诉求　怀疑蚕种质量有问题，部分农户养蚕病害少，部分病害严重，蚕种来源不同，要求赔偿。

前期信息收集　饲养家蚕在大眠期曾遭遇台风过后的两天极端高温天气。相比往年，当年全市该病发生较多，但东部蚕区（袁花镇和黄湾镇蚕区）较之西部蚕区（长安镇和周王庙镇），病害发生明显较少；东部蚕区收蚁时间较之西部蚕区迟1～2天（高温期大部分在4龄期）。蚕种主要由政府农业部门发放，同批蚕种在东部蚕区饲养的总体情况良好；该区域部分蚕农饲养蚕种来源于非政府部门经营者。

现场考察　不同自然村和不同农户间蚕的血液型脓病发生程度有较大差异；多数农户蚕室中无温度计；有一大户饲养14张蚕种，其中仅极个别有血液型脓病蚕，整体饲养结果预计不错，其可见特点是大蚕室有温度计，以及蚕室（一层结构旧的集体养蚕房屋）南北两侧用3～5米的遮阳网做成外走廊；桑园虫害较为严重，养蚕病害发生程度严重的一户蚕农桑园内有大量鳞翅目害虫，随机一根枝条上桑尺蠖、桑毛虫和白毛虫计数达26条。

信息再收集　该蚕区具有将蚕座残余物（蚕粪、剩余桑叶或枝条）晒干后，冬季喂饲湖羊的习惯（资源循环综合利用的传统良法）。因喂饲湖羊的蚕座残余物不能含有过多石灰粉，蚕农一般在养蚕中会减少新鲜石灰粉的使用量（使用新鲜石灰粉是养蚕期间隔离和杀灭血液型脓病多角体病毒的有效防控技术），或在晒干蚕座残余物时进行过筛（尘土飞扬，极易导致病毒等病原微生物的扩散）。农户饲养的不同来源蚕种（政府和非政府经营）都有发生病害和极少发生病害的情况，两者间未见明显差别。

综合判断　区域性养蚕病原微生物控制失当；桑园虫害大量存在，成为病原微生物的广泛来源，野外病虫与饲养家蚕极易发生病原微生物的交叉感染；遭遇特殊气候后养蚕防病技术未能及时调整，导致家蚕抗性降低。上述问题为该次养蚕血液型脓病大规模发生的主要原因，与蚕种质量无直接相关性。

后续措施　妥善处理病死蚕和废弃物，加强包括蚕室外环境的回山消毒，继续提高养蚕防病技术水平，特别是在遭遇不良气候条件及小蚕期已有个别家蚕发生病害情况下，通过强化眠起处理时弱小蚕的淘汰强度等，进行有效防控。

“蚕-残余物-湖羊”虽是智慧的生态循环利用模式，但不利于养蚕防病。病原微生物基数偏高的区域，极易在不良气候（极端高温或低温）影响下发生大规模的养蚕病害。如何平衡两者的矛盾是类似蚕区的难点。

2014年春蚕期，海盐县通元镇长山河东跳头区域发生血液型脓病和大量不结茧蚕（图2-2C）。信息收集和现场考察发现，该区域与上述海宁蚕区有类似的湖羊养殖习惯，且习惯大蚕和上蔟期间，关门窗饲养或上蔟。

平衡养蚕环境中病原微生物存在的数量与家蚕的抵抗性，是养蚕防病的目标。对养蚕环境和蚕室蚕具的消毒是一项无止境的工作，虽然无法做到彻底，但饲养技术应充分发挥饲养家蚕品种对该病害的抗性水平，消毒技术实施要保障环境病原微生物的数量低于蚕品种抗性能力，这是防病的底线。

案例 2-3　群体性强烈诉求情绪下的养蚕病害诊断

2002年10月，湖州市吴兴区妙西乡某自然村400多张蚕种，饲养到5龄期出现大量病蚕和不上蔟现象。

诉求　蚕种质量不佳导致蚕农损失，要求蚕种供应方赔偿。

前期信息收集　该蚕区为丘陵山区养蚕，已有20多年的养蚕经验，养蚕为农民主要收入；区域经济相对欠发达，没有乡镇企业（“三废”污染源不存在）；同批蚕种在其他区域饲养未见异常，蚕种质量检验合格；地方政府技术部门在事件发生的前两天已进行过现场诊断，确定为血液型脓病，但未能说服蚕农。

现场考察　桑园未见大量虫害；村庄的路边和小溪等处，到处可见蚕农丢弃的大量病死蚕（图2-2D）；走访农户的情况基本一致，均为血液型脓病，多数几近绝产；现场集聚了大量的蚕农，情绪激动，沟通交流十分困难；在部分农户的蚕室采集了病蚕样本（具有典型病征家蚕的乳白色血液，及蚕座内少数尚未表现典型病征的病蚕）。

信息再收集　大部分蚕农知道养蚕病害为血液型脓病（病害种类的确定不是主要矛盾）。蚕农普遍反映：该病害在春季养蚕时有少量发生，在早秋养蚕时更多，到此次中秋养蚕已不可收拾，蚕种供应方这是在欺负他们，把越来越差的蚕种发给他们，此次再不要求蚕种供应方赔偿，以后提供蚕种质量会更差，养蚕更加养不好。前日要求蚕种供应方（政府农业部门）将蚕种发票和蚕种质量检验凭证给他们看，但今天没有拿来，供应方肯定心中有鬼，蚕种质量必定有问题。在被询问到春季和早秋季养蚕中发现血液型脓病后，是否有增加新鲜石灰粉的使用频率和使用量时，多数蚕农的回复是否定的。专家们希望进一步从分管农业副镇长与蚕桑技术辅导员处得到病害发生过程的信息，但被告知两位已前往催青室取晚秋季的饲养蚕种，未在现场。

综合判断　这是血液型脓病在不同养蚕季节间发生和扩散的典型案例，春季病害少量发生，但因蚕农未采取强化消毒和污染控制技术措施，使早秋养蚕时进一步扩展，到中秋暴发。此次病害暴发与该蚕区养蚕病害防控技术水平有主要关系。

后续措施　停止晚秋蚕饲养计划；集中收集和填埋病死蚕及蚕粪等蚕座剩余物，并开展对养蚕大环境和蚕室的消毒工作；利用晚秋蚕停养机会，加强桑园害虫治理，为来春养蚕提供良好的养蚕环境。此外，建议加强技术培训，提高养蚕防病技术水平，特别是在出现异常后的技术措施调整能力的培养。

后记　虽然从专业技术上对病害类别和主要原因做出了正确的报告，但事态已超出专业技术的范畴。后续发展成一定程度的群体事件，在更高层次的政府责任人的有效组织下，通过综合施策平息事态。

案例分析　多名专家参与了本次诊断，在专业技术领域具有较好的覆盖。在现场较为混乱的情况下，分头进行现场调查和信息采集，使信息的完整性和参比性较好。信息收集中，有效把握群体心理状态，不与主动者发生正面交锋，善于发现评价顾忌者，利用肢体或口头语言等与之进行良好的沟通，从而获取更为真实和全面的信息。对于血液型脓病的诊断，典型病征是确诊的充分和必要条件，没有必要进行复杂的实验室检测，但通过现场取样行为可以获得群体的信任。回实验室后，对未表现典型病征的样本进行显微镜检测，血液亦可见血液型脓病多角体的存在，使诊断再次得到印证。初次诊断中，蚕农要求提供的蚕种合格凭证和蚕种发票事实上都有留存，且没有问题。在适当场合让蚕农代表或地方权威性人士见证这些凭证，并与之开展沟通，可发挥良好作用。在此次事件中，初诊者由于过于自信和服务理念的缺失，失去了有效沟通的机会。在更大格局上思考，初诊者并不缺乏技术，但其身份的畸形化（管理、服务和经营同体），决定了其冲突中权威性的丧失，即涉及蚕桑产业市场化发展进程中的诸多问题。

案例 2-4　血液型脓病的发生与不结茧 -1

2002年10月，临安市河桥镇在中秋蚕期发生了较大规模的养蚕病害，20多名蚕农代表与镇政府人员前往浙江省农业厅，要求省农业厅对本次发生的养蚕病害进行实验室检测，省农业厅将任务转至浙江大学家蚕病理学与病害控制研究室。20多名蚕农代表、当地技术人员和镇政府人员到达学校，讲述饲养情况和提出诉求，技术人员判断此次病害为血液型脓病，蚕农则认为是家蚕微粒子病。研究室人员用幻灯片演示文稿形式介绍了家蚕血液型脓病和微粒子病的基本概况，虽然未能就此说服蚕农代表，但使其对问题相关科学知识有了一定理解。诉求方对实验室检测非常看重。因实验室容不下太多的人，建议一部分代表到省农科院相关实验室进行同步检测，既避免人员过于拥挤造成的实验室混乱，又可利用多方诊断意见的一致性提高说服力。

在实验室，让代表中年纪较轻者共同参与显微镜观察。先观察实验室保存的血液型脓病和微粒子病病原标本，并对照教科书图片，使其初步认识病原形态。再在此基础上，由蚕农选择认为是微粒子病的家蚕为检测样本（31条），解剖取中肠组织（不做清洗，带有血淋巴），进行显微镜观察。结果显示，其中有12条血液型脓病蚕，7条中肠型脓病蚕（“干白肚”，中肠细胞内可见多角体），6条绿僵病蚕（豆荚状的短菌丝），3条细菌性肠道病蚕（大量双球菌），2条健康蚕（未见明显的大量微生物），1条酵母菌病蚕。蚕农认可了当地技术人员的诊断结论——血液型脓病。前往省农科院进行实验室检测的蚕农代表带回的诊断结果，也是血液型脓病。蚕农代表亲自参与，且有类似双盲的检测结果，圆满平息或解决了蚕农对病害种类或蚕种质量（或责任方）的疑义。

该案例因诉求或疑义的问题相对简单，主要局限于病害种类的诊断，病害种类的实验室检测方法可快捷完成，未到现场考察即完成诊断目的。

案例 2-5 血液型脓病的发生与不结茧 -2

2012年11月，杭州市农业执法大队组织农业事故鉴定专家组前往桐庐县瑶琳镇永安村开展养蚕不结茧的诊断。

诉求 要求对发病和不结茧的主要原因做出诊断。

前期信息收集 14家农户饲养了薪杭 × 白云蚕品种（合计31.5张），发生大量不结茧蚕。该批蚕种于9月24日发放给蚕农，饲养至3龄蚕后曾出现大小不匀现象，大蚕期开始出现向蚕座外爬行等异常现象，10月27日见熟上蔟（幼虫龄期明显延长），并有大量家蚕陆续死亡，至11月1日仍有部分家蚕漫游于蔟中，不能结茧。同村部分农户饲养了秋丰 × 白玉蚕品种，该蚕种于9月28日发放，10月27日见熟上蔟，未出现上述家蚕不结茧的类似情况。在气候方面，10月中旬曾遭遇冷空气影响。

现场考察　走访3家饲养了薪杭 × 白云蚕品种的农户（共计饲养蚕种11.5张）。这3家蚕农所饲养家蚕上蔟的比率虽有所不同，但表现的症状基本相同，以典型的血液型脓病症状为主，有大量家蚕爬到蚕室墙壁或屋顶，或结薄皮蚕（图2-2E），并有少量僵病和细菌性败血症症状表现。走访了1家饲养了秋丰 × 白玉蚕品种的农户，蚕室条件相对较好，且蚕室悬挂了温度计（对温度控制的重视），家蚕上蔟基本正常，未见明显的病害影响和类似发病农户蚕室的情况。

综合判断　根据现场考察收集的信息，可判断引起不结茧、结薄皮茧或死蚕的直接原因为家蚕血液型脓病流行。家蚕血液型脓病的流行与养蚕消毒、桑园害虫治理和饲养技术直接有关。根据发种和上蔟时间判断，认为农户家中薪杭 × 白云蚕品种的饲养时间与标准饲养时间的偏差过大，即饲养过程中在相当长时间内家蚕处于低温饲养状态（发种到开始上蔟达34天）。低温导致家蚕抗病性下降（同村饲养的秋丰 ×白玉蚕品种迟4天发种，同天开始上蔟），发育经过延长，从而使病原微生物感染和增殖的机会增加。根据血液型脓病的病理学机制（该病没有胚种传染性，大蚕期病程为3 ～ 7天），判断此次血液型脓病的流行与蚕种质量无关。

案例 2-6　血液型脓病的发生与不结茧 -3

2018年春蚕期，湖州市某工厂化养蚕点发生养蚕病害。同期同蚕室饲养了2批蚕，早的在上蔟中，迟的在4龄盛食期。早批蚕大量发生血液型脓病，迟批蚕也有少量感染血液型脓病。

建议　迟批蚕必须尽快转移到异地饲养，并利用大眠过程，加大青头蚕的淘汰强度，同时增加新鲜石灰粉的使用频率和使用量。

从现场考察中对家蚕发病情况（病害种类及发病率）的观察，以及养蚕防病环境条件的信息收集和分析表明，该工厂化养蚕点在消毒防病上存在明显缺陷。蚕室设计存在较大的缺陷：墙壁为竹木板材，无法进行消毒，即使用水冲洗，竹木板材也很容易膨胀破裂；洗手处与蚕室有50米距离，不便养蚕作业间频繁洗手。养蚕机械虽有防锈漆和涂机油等保护措施，但已有不少部件锈迹斑斑，不从消毒技术上进行对应调整，消毒很难有效。种种迹象显示，养蚕消毒技术或工作未能有效实施。

后记 早批蚕约为30%的蚕茧产量；迟批蚕并未实施异地饲养，发病较早批蚕更为严重，蚕茧产量仅为10%左右。

其他类似案例 2006年6月，海宁市盐官镇郭店村有约2000张杂交蚕种，在饲养中普遍发生了不结茧现象。现场考察表明，家蚕主要表现为血液型脓病的典型病征，不同农户间发生程度有所不同，相同蚕品种、不同来源蚕种（本地蚕种和外来蚕种）间未见明显差异。

案例 2-7 小蚕期发生血液型脓病 -1

2008年9月，桐乡市高桥原蚕区，105户蚕农饲养原蚕于2眠期普遍发生血液型脓病。

现场考察 少量不能进入2眠期的家蚕，爬行于已使用焦糠的蚕座内，表现出血液型脓病的典型病征。该蚕区为多年饲养原蚕区域，蚕农整体养蚕和消毒防病技术水平较高，且蚕种生产单位技术指导服务较好，在饲养防病技术环节出现严重失当的可能性较小。

实验室检测 在桑园采集桑毛虫、桑尺蠖、桑螟、野蚕和青尺蠖样本及环境样本（蚕沙等有机物）后进行实验室检测，结果显示样本有血液型脓病多角体存在。

主要原因分析 ①区域内桑园虫害治理存在缺陷；②蚕种附有血液型脓病多角体。原蚕饲养使用蚕种为平附蚕种，一般仅使用福尔马林进行卵面消毒，但该消毒剂对多角体的消毒效果不佳。一旦母蛾中有血液型脓病感染个体，可能造成次代原蚕的饲养污染和发病。

建议 ①强化饲养后期的分批提青工作，增加青头蚕的淘汰数；蚕座内增加新鲜石灰粉的使用频率与剂量。②今后对平附蚕种应该增加一次碱性消毒剂（如0.5%石灰水上清液）的卵面消毒处理，特别是原种生产过程中曾有血液型脓病发生的批次蚕种。

案例 2-8 小蚕期发生血液型脓病 -2

2010年9月，建德市大洋镇高垣村，小蚕期饲养农户普遍出现不眠蚕和病蚕，怀疑蚕种质量问题。

现场考察　各农户出现的不眠蚕表现出典型的血液型脓病病征（图2-2F），各农户间的发生程度有较大差别。考察时间为收蚁后7天，但多数农户的家蚕处于头眠前后，养蚕温度控制明显偏离饲养标准，推测血液型脓病发生程度与发育进程有关（个别已到2龄的农户病蚕较少）。农村饲养杂交蚕种为散卵形式，血液型脓病病毒通过蚕卵附着污染家蚕并使其发病的可能性不存在。

主因推测　养蚕消毒技术未到位，养蚕温度控制失当，家蚕体质下降，且随着龄期的延长更易发生病害。

此外，该蚕区往年常有血液型脓病发生，不少蚕农使用"特效脓病专治"和"蚕用天蚕宝B"等所谓血液型脓病防治药物，该类药物均为假冒伪劣的蚕用兽药（国家至今未有许可的血液型脓病治疗药物）。在不少家蚕血液型脓病流行蚕区，不法商人兜售家蚕血液型脓病治疗药物的现象并不少见。该类药物的使用不仅没有发挥任何治疗作用，而且极易造成蚕座湿度过大，从而引发其他病害，也会诱使部分蚕农依赖药物而忽视养蚕消毒和其他防病措施（鲁兴萌，2009；中国兽药信息网，www.idvc.org.cn）。

案例 2-9　小蚕期发生血液型脓病 -3

2018年春蚕期，某杂交蚕种生产单位饲养原蚕，在头眠期部分青头蚕出现血液型脓病的典型病征。现场确定病种后，推测病害为原种（平附蚕种）的卵面消毒工作欠缺所致。建议加强眠起处理时青头蚕的淘汰工作（如适当提早止桑和提青时间），增加新鲜石灰粉的使用频率和使用量。结果获得约60%的种茧产量，但劳动力成本大幅增加。

2.3.1.2　中肠型脓病案例

家蚕中肠型脓病曾是我国农村养蚕发生最为广泛的一个病种，不仅在夏秋蚕季流行，而且在春季养蚕中也不少见，但近年除广西等蚕区有大规模发生的报道外，其他蚕区报道相对较少（浙江大学，2001；朱方容和卢继球，2004）。

案例 2-10 中肠型脓病导致的不结茧 -1

2007年9月，海宁市周王庙镇星火村、盐官镇广福村和城北村发生养蚕病害，且饲养家蚕迟迟不能上蔟。

现场考察 对3个村不同养蚕农户的蚕室现场考察发现，发生病害的家蚕个体主要症状均为体色不够青白、食桑不旺、“空头”和迟迟不能上蔟；不同村和不同农户间的发生程度存在一定的差异；现场解剖病蚕并观察中肠，发现病蚕普遍表现出中肠乳白色横皱，严重者整个中肠呈乳白色，这是家蚕中肠型脓病（或称质型多角体病，俗称“干白肚”，图2-3A）的典型病变，据此可确诊（充分和必要条件）。桑园考察发现，桑螟危害较为严重，个别桑园地块桑树因桑螟危害而几乎没有绿叶（图2-3B）。

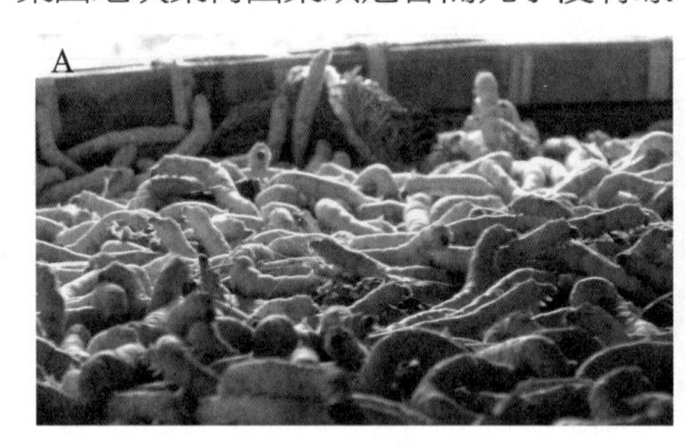

图2-3 海宁蚕区秋蚕期发生中肠型脓病和桑螟危害桑园的状况

综合判断 消毒不善、桑园虫害防控不佳造成的桑螟暴发，以及养蚕防病措施严重失当为本次养蚕病害发生和不结茧的主要原因。

建议措施 ①加强病源污染物的控制，病害发生后的蚕粪和病死蚕中都有大量的多角体病毒，该病毒的环境抵抗性很强，有效的环境污染控制工作是消毒有效性的保证。②认真做好“回山消毒”工作（施用漂白粉、消特灵或新鲜石灰浆）。③在下一季养蚕时必须做好养蚕前和养蚕期中的消毒工作（勤施新鲜石灰粉），同时做好养蚕的各项日常技术措施，提高家蚕体质水平。

案例 2-11 中肠型脓病导致的不结茧 -2

2006年10月，桐庐县分水镇百岁村养蚕出现中肠型脓病。该村农户饲养了400多张蚕种，其中建设自然村饲养的100多张蚕种发生了较为严重的病害。

诉求　该自然村农户认为蚕种有家蚕微粒子病，要求进行实验室检测和诊断。

前期信息收集　在3龄期，个别蚕体尾部皮肤上出现褐红色污液；5龄期第五天，每户约40%家蚕个体开始出现吐水、下痢、乱爬和不吃桑叶等症状。与该村同批的2600张蚕种在饲养中未发生异常。

实验室检测　根据肉眼观察，所送样本家蚕体色不够青白，部分个体有下痢，或腹部后部环节呈瓷白色，或虽有吐丝行为迹象，但蚕体明显偏小，丝腺发育不良。

将所送35条样本家蚕逐一解剖，并利用光学显微镜检查中肠组织，未见家蚕微粒子虫孢子（事前说明，5龄期检出家蚕微粒子虫可以怀疑蚕种有问题，但不能确定家蚕微粒子病由胚种传染引起）。随机将5条蚕的中肠组织合并成一个样本（合计7个样本），充分磨碎后离心，取沉淀加少量生理盐水悬浮后再次进行光学显微镜检查，未见家蚕微粒子虫孢子，但其中6个样本可检出中肠型脓病的多角体。后续对该7个混合样本进行了家蚕病毒性软化病病毒的血清学检测（琼脂糖双扩散试验），未见阳性样本。

综合判断　所送家蚕样本的病害主要由家蚕中肠型脓病病毒引起，与防病技术有直接关系。家蚕前期可能中毒，这会影响蚕的体质，加剧中肠型脓病等传染病的发生。此次病害发生与家蚕微粒子病无直接关系。

案例 2-12　中肠型脓病导致的不结茧 -3

2016年10月，淳安县浪川乡和威坪镇等蚕区发生养蚕病害（不结茧）。

现场考察　考察浪川乡和威坪镇等养蚕现场及周边桑园等环境状态。家蚕在5龄饷食后7 ～ 9天仍未见明显的上蔟迹象。各农户养蚕表现的主要异常：蚕体瘦小、丝腺发育不良、“空头”（图2-4），游走于蔟具，迟迟不结茧。中肠解剖可见多数中肠呈乳白色横皱，为典型的家蚕中肠型脓病（充分和必要条件）。各农户间养蚕病害发生程度存在一定差异，部分农户所养家蚕中还有少量的血液型脓病和细菌病病蚕。桑园管理不佳（夏伐后未进行疏芽处理，枝条呈丛，不少还有未能腐烂的废弃枝条等，导致桑叶营养不充分和病原滋生），桑螟发生严重，还有其他桑园害虫存在，极易发生病虫与家蚕的交叉感染。

图2-4 淳安蚕区表现“空头”症状的家蚕

综合判断 根据现场考察的养蚕发病情况和病蚕症状（图2-4）及桑园管理状态，判断此次病害为家蚕中肠型脓病的大规模流行。桑园管理不善，虫害暴发，环境病原微生物大量存在，养蚕消毒工作又未得到加强，为本次中肠型脓病大规模流行的主要原因。

建议 加强冬季桑园的清园整理和农药治理工作，在条件许可情况下可在春季再进行一次白条治虫。

实验室检测 从威坪镇（12个村15家农户）、浪川乡（2个村5家农户）、梓桐镇（4个村10家农户）、姜家镇（1个村3家农户）和汾口镇（3个村7家农户），合计5个乡镇22个村40家农户，分别采集186条家蚕样本和同一农户桑园93个害虫样本，进行实验室检测。家蚕中肠型脓病的检出率为88.2%，各农户的检出率在40%～100%；桑园害虫的检出率为40.9%，各农户的检出率在0～100%。由此可见本次养蚕中肠型脓病发生区域范围较大。

2.3.1.3 真菌病案例

家蚕真菌病原微生物主要有白僵菌和曲霉菌，少数蚕区也会发生绿僵菌、灰僵菌和黑僵菌等真菌引起的危害。真菌与养蚕病害发生或流行相关的两个主要特征：①真菌是一类兼性腐生性微生物，不仅可以通过寄生家蚕或其他昆虫等进行生长和繁殖，还可在有机物中营腐生生活而繁殖；②真菌在病蚕（或病虫）或有机物表面产生大量分生孢子，极易随风在环境中扩散。由于真菌病原微生物的广泛存在性，简单的蚕室蚕具消毒无法杜绝其对家蚕的入侵。

案例 2-13　低温多湿引起的白僵病

2007年10月，新昌县沙溪镇上徐村晚秋蚕期发生养蚕不上蔟和不结茧。

诉求　由于该村普遍发生同样的病蚕，蚕农认为蚕种质量有问题。

前期信息收集　该村晚秋饲养蚕品种为“秋丰 × 白玉”，收蚁的孵化情况良好，小蚕期曾发生少量僵病和血液型脓病；同批次蚕种在其他蚕区饲养未有异常报告。

现场考察　白僵病普遍发生（图2-5），少量血液型脓病存在；桑园虫口叶较多，但未见害虫；上蔟初期连续受16号台风与北方冷空气不良气候影响；蚕室普遍温度较低（多数无温度计），个别农户使用蔟具简陋（也可能与饲养蚕状态不好后不重视上蔟有关）。也有农户上蔟室加温较好（使用铁桶木炭加温，有温度计），且采取了关门窗等保温措施，家蚕上蔟和营茧状态良好（在正常情况下，上蔟期应该开门窗通入适当气流，但在该特殊情况下保持上蔟室温度更重要，且可以防控外来病原真菌分生孢子输入的影响）。

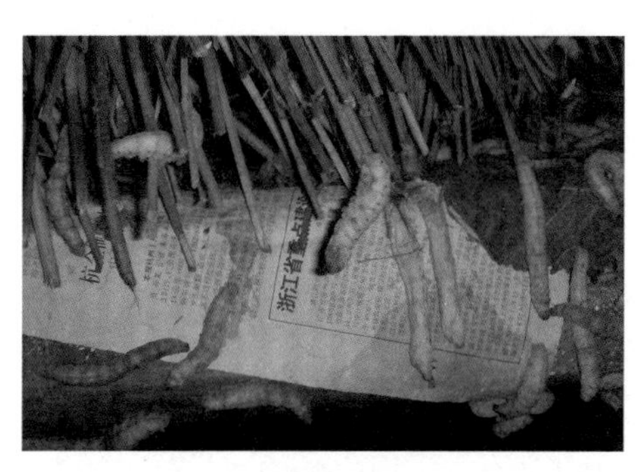

图2-5　上蔟期白僵病病蚕

综合判断　在遭遇低温不良气候影响后，未能及时采取加温措施，养蚕期真菌病及血液型脓病的防控技术（消毒及养蚕环境真菌病原微生物的污染控制等）强度不足为此次病害的主要原因，与蚕种质量无直接相关。建议尽快开展上蔟室的加温工作，加温还可在一定程度上降低湿度，减少本次养蚕损失。今后需要根据该区特点加强僵病等传染病及桑园虫害的防治工作。

类似案例　2014年9月，富阳市洞桥镇文村村发生养蚕不结茧，样本实验室检测均为白僵病蚕。

案例2-14　高温多湿引起的曲霉病

2009年5月，海盐县原蚕区养蚕病害诊断。

前期信息收集　62家原蚕户分别饲养1770g的丰1和54A。异常发现经过：4月26日开始陆续收蚁；29日部分农户反映饲养蚕出现大小不一和不眠的现象；30日后病情发展日趋严重；5月5日发生类似情况的农户数达37户，部分原蚕户的减蚕率高达10% ～ 20%。其中最为严重的4家农户的原种来自相同的5张连纸，因此怀疑家蚕微粒子病（即蚕种质量问题）。

实验室检测　现场取弱小蚕，实验室光学显微镜检测发现，未见家蚕微粒子虫孢子，但多数家蚕体壁解剖制样后可见束状菌丝；样本蚕实验室30℃保湿状态下放置1天后，体表长出白毛状气生菌丝及褐色分生孢子。

综合判断　发病主要原因为曲霉菌感染。小蚕期曲霉病是原蚕饲养中偶有发生的一类养蚕病害，需要蚕种生产中给予关注。其发生的主要原因：原种饲养中对饲养温湿度的达标要求较高，小蚕期的高温多湿是曲霉等真菌容易繁殖的环境条件。曲霉等真菌不仅可以寄生家蚕等昆虫，还可进行腐生生长，温湿度适宜时，在养蚕区域内的多数有机物（包括养蚕用的竹木器具、废弃蜈蚣蔟、土壤和废弃农作物秸秆等）上都可大量繁殖。

2.3.2　中毒病害案例

家蚕是对农药和许多化学物质十分敏感的昆虫。多数情况下，有毒化学物质通过空气、粉尘和接触等污染桑叶，再被家蚕食下而间接导致养蚕中毒。个别情况下，挥发性化学物质通过家蚕气门呼吸进入蚕体，直接导致养蚕中毒。由于有毒化学物质来源的广泛性和规律性趋势表现不充分，多数小规模养蚕中毒的污染源排查十分困难。

2.3.2.1　农药使用不当引起的养蚕中毒案例

农药使用不当引起的养蚕中毒可分为两类：①桑园使用农药或其他农

资（如肥料、植物生长剂等）不当引起的养蚕中毒；②桑园周边其他农作物或植物（森林和绿化行道树等）使用农药或化学品不当引起的养蚕中毒。由于桑园用药者对家蚕的污染物敏感性特征都有足够的了解，对桑园施用农药的种类和安全间隔期的了解都较为清楚，多数传统和具有一定养蚕技术条件的蚕区一般不会因农药使用而发生养蚕中毒的事件，但在农药质量出现问题或用药严重失当的情况下，也难免出现桑叶有害物残留而导致的养蚕中毒的情况。对于其他农作物或植物施用农药引起的养蚕中毒而言，其发生的可能性和情况的复杂性则更为严重。

案例 2-15　桑园使用农药引起的养蚕中毒 -1

2005年9月，嘉兴蚕种场第三分场发生养蚕中毒，要求查找原因。

现场考察　不同蚕室、不同蚕品种和不同龄期的家蚕均表现出蚕体蜷曲，严重痉挛，少量口器突出或吐水的典型菊酯类农药中毒症状。

前期信息收集　在判定家蚕中毒为菊酯类农药中毒，及可能来源为桑叶（普遍发生）的前提下，排查桑园治虫和桑叶使用情况。所用桑叶全部来自蚕种场本部桑园，桑园周边无其他农田作物，外部农药污染输入的可能性较低。由此，排查蚕种场内部桑园农药使用情况（农药种类和使用时间）。使用农药为敌敌畏和乐果。敌敌畏为去年多批次桑园治虫使用过的同批次农药，未发生养蚕中毒现象；乐果为本年度新购农药，采叶喂蚕时间已超过乐果规定残毒期较长时间。分析结果有两种可能：①敌敌畏保存不当问题，②乐果农药质量问题。

信息再收集　采集养蚕中毒桑园地块桑叶样本，进行实验室生物学试验。结果未见家蚕出现急性中毒症状，推测桑园污染程度不是十分严重。取桑园治虫使用的同一批乐果原瓶农药，实验室进行不同倍数稀释后的添食试验，由3龄起蚕添食。结果显示，当实验室保存乐果（对照）和样本乐果（嘉兴蚕种场来源）在低稀释倍数（1000倍）时，家蚕均表现出有机磷农药中毒症状（胸部膨大、身体缩短、吐水）；在高稀释倍数（10000倍）时，添食对照乐果的家蚕未出现中毒症状，添食嘉兴取样乐果的家蚕出现菊酯类农药中毒的典型症状。由此确定嘉兴取样乐果中含有菊酯类农药。另取嘉兴乐果原瓶农药，送省农业厅农药检测所检测，检测结果显示嘉兴蚕种场使用的乐果中含有氰戊菊酯。查询乐果农药生产企业产品目录，未见该企业生产氰戊菊酯（排除企业内污染和有意混入）；电话查询嘉兴乐果生产企业生产过程，得到该乐果的乳化工艺由另一家企业完成的回复；再进行电话查询乳化工艺完成企业生产情况，得到使用设备的前批次产品中含有氰戊菊酯的回复。

综合判断　桑园使用农药污染由菊酯类农药引起。

案例 2-16　桑园使用农药引起的养蚕中毒 -2

2009年9月，德清县钟管镇干村村，部分养蚕农户发生养蚕中毒。

现场考察　个别农户所养家蚕为5龄期，部分个体出现身体蜷曲或吐水现象，可确诊为菊酯类农药中毒。

前期信息收集　8月16—18日，农户曾使用40%乐果（湖南常德某公司产品）进行桑园治虫。根据该区域只有零星几户蚕农养蚕出现上述中毒问题，怀疑桑园治虫用农药可能被菊酯类农药污染，建议进行生物学试验测定。

生物学试验　农业执法部门进行了同批次农药的原装农药抽样。农业执法部门、农药经销商（代表农药生产企业）、蚕农代表、县农业技术推广人员和镇政府人员携带抽样农药到实验室进行现场生物学试验。事前对试验的方法、原理和可能的结果进行了说明，各方协商确定对不同结果的处置方案：出现菊酯类农药中毒症状，证明农药有问题，由经销商负责经济责任，镇政府协助处理蚕农与经销商或企业的关系；未出现菊酯类农药中毒症状，即不能证明农药有问题，由镇政府和县农技人员协调和处理蚕农相关问题。

在各方共同在场的情况下，将原装农药开封后，进行不同倍数的稀释，涂抹桑叶喂饲健康2龄蚕。结果同案例2-15（上述嘉兴蚕种场发生的情况）：低稀释倍数时，家蚕表现有机磷农药中毒症状；高稀释倍数时，家蚕表现菊酯类农药中毒症状。因事前各方协调一致认可试验方案，养蚕病害诊断目的达成，后续处理顺利。

案例 2-17　桑园使用农药引起的养蚕中毒 -3

2009年10月，淳安县汾口镇湖塘村等地，晚中秋蚕期养蚕出现中毒症状。

前期信息收集　使用辛硫磷防治桑园桑螟危害的农户发生养蚕中毒，未用该农药治虫农户未发生养蚕中毒。由此推测，此次养蚕中毒与农户使用辛硫磷有关。

综合判断　根据所送家蚕样本表现症状，可判断为菊酯类农药中毒。

生物学试验　对所送蚕农曾使用的同批辛硫磷农药（湖北某化工股份有限公司产品，40%乳油，生产批号2009041502）进行10倍系列稀释后，涂抹桑叶，喂饲2龄起蚕。试验30 min后显示：100倍稀释和1000倍稀释样本溶液喂饲的家蚕主要表现为有机磷农药中毒症状（胸部膨大、吐水和身体缩短），10000倍稀释样本溶液喂饲的大部分家蚕主要表现为菊酯类农药中毒症状（蚕体蜷曲），100000倍稀释样本溶液喂饲后仍有部分家蚕表现为菊酯类农药中毒症状（蚕体蜷曲）。由此认为所送辛硫磷样本中含有菊酯类农药成分，与该次养蚕农药中毒相吻合。

上述3起案例（案例2-15、案例2-16和案例2-17）都属于桑园用农药被菊酯类农药污染所致的养蚕中毒类型。另一种导致养蚕农药中毒的情况是，不法企业或商家有意在其他农药中混入一定量的菊酯类农药，冠予“高效”等美名，以提高产品销售竞争力。1995年缙云县中秋蚕期出现大面积养蚕菊酯类农药中毒，是上述情况的典型案例。

随着农药科技水平的发展和人类对农药安全的要求越来越高，农药管理中每种农药必须登记其使用作物范围。桑园作为小众农作，企业登记以桑园为使用范围的农药品种数量十分有限。此外，传统桑园治虫用药中的不少农药，因对人类危害的风险较高而已被禁用。桑园治虫正在陷入无药可用的窘境。但随着国家对生态文明和环境保护的日趋重视，性诱、灯诱、食诱和花诱等生态性较好的害虫防控技术得到快速发展，蚕桑产业顺应这种趋势也是可持续发展的必然要求。

案例 2-18　桑园施用复合肥引起的养蚕中毒

2015年5月，桐乡市凤鸣街道和德清县雷甸镇相继发生养蚕中毒情况。

桐乡市发生养蚕中毒的信息收集　农户甲饲养4张蚕种，发现在小蚕期用自家地块桑叶喂饲后，部分家蚕出现中毒症状，由此改从其他农户地块采摘桑叶喂蚕，家蚕中毒症状消失；4龄饷食后用叶量增加，饷食后的第二次喂叶又改用自家地块桑叶，家蚕再次出现类似中毒症状。农户乙用自家地块桑园喂饲3张蚕种，3龄时出现大量家蚕中毒，放弃饲养；再从小蚕共育室购买3张3龄蚕，但饲养到4龄，再次出现相同症状的中毒家蚕。由此，怀疑自家地块桑园有问题。两个农户年度内未使用农药进行桑园害虫防治，周边也无其他农作，但两户都使用了武汉某公司的复合肥料。

德清县发生养蚕中毒的信息收集 部分农户从邻近县区购置枇杷专用复合肥料进行桑园施肥，其中一家农户养蚕中毒后，再换新的蚕，连续换了3次蚕，都是相同的中毒症状。

两地发生养蚕中毒的症状相似，使用的复合肥料生产厂家相同。从桐乡采集发生养蚕中毒的桑园施用复合肥料（武汉）、江苏某企业生产的复合肥料和挪威进口的复合肥3个样本，从德清采集发生养蚕中毒的同一复合肥料（武汉）的两种型号（氮磷钾含量不同）。实验室进行不同稀释度的家蚕添食生物学试验，试验结果显示：用桐乡和德清来源、同一企业生产的复合肥料稀释100倍溶液涂抹的桑叶喂饲后，家蚕出现急性中毒症状（止叶，吐褐水，吐浮丝，头部凸出，胸部膨大，尾部缩小，头尾后仰或呈“拐状”）；稀释10000倍溶液涂抹的桑叶喂饲后，家蚕出现食桑锐减，行动迟钝，个别兴奋爬行症状，次日出现死亡。由此，确定该企业（武汉）生产的该种类型肥料中含有对家蚕剧毒的成分，其毒性超过大部分有机磷农药的毒性，施用于桑园对养蚕有很大风险。用该企业（武汉）生产的另一种类型、江苏某企业生产和挪威进口的复合肥料样本稀释100倍后的溶液涂抹桑叶并喂饲家蚕，饲养至下一龄期家蚕顺利入眠，未见中毒或其他异常迹象。

2017年春蚕期，桐乡市石步桥再次出现类似情况。

有关复合肥料的后期咨询调查：《农业肥料登记管理办法》（2017）第三十二条明确规定“肥料和农药的混合物”不适用本办法。肥料管理专家告知，肥料中混入农药的犯罪成本较大，一般企业不会如此胆大妄为。复合肥生产专家告知，生产中存在以废弃物为原料，再补充增加氮磷钾中不足部分的情况。农药合成和生产工艺研究者告知，农药合成中可能产生大量含有氮、磷或硫的副产物，即使同一种农药，因生产工艺的不同，使用的原料和产生的副产物也有很大差异。这种利用废弃物生产的复合肥用于养蚕桑园，发生养蚕中毒的风险会很高。

信息收集了不少，但可能的头绪太多，养蚕现场中毒家蚕的症状无法对应现有农药，未能继续深究。

案例 2-19　稻 - 桑混栽蚕区农药不合理使用引起的养蚕中毒 -1

2006年9月3日，作者与日本北海道大学伴户久德教授前往桐乡参观考察蚕桑生产，偶遇该市养蚕发生全市性农药中毒（后据桐乡市及出现类似情况的海宁市统计，两市总计约有8万张蚕种发生中毒）。

前期信息收集　蚕种在9月2日收蚁。9月3日凌晨，蚕农发现饲养家蚕出现中毒，多数认为自身作业过程出现问题，急速赶往市内蚕种冷库补购蚕种；在蚕种冷库，大量蚕农因同样的情况汇聚并要求补购蚕种。蚕农数量的激增使部分蚕农因担心补购不到蚕种而情绪激动。蚕农群体出现躁动，导致蚕种补购工作无法有序进行和出现混乱。蚕种冷库负责人决定敞开大门，由蚕农自行免费获取蚕种，现场得到平息。

现场考察和信息再收集　现场考察高桥和屠甸等蚕区、走访农户及视诊养蚕情况后，确认本次养蚕中毒为有机磷类农药中毒。与当地植保部门会商后，养蚕中毒原因基本清晰，即植保部门布置粮农在8月22—23日用毒死蜱进行水稻虫害防治，但持续下雨导致粮农普遍在9月1—2日进行水稻毒死蜱防治（采集桑叶样本经浙江大学植保系测定，桑叶含有毒死蜱农药）。现场问题虽然解决，但蚕农取走蚕种后继续使用被污染桑叶饲养，是否还会出现中毒，这是新的问题。

后续技术处置　当时有关毒死蜱在桑叶的残留时间还没有报道（戴建忠等于2017年报道：40%毒死蜱乳油，1500倍稀释液桑园喷施的安全间隔期为21天）。根据相关情况：蚕种催青需要10天；毒死蜱为无明显内吸性农药，不可能转移到新生桑叶，而催青后收蚁或早期用叶为新生桑叶；桑园因水稻用药而污染，相对污染剂量可能较小。现场商议决定：重新催青饲养；蚕种提供方密切关注收蚁后饲养情况；从桑园地块中央部位或远离水稻田端开始采摘桑叶养蚕；一旦再次发生养蚕中毒，及时报告；采集不同地块桑叶，进行实验室喂养生物学试验（实验室喂饲2龄起蚕36h，未见中毒）及桑叶毒死蜱残留的仪器检测。

案例启示　①发生中毒后，蚕种冷库的现场应急处理非常冷静合理，虽然蚕种供应企业方承受重大经济损失的风险，但与发生冲突或群体性事件相比，决策显然是非常理智和正确的。②事发后地方政府高度重视，在事发现场处理和后续决策中发扬大局观和敢于担当的精神；现场决策会议中主要领导明确今后蚕桑部门必须与植保部门密切沟通，双方协商确定养蚕催青、收蚁时间和大田农药使用（包括使用农药种类、使用时间及方式等），该决策也为至今该区域未发生稻桑农药使用矛盾的大规模养蚕中毒奠定制度性基础。③在缺乏直接相关信息，但必须做出决策的情况下，通过类似情况相关信息和其他专业知识进行的系统分析评价同样非常重要。

案例 2-20 稻 - 桑混栽蚕区农药不合理使用引起的养蚕中毒 -2

2008年9月，嘉兴市王店镇东南方向几个村蚕农饲养家蚕发生中毒。

前期信息收集 怀疑中毒与稻田使用阿维菌素（水稻稻卷叶螟防治中曾使用甲胺基阿维菌素苯甲酸盐），或与收集旧编织袋进行回收制粒的小作坊有关。

现场考察 小作坊位于凤珍村。凤珍村村部放置的大量病蚕以阿维菌素类农药中毒蚕（身体软化、假死或尾部缩皱，死亡家蚕呈背向“C”形）为主，零星发生传染性蚕病。桑园有大量桑螟。中毒情况较为严重的农户饲养的家蚕和蚕农送到村部的病蚕中均有大量阿维菌素类农药中毒蚕；考察该村3户饲养情况较好的蚕农的蚕室，也有相同症状中毒蚕，但中毒蚕比率相对较少。根据现场中毒蚕表现异常症状的一致性，确认阿维菌素类农药中毒为主要原因。但未能排除小作坊污染危害的可能性。

案例 2-21 稻 - 桑混栽蚕区农药不合理使用引起的养蚕中毒 -3

2010年9月27日，嘉兴市秀洲区新塍镇火炬村，养蚕发生中毒。

诉求 蚕农要求政府查明原因和赔偿经济损失。

前期信息收集 该批蚕种9月24日发种，9月26日收蚁，孵化正常。该区域为稻 - 桑混栽区，9月21—24日期间水稻田曾采用喷粉法进行有机磷农药治虫，水稻田栽培者多数为土地流转后的种粮大户。

现场考察 家蚕主要表现症状为向外爬逸、吐水、胸部膨大和身体缩短，判断为有机磷类农药中毒，推测为水稻使用农药引起的养蚕中毒。

技术措施方案　根据现场中毒情况和发生程度，提出两种方案。方案一、继续饲养，技术措施包括：①通过除沙（新鲜石灰粉或焦糠）等措施剔除死蚕。②换叶继续饲养未死亡家蚕。或在远离农药施用地块采叶，或采摘偏嫩桑叶（叶位提高），并用清水（或含有0.1%有效氯的漂白粉液）浸泡半小时，擦干或晾干后喂蚕。③精心饲养。方案二、重新饲养。

技术方案分析　方案一的优缺点：涉及面较小，但可能还会陆续出现中毒，不同农户间可能在最终蚕茧收成上有较大差别，后续蚕农间因饲养不平衡而产生新的矛盾和意见。方案二的优缺点：通过催青期的时间差（类似案例2-19的技术处置理由），再次发生中毒的可能性较低，但涉及蚕种来源和后续气候遭遇低温的可能性较大。区农技部门负责人与蚕种和气象等部门联系，蚕种问题得到解决，并决定免费提供给蚕农；根据气象资料，出现极端低温的可能性较小。该区域养蚕用房的密闭性较好，加温条件也具备，大蚕期饲养遭遇的一般性低温可以通过加强补温工作解决。政府技术部门也承诺保障后期售茧等技术管理和服务性工作。

系统分析和综合判断　对病害种类的确定，各方达成一致。在后续技术处置上决策采用方案二的优势更大，在场各技术人员较为一致认同该方案。在中毒污染来源和原因上，判断此次病害由粮农稻田使用有机磷农药污染桑园所导致。问题焦点在如何说服蚕农实施方案二。蚕农主要诉求是要求政府明确中毒原因和赔偿经济损失，而并非技术处置。地方政府陷于两难境地：公布中毒原因，必然导致蚕农与粮农的纠纷，粮农在经济上也无法承受以蚕茧产量计价的赔偿，其结果很可能是粮农离开该地，蚕农得不到赔偿。两败俱伤更不是政府所要的结果。不公布中毒原因，蚕农很有可能不接受任何后续处置方案。此外，无理由经济赔偿对政府也不可行。

后记　该案例的技术处理与判断并不十分困难，但十分考验地方政府责任人的智慧和综合能力。对现场蚕农群体的心理状态判断、技术方案与蚕农沟通的方式，以及事件处置责任人在蚕农中的权威性评价等都非常基础。遗憾的是事件处理中，地方政府责任人对个人权威性的评价不够充分，也没有采用请蚕农代表到会议室进行小范围沟通后，再扩大沟通范围的方式，而是个人直接与广大蚕农进行沟通。结果导致群情激奋，无法持续沟通的僵局。

经过整整一天的说服工作，蚕农在经历心理上的冷处理后，虽然无奈但还是冷静地接受了方案二。最终养蚕得以顺利进行，并取得了蚕茧丰收。后期信息收集获知，该村曾因土地开发等事情，部分养蚕农户怀有期望被开发而未如愿的不满情绪，此次养蚕中毒事件在一定程度上是借机再次诉求，与养蚕中毒的技术问题无直接关系。对该舆情信息了解或理解的不够充分，也是本案例综合处理的缺陷。

案例 2-22　稻 - 桑混栽蚕区农药不合理使用引起的养蚕中毒 -4

2004年开始，在浙江蚕区出现农家使用水稻秸秆制成的蜈蚣草上蔟后熟蚕中毒的情况。一般秸秆在制作蜈蚣草前在太阳下曝晒后不会引起养蚕中毒现象。

2010年5月，桐乡市崇福镇湾里村部分蚕农所饲养的家蚕在上蔟后第二天仍未结茧，部分熟蚕出现上蔟后从蜈蚣蔟上掉下来的现象。经调查，可能与制作蜈蚣蔟的稻草有关。用稻草样本浸渍水溶液涂抹桑叶后喂饲2龄起蚕，24 h后，发现部分农户家稻草可引起家蚕的中毒，表现为身体蜷曲和少量吐水的菊酯类农药中毒症状，36 h后出现家蚕死亡。由此，确诊该批用于蜈蚣蔟制作的稻草存在曾使用菊酯类农药的问题。

2005年开始，对浙江省主要蚕区的水稻秸秆进行了为期3年的调查，采用熏蒸法和浸渍法（见第六章）进行调查，发现不少水稻秸秆有菊酯类或有机氮类农药污染。该问题也成为许多蚕区开始使用塑料折蔟代替蜈蚣蔟的重要诱因。

案例 2-23　花 - 桑混栽蚕区农药不合理使用引起的养蚕中毒 -1

2007年5月，海宁市长安镇，春蚕期发生养蚕中毒不结茧。

前期信息收集　养蚕中毒不结茧发生范围涉及褚石、天明和新民3个村的14个组和236家农户，约400多张蚕种；5月26日饲养家蚕大批开始上蔟，5月27日蚕农报告蚕不结茧；3个村的14个组的桑园和花卉栽培大棚混合交错状布局（图2-6A）；5月26日农药供应站曾经出售56瓶“可汗”（10.8%吡丙醚，50 mL装）。

图2-6　花-桑混合栽培状态

现场考察　对3个村部分农户所养春蚕、桑园及周边农作栽培情况等进行调查走访。蚕农普遍反映，家蚕5龄第9天仍无上蔟迹象，第10天现场仍有大量不结茧蚕。不结茧蚕蚕体清白，多数丝腺发育不良，或有熟蚕体征，但均无营茧的征兆；未见明显的传染性蚕病个体。

综合判断　吡丙醚为昆虫几丁质合成抑制物，可影响昆虫成虫化过程和几丁质形成，在理论上很有可能影响家蚕的上蔟营茧。同行农药专家朱老师判断，通过现成的仪器测定方法短期内难于从桑叶中检出吡丙醚。只能建议协调调整栽培结构或加强不同作物间农药使用的协调机制。

案例 2-24　花-桑混栽蚕区农药不合理使用引起的养蚕中毒-2

2011年11月晚秋蚕期，海宁市长安镇，部分蚕农养蚕出现中毒和不结茧。

诉求　查明养蚕中毒原因。

前期信息收集　养蚕中毒涉及海宁长安镇1000多张蚕种，及周边桐乡蚕区部分农户。蚕农认为养蚕不结茧与花卉大棚（图2-6B）使用农药有关。来自桐乡的1位在花卉大棚打工农民反映，家里养蚕出现类似养蚕中毒情况。花农承认花卉大棚曾使用农药（杀虫剂）——灭蝇胺（潜克和潜卡），最后一次使用杀虫剂农药为灭蝇胺，时间在10月1～5日，该药已经使用2年，以前未曾发生类似情况。

现场考察　到12家农户进行养蚕情况观察（包括不同发生程度），发现不结茧蚕农户的病蚕症状基本一致，但发生程度有所不同。主要异常：5龄食桑9～11天后蚕体依然清白不熟，丝腺发育不够充分，即使放于蔟具也不会结茧，部分农户饲养家蚕有少量传染性蚕病。花卉大棚布局位置与养蚕中毒农户家桑园之间未见明显规律性分布趋势，也未见中毒程度与桑园地块间的趋势性规律。周边未见厂矿企业。

信息再收集 灭蝇胺对家蚕毒性的试验结果显示：添食后，家蚕食桑量下降；1天后，发育明显迟于对照；2天半后，发育明显偏迟，并出现个别死亡，身体软化。除食桑量下降外，家蚕表现的异常包括家蚕个体偏细小，胸部相对偏大，个别家蚕出现少量吐水现象。该结果表明，灭蝇胺对家蚕具有一定的毒性（无明显急性中毒），但该农药的慢性中毒重演试验需要很长时间（无法解决即时问题）。

生物学试验 用花卉叶浸洗液涂抹桑叶喂蚕的生物学试验（见第六章）显示，多数鲜叶样本浸洗液（1 h）涂抹的桑叶喂饲健康蚕10 h后，家蚕即出现中毒症状，主要表现为胸部略膨大，身体弯曲后软化伸长，即急性毒性；另外3个样本在1天半后出现同样症状，1周后出现大量死蚕。花卉叶的熏蒸毒性实验（见第六章）显示，2天内未见家蚕异常，3天后可观察到发育偏迟和不齐，5天后发育明显不齐和出现死亡个体，发育明显偏迟和死亡家蚕的症状与浸洗液喂饲类似，但中毒程度低于浸洗液喂饲。从生物学试验结果分析：来自不同花卉大棚的鲜叶有毒物质的残留量不同，这种差异可能是污染时间的不同或污染量的不同导致的；浸洗的毒性大于熏蒸的结果，暗示污染物主要存在于鲜叶表面的可能性较大。

花农的反映 花卉种植使用农药种类和使用时间等技术信息，主要通过茶馆店早茶聚会时相互间的交流获取。花卉种植在该区域尚未形成较大规模，农药安全使用技术的科学性和合理性上出现明显失当的可能性较大。花卉农药使用不涉及食品安全等管制较为严格的政策限制，容易发生生态综合安全的失管。

综合判断 养蚕微量中毒和中毒农户（桑园）分布无明显规则的特征，符合少量有毒物质零星扩散污染的规律；在该区域内，只有对花卉在使用农药，且花卉相关物品（鲜叶等）对家蚕有毒（影响家蚕发育进程的实验现象与现场不结茧吻合）。由此判断，花卉大棚的农药使用是本次养蚕中毒和不结茧的主要原因。具体与何种农药或有毒物有关，有待更为深入详细的调查。

案例 2-25 其他农作－桑混栽蚕区农药不合理使用引起的养蚕中毒

2011年5月，德清县钟管镇干山蠡山村发生养蚕中毒。

诉求 查明中毒原因。

前期信息收集　发生养蚕中毒的农户桑园周边有西瓜大棚（图2-7A），蚕农认为养蚕中毒与此有关。村办公室放置的中毒蚕表现为头尾翘起（背向“C”形）、胸部膨大、略有吐水和下痢等。蚕桑技术员反映可能与桑园周边瓜地大棚使用吡虫啉有关。

图2-7　西瓜-桑混栽引起的养蚕中毒

注：A. 西瓜大棚与桑园分布；B. 现场中毒蚕；C. 实验室生物学试验中毒蚕。

现场考察　西瓜大棚与发生养蚕中毒桑园地块仅有1条田埂之隔（0.5 ～ 1米距离）。大棚内有包括吡虫啉在内的多种农药包装袋。农户养蚕现场可见与村办公室放置的中毒蚕症状一致的中毒蚕（图2-7B）。

信息再收集　从西瓜大棚紧邻桑园地块，采集4个桑叶样本（①近端的新梢，②近端的三眼叶，③近端的下部叶，④较远端的三眼叶），进行实验室生物学试验（3龄3天蚕）。结果显示：喂饲16 h后，样本①和③喂饲家蚕出现头尾翘起（背向“C”形）、胸部膨大、略有吐水的症状，样本②喂饲家蚕的死亡率最高；喂饲4天后，前3个样本喂饲家蚕的死亡率分别为6.7%、36.7%和16.7%，样本④未见异常。

系统分析　从农民送到村办公室中毒蚕样本、养蚕户现场中毒蚕，以及实验室生物学试验样本蚕（图2-7B和C）中毒症状的一致性，可以判断引起家蚕中毒的有毒物为同一种；中毒蚕表现异常类似吡虫啉中毒症状，且西瓜大棚也曾使用过吡虫啉，因此可以判断有毒物为吡虫啉。从生物学试验家蚕的死亡率和采样桑叶与西瓜大棚的距离分析，可以判断有毒物来源于西瓜大棚：近端的三眼叶和下部叶喂饲家蚕死亡率较高，以及近端的新梢叶和下部叶喂饲家蚕表现为急性中毒，表明有毒物并非一次性使用，即在过往多次使用（桑叶在空气中暴露时间越长，积累越多）的同时，近期也有使用；较远端的三眼叶饲喂家蚕未发现中毒，说明污染扩散面并非很大。

综合判断和后续技术措施 判断导致养蚕中毒的原因为西瓜大棚使用的吡虫啉等农药。建议使用其他未被农药污染地块的桑叶继续饲养，或从该地块的西瓜大棚远端开始采叶养蚕（家蚕抗性随生长发育而增强，桑叶在生长发育过程中分解残留有毒物）。严格控制杀虫剂在西瓜大棚的使用。

后记 农村土地流转后，不少地方的种植结构呈多样化发展，不少非本地传统主要种植品类农作由外来农家或企业承包栽培。德清是传统的养蚕区域，农户对养蚕极易发生农药中毒的情况较为重视；但来自其他非蚕桑区域的瓜农对此往往一无所知，农药使用的不当极易导致周边养蚕中毒。简单地由加害方（瓜农）做出经济赔偿，显然不利于区域内农业规模化和现代化发展的需要。地方政府权衡利弊后，决定由政府采用农业灾害补偿方式补偿养蚕农户养蚕中毒的经济损失，避免了不同农户间的直接矛盾冲突，同时要求技术部门加强技术指导和农药使用的协调。

类似案例 2012年秋蚕期，安吉县递铺镇稻-茶-桑混栽区发生养蚕中毒。该桑园地处两座山的中间，山上栽培的主要农作物为茶叶，桑园周边还有水稻等其他农作物（图2-8A）。

2015年春蚕期，湖州市开发区菜-桑混栽区养蚕发生零星中毒。该区域的桑园是小众作物，大片的土地栽培了各种类型的蔬菜，难于开展污染源的调查（图2-8B）。

图2-8 桑和其他农作物混栽状态

虽然区域化和规模化发展是现代农业的重要特征，但在我国现实社会经济发展状态下，适度规模还是主要形式。即使在我国养蚕规模化程度较高的广西蚕区，也存在桑园与甘蔗、玉米、柑橘和水稻等农作物混栽，以及周边山林等混合栽培的布局。不同蚕区桑园所占比率各不相同，混合栽培的复杂程度也不尽相同。桑园所占比率越高，发生小规模农药中毒的概率越小，但一旦发生重大失策，所造成的危害或经济损失也越大。桑园所占比率越低，发生小规模农药中毒的概率越大，正确诊断的难度越大。混栽状态下桑园农药污染的问题，必须在社会经济发展和生态文明建设的大背景下，以社会整体均衡及可持续发展为基础进行思考与解决，任何一味追究或逃避责任的行为都不利于蚕桑产业的可持续发展。案例2-18和案例2-24是小区域混栽模式下解决问题的成功范例。

2.3.2.2　厂矿企业“三废”引起的养蚕中毒案例

厂矿企业“三废”引起的养蚕中毒，与社会经济发展所处阶段和生态文明建设的重视程度密切相关。浙江蚕区从20世纪80年代出现的砖瓦窑氟化物污染为主，到21世纪初星罗棋布的小作坊排放污染为主，厂矿企业“三废”引起的养蚕中毒此起彼伏，而且往往无法确定有害化学污染物的成分。但随着对生态文明建设的不断重视，厂矿企业污染排放要求不断提高，政府和民众的监督不断强化，该类养蚕中毒事件数急剧下降。

案例 2-26　小作坊污染排放引起的养蚕中毒

2003年5月，海宁市袁花镇部分农户养蚕发生中毒。

前期信息收集　中毒蚕表现的异常较为一致；发生中毒农户所用桑园河道对面有一新建塑料扣板制作小作坊，主要通过熔炼民间回收废旧塑料制品（现场可见塑料脸盆、饮料瓶和拖鞋等），重新加工成塑料扣板。低矮作坊有面向河道侧的排风扇，持续排出刺激性异味。

根据家蚕表现异常（轻度乱爬和吐水现象）（图2-9A）可判断为中毒，但无法判断中毒污染物种类。推测污染来源可能为小作坊（图2-9B）。

生物学试验　以排风扇出口为原点，采集桑园不同区块（图2-9）桑叶样本后，在实验室进行喂养生物学试验。结果显示：区块②采集桑叶喂饲后家蚕中毒较为严重，与现场农户饲养蚕的中毒异常类似；区块③采集桑叶喂饲后，家蚕也有中毒症状出现，但不明显；区块①采集桑叶喂饲后，家蚕未出现中毒症状。

综合判断 根据太湖流域春季主要季风为东南风的特点判断，农户养蚕中毒与该小作坊排放废气相关的可能性较高，或养蚕中毒主要由小作坊污染排放引起。

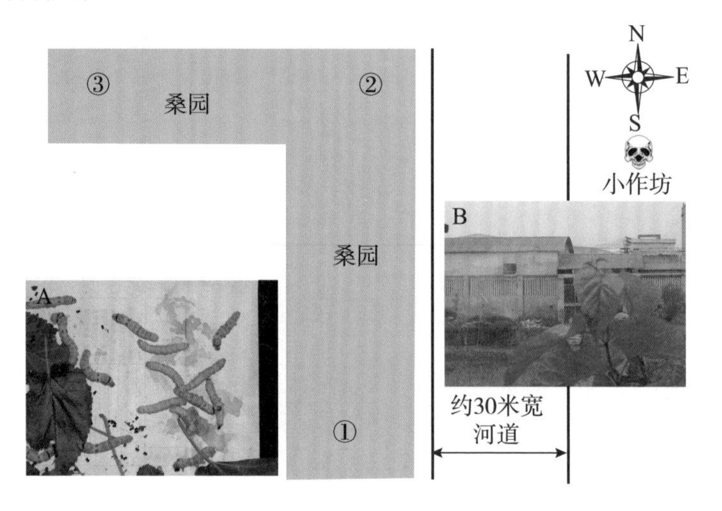

图2-9 小作坊污染排放引起养蚕中毒的桑园采样示意

案例 2-27 多因素污染引起的养蚕中毒

2003年11月，湖州市南浔区朱家兜村发生养蚕中毒。

前期信息收集和现场考察 桑园周边有2个砖瓦厂，使用燃料为该区域附近的木材加工废弃边料和木屑等；燃料燃烧或制砖时有刺激性异味排出。桑园周边有一河道是桑园灌溉用水的水源。桑园周边有多块水稻田。绕桑园地块一周，从河道边和水稻田块边收集到农药包装袋40多个。

生物学试验 取木屑等材料样本，进行实验室生物学试验。燃烧熏蒸法和浸渍法（见第六章）生物学试验未发现家蚕中毒。

分析与判断 蚕农反映养蚕期未见家蚕发育不齐现象，与氟化物污染相关的可能性较低；砖瓦厂为村主任和部分蚕农入股企业，可能存在信息偏差；桑叶已被采光，无法测定桑叶氟化物含量，无法确定或排除其可能性；

桑园周边存在使用农药，或利用河道水进行多种农药配制的情况……总之，本案例未见明显的主导因素，或可能的影响因素较多，无法确定主要原因；也可能由多种因素叠加或污染综合累加所致。

案例 2-28　工厂无组织排放“三废”引起的养蚕中毒 -1

2005年7月，德清新市镇蔡界村，夏蚕饲养发生养蚕中毒。

诉求　蚕农要求蚕区附近开办工业厂区的业主赔偿养蚕经济损失。业主为厂区出租方,厂区内有4家印染企业（承租方）。春季养蚕也曾发生中毒，由业主赔偿蚕农经济损失30万元。本次养蚕中毒，业主要求查明污染源头，明确责任，是否是厂区污染造成或由厂区内哪家企业造成，谁污染谁赔偿。

前期信息收集　春蚕期，该区域养蚕农户饲养的蚕种合计约390张，普遍发生养蚕不结茧。主要表现为家蚕不吃不动、身体软化、部分不结茧而直接化蛹。春蚕期发生养蚕中毒农户的桑园，主要分布在印染厂区西北方向500米左右，东南方向200米左右，南北两侧各300米左右。蚕农曾采集厂区内桑叶饲蚕，结果呈现与蚕室相同的症状，一个半小时后死亡。厂区内共有4家印染类企业，其中2家已开办10多年；另外2家分别在2004年的中秋蚕期和国庆节前后（最新开工企业）开工。2004年晚秋蚕期，也曾有个别农户养蚕发生中毒情况。2005年，夏蚕6月23日收蚁。7月8日（5龄第二天），蚕农喂饲桑叶后发现，家蚕停食不吃，涉及1个组15户10张蚕种。7月9日，该类现象扩展到3个组32户24张蚕种。7月11日，再增加2个组14户10张蚕种，共涉及46户。该46户蚕农在春季养蚕中全部发生中毒。

现场考察　考察各养蚕农户的中毒家蚕表现症状、桑园与厂区或企业分布地理位置等，现场情况与前期信息收集基本相符。4家印染企业使用的布料、染料、其他物料及生产工艺都有较大差异。在厂区4家企业内均未闻到明显的刺激性异味，但都大量使用了加热设施，厂区蒸汽产生量较大。

信息再收集与分析　进行了3项调查。①采集厂区内和厂区周边桑树桑叶，在实验室进行饲养试验，结果显示家蚕表现异常与现场异常家蚕状态一致，且与厂区有明显的距离相关趋势（距离越近，中毒越严重），可以确定污染源为该厂区。②取4家企业的部分化工原料，进行实验室喂饲和熏蒸生物学试验，家蚕未见明显的中毒症状，即原料是直接污染物的可能性较低。

③从其他地方采集桑叶和健康家蚕，分别放在同一厂区的4家企业内饲养，其中放在2004年国庆节前后开工企业（最新开工企业）的家蚕在半小时左右即出现相同中毒症状，其他3家企业内的家蚕未见中毒现象（留置法）。根据前期信息收集、现场考察和家蚕中毒异常症状分析，污染源指向厂区的一致性可以确定；留置法试验显示，最新开工企业为主要污染源，且企业开办时间和养蚕中毒发生时间较为吻合；具体污染物化学类别和性质不明，污染物可能的排放方式是无组织排放，加热过程中污染物通过自然挥发或蒸汽散发排出厂区并污染桑叶。

综合判断 2004年国庆节前后开工的印染企业（最新开工企业）为主要污染源，是引起家蚕中毒的主要原因，具体污染物不明。

后续措施及调查 最新开工企业在赔偿蚕农养蚕经济损失后，迁出了该厂区。事后调查显示未再发生类似养蚕中毒情况。虽然未能明确污染物具体成分或化学性质，但诊断主因判断正确，充分体现了养蚕病害诊断主要目的——不是解决赔偿问题，而是杜绝类似事件的再发生。

案例 2-29 工厂无组织排放“三废”引起的养蚕中毒 -2

2006年10月，海宁市盐官景观区发生养蚕中毒。

诉求 蚕农认为桑园周边以废硫酸和铝为主要原料来生产明矾的企业为养蚕中毒污染源，要求企业赔偿。

前期信息收集 企业周边桑园桑叶用于养蚕，在上年度中秋蚕期和本次养蚕中都有中毒发生，且中毒蚕表现出相同的异常或症状。企业在桑园边的水泥池常有恶臭污染物排出（图2-10）。信息收集中，部分蚕农通过与在外地工作的亲戚和子女联系和咨询，对有关环境污染和国家环保政策已有一定的知情和了解。

现场考察 养蚕农户所养家蚕表现异常较为一致，但与常见的菊酯类、有机氮（杀虫双等）、有机磷（敌敌畏等）和阿维菌素类等农药中毒的症状不同。现场各农户饲养的家蚕均未见明显的传染性病害。周边未见其他工厂或小作坊存在。

信息再收集与分析 进行不同桑园地块的桑叶采集（样本编号等见图2-10），进行实验室2龄起蚕饲养生物学试验。试验结果显示，①号样点桑叶喂饲36 h后，家蚕出现中毒症状，眠前的死亡率达12%，眠起食桑24 h后的死亡率达33%；②号样点桑叶喂饲12 h后，家蚕出现中毒症状，24 h死亡率达31%，眠前全部死亡；③号样点桑叶喂饲24 h后，家蚕出现中毒症状，眠前的死亡率29%，眠起食桑24 h后的死亡率达46%；④号样点桑叶喂饲后，家蚕未见明显中毒症状，但发育与对照（华家池桑园）相比明显变慢。试验家蚕中毒和死亡的症状与农村养蚕现场相似。

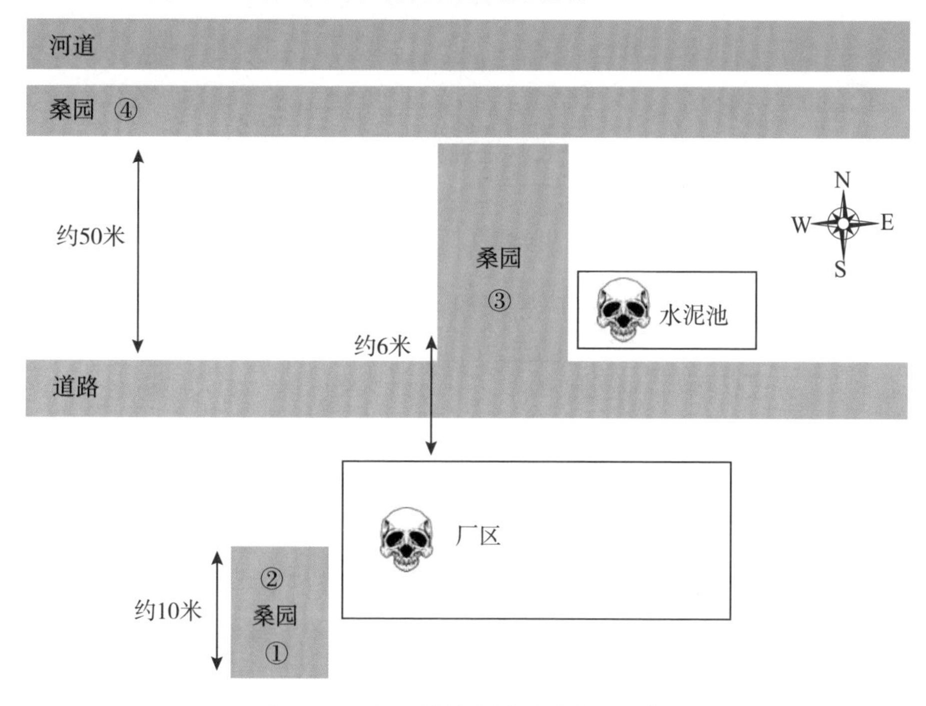

图2-10　桑园采样与污染企业布局示意

生物学试验中毒家蚕表现的异常与现场农户饲养家蚕一致，可分析认为有毒物具有一致性；根据4个桑叶样本喂饲后家蚕出现中毒症状的时间和死亡率差异，以及与空间位置的相关性，分析认为有害化学污染物具有较为明显的点状污染来源，但污染扩散距离相对较小；无法确定具体污染物种类和化学性质。

综合判断　根据不同空间位置采集的桑叶的实验室生物学试验结果，可确定养蚕中毒与该生产明矾企业有关，污染范围不是太大，属于无组织的污染排放，②号样点附近为污染重点来源。

案例2-30 工厂无组织排放“三废”可能引起的养蚕中毒-1

2007年5月，海宁市丁桥镇，部分蚕农发现4龄期家蚕出现中毒症状，怀疑与附近的城市污水处理厂有关。

现场考察 考察了5家农户的养蚕情况，情况较为一致，家蚕主要表现为蚕体缩小，少量吐水等中毒症状。

采样 分别在在污水处理厂厂区东侧（淤泥堆积场）围墙边桑园（①号样点），厂门北侧约50米处桑园（②号样点），厂门北侧约300米（服装厂东南角20米）处桑园（③号样点），厂东面围墙以东约300米处桑园（④号样点），距厂西面围墙约100米处桑园（⑤号样点）采集桑叶样本。

生物学试验 在实验室对2龄第二天的健康家蚕（每区30头）进行喂饲生物学试验。经喂饲3天后结果为：①号样点桑叶喂饲后，其中12条家蚕蚕体明显瘦小，6条家蚕死亡，个别家蚕出现吐水；②号样点桑叶喂饲后，其中5条家蚕未眠，蚕体明显瘦小，1条家蚕出现吐水；③号样点桑叶喂饲后，未见异常家蚕；④号样点桑叶喂饲后，其中5条家蚕未眠，蚕体明显瘦小，1条家蚕死亡；⑤号样点桑叶喂饲后，其中5条家蚕未眠，蚕体明显瘦小，1条家蚕出现吐水后死亡；对照桑叶（来自浙大华家池桑园）饲养家蚕未见异常。

信息分析与综合判断 根据上述试验结果分析判断，该污水处理厂排放了对家蚕具有毒性的有害物；污染点的厂区分布不够明确（除③号样点桑叶喂饲的家蚕未见中毒外，其余均发生中毒）；污染物扩散的范围不是太大（②和③,①和④同向不同距离桑叶样本喂饲的家蚕中毒程度差异较大）。判断此次养蚕中毒可能为污水处理厂无组织排放养蚕有毒物所致，具体有毒污染物的化学类别和性质无法确定。

案例2-31 工厂无组织排放“三废”可能引起的养蚕中毒-2

2014年5月，湖州市吴兴区石淙镇花元湾村阳墩，蚕农养蚕发生中毒。

前期信息收集 从家蚕吐水、乱爬和身体弯曲等症状，可判定为中毒。

现场考察 周边有2个可能的污染源：①甲鱼养殖场将收集的纺织、木材和塑料等边角料或废弃物用做燃料进行加温，可能排放污染物。②印染企业废弃物的露天堆埋场可能有污染物挥发。养蚕中毒农户分布非常零散，中毒程度也较轻。

生物学试验 采集不同空间位置的桑叶，进行实验室饲养试验，不仅未能重现养蚕中毒的类似症状，而且家蚕均未出现中毒症状。

分析与判断 污染源可能在2个调查对象之外；有害化学污染物排放时间和数量具有偶发性或间歇性，在桑叶样本采集时有毒化学物质已被分解；属于污染物无组织排放导致的养蚕中毒，但无法确定有害化学污染物的化学类别和性质。

2.3.2.3 氟化物引起的养蚕中毒案例

20世纪80年代，氟化物导致的养蚕中毒是厂矿企业“三废”危害的主要代表，浙江、江苏和广东等蚕区都曾发生过大面积的养蚕氟化物中毒事件。1982年春蚕期，仅浙江杭嘉湖蚕区就因氟化物污染，蚕茧减产数千吨（浙江大学，2001）。砖瓦窑、水泥厂、玻璃厂、火力发电厂和磷肥厂等都是氟化物排放的污染源，但在当时数量最多和分布最广的污染源是砖瓦窑。其后，大量学者和技术人员从蚕品种、家蚕生理毒理学、饲养技术、氟化物污染物减排工艺等方面进行了大量的研究，在发生规律的解明和防控技术研发等领域取得很大的进步。

随着新型建筑材料的诞生和对生态文明建设的日趋重视，砖瓦窑在浙江等蚕区逐渐消失，对养蚕危害的氟化物污染防控工作取得了显著成效。

案例 2-32 养蚕病害诊断中的主因（氟化物）判断

1990年春蚕期，地处杭州市西部小和山的省原蚕种场发生养蚕病害。

前期信息收集 蚕种场曾邀请甲专家等，到现场进行诊断，诊断结果为家蚕细菌性肠道病暴发。蚕种场根据细菌性肠道病流行规律认为，病害普遍发生的主要原因为消毒工作失当，或催青与饲养工作失当。但排查养蚕前期工作过程，未发现明显的失当环节。蚕种场也难于担当该责任，而邀请乙专家等到现场再次进行诊断。

现场考察与信息收集 乙专家等在进入蚕种场大门之前，发现附近较过往多了1个高大的烟囱，后经证实为新增水泥厂（信息收集中的发现力）。养蚕情况经视诊发现，各蚕室和各饲养小组饲养的不同品种蚕均表现为发育不够整齐，食桑不旺，弱小蚕较多，现场多数死蚕呈软化状（不同于家蚕微粒子病）；不同蚕品种之间存在一定差异，日系蚕品种发病程度较高，中系蚕品种发病程度略轻。专业原蚕种场一般设施等各方面条件较为完备，桑叶储藏室未见桑叶发酵等不当。前期蚕种保存、催青及收蚁时的孵化率等都正常，消毒药品使用和消毒流程等防病相关技术过程在溯源了解中，未发现明显失当。

初步判断与分析 根据现场病蚕所表现症状，中、日系蚕品种间的发病程度差异，现场主要病害符合细菌性肠道病（鲁兴萌和金伟，1990），通过实验室显微镜检测即可确定。但家蚕细菌性肠道病为条件致病，在具备导致家蚕体质下降因子存在前提下，才有可能发生如此大规模的细菌性肠道病，与消毒技术实施水平无直接相关性。引起家蚕细菌性肠道病的主要原因：①蚕种质量差，从省级原蚕种场的技术水平和收蚁孵化率的现实结果分析，可以排除这一因素；②饲养环境温度控制不好，即使非极端温湿度长期偏离也不会导致如此严重病害，从而可以排除这一因素；③桑叶质量问题，从储桑室和桑叶状态可以排除储桑不当等导致的叶质不良的可能。在排除多种可能性的前提下，怀疑或推测大门前新增的大烟囱是可能元凶。

建议 对桑叶进行氟化物含量的测定。

桑叶氟化物测定结果 采集数个桑叶样本，经环保部门和浙江大学（原浙江农业大学）家蚕病理学与病害控制研究室检测的结果基本相同。低者氟化物含量为60 mg/kg，高者100 mg/kg，均大大超出国家30 mg/kg的环保标准。由此，确定本次养蚕病害的表象（或病症）是家蚕细菌性肠道病，但引起病害的主要原因是氟化物污染。

后记 养蚕病害诊断的根本目的是发现主要原因，并由此采取对应技术措施，防范今后再次发生危害或减少本次养蚕的损失。在本案例中，表象是家蚕细菌性肠道病的发生，本质是氟化物污染桑叶导致的家蚕体质下降。在确定本质后，通过提高用叶的叶位和桑叶石灰水浸渍等措施，减少了当季养蚕的经济损失；同步与污染源企业沟通，通过在养蚕生产期间停产的措施，避免了再次发生类似养蚕病害的情况，也保障了全省原种的供应和蚕桑生产的稳定进行（鲁兴萌和金伟，1996a；鲁兴萌等，1996；鲁兴萌等，

1997；鲁兴萌和金伟，1999；鲁兴萌等，1999）。

案例 2-33　可能的氟化物污染引起的养蚕中毒

2010年10月，开化县华埠镇溪东村砖瓦窑附近，晚秋期饲养家蚕出现发育不齐和不结茧现象。蚕农送样到实验室并要求进行诊断。样本为未结茧家蚕，未见明显病症，主要表现为丝腺发育相对不够充分。解剖样本蚕中肠，以10条家蚕中肠为1个样本，制作10个样本，进行检测。利用光学显微镜，检查出3个样本有病毒多角体，但未见家蚕微粒子虫孢子。PCR检测结果：未检出 BmIFV、BmDNV-1和 BmDNV-2阳性样本（鲁兴萌和陆奇能，2006；陆奇能等，2007）。基于养蚕过程中，曾出现小蚕期发育明显不齐，落小蚕食桑不旺，淘汰小蚕数量较多，以及熟蚕丝腺发育不够充分等情况，建议对氟化物污染源和桑叶氟化物含量进行排查和测定。

案例 2-34　零星发生的养蚕氟化物中毒

2001年6月，龙游县小南海镇船厂村送检桑叶样本的氟化物含量达100 mg/kg。

2001年10月，上虞丁宅乡、江山市上余镇五程村和诸暨市牌头镇杨霞村要求检测桑叶氟化物含量。送检桑叶样本的氟化物含量分别为80.5 mg/kg、127.5 mg/kg和108.0 mg/kg。

2002年9月，海宁市袁花镇送检桑叶样本氟化物含量分别为上部叶22.0 mg/kg、中部叶86.5 mg/kg、下部叶95.1 mg/kg。

2003年5月，金华蚕种场送检9个桑叶样本的氟化物含量在15.9 ～ 60.2 mg/kg。

2003年5月，海宁袁花镇西村1组的2个送检桑叶样本氟化物含量分别为73.2 mg/kg（大头浜上）和 174.6 mg/kg（陆介荡北砖瓦窑边）。

2004年10月，建德大同镇出现农户养蚕中毒，桑叶氟化物含量为60 mg/kg，但蚕室内有不少家蚕吐平板丝而不结茧。

2005年5月，桐乡市梧桐镇送检桑叶样本氟化物含量为100 mg/kg和300 mg/kg，附近有玻璃纤维生产厂家。

2006年，山东省聊城市东阿县姚寨镇送检8个桑叶样本氟化物含量为22.9 ～ 68.8 mg/kg，5个样本氟化物含量高于国家30 mg/kg的环保标准。

2012年10月，临安市潜川镇外伍村养蚕农户饲养的家蚕出现大小不齐等异常。根据所送样本（5龄蚕）环节间突起、环节间存在环形黑斑，以及体壁易破等氟化物中毒典型特征，诊断该批病蚕为家蚕氟化物中毒，其原因与周边存在砖瓦窑排氟污染源有关。

与20世纪80年代大规模氟化物污染导致的养蚕中毒相比，氟化物污染问题在大部分蚕区已经不是主要矛盾，但个别区域依然难于杜绝。

2.3.3 不结茧养蚕病害案例

上蔟和营茧期是家蚕生理机能发生急剧变化的发育阶段，微量有毒化学物质通过食桑在蚕体内的累积，或病原微生物感染后的病程发展，都会导致该阶段养蚕病害的暴发。血液型脓病导致的养蚕不结茧是一种高频发生事件，在上述案例中已有介绍。有害化学污染物中的农药和厂矿企业“三废”污染也极易导致养蚕不结茧。大蚕期遭遇气温过高或过低等极端气候，又未能及时采取蚕室内小气候的降温或保温措施，导致家蚕抗性下降和家蚕生理性障碍，都可能引起家蚕上蔟期间大量发生不结茧的现象。

2.3.3.1 有机氮类农药引起的不结茧案例

杀虫双是有机氮类农药，具有高效的杀虫效果，被使用在部分蚕区的水稻、蔬菜和苗木等农作物和植物上。由于杀虫双具有一定的蒸腾作用和很强的内吸作用，所以极易造成桑园污染，而家蚕对其极其敏感（浙江大学，2001）。在20世纪90年代，浙江蚕区多数区域已禁止使用该农药，但不时还有零星的养蚕中毒出现。其典型中毒症状：上蔟期家蚕乱爬和吐浮丝，但迟迟不结茧，或结成薄皮茧，或呈裸蛹。

案例 2-35　零星发生的养蚕有机氮类农药中毒

2004年9月，长兴县和桐乡市大麻镇分别出现养蚕不结茧现象。家蚕中毒后的异常表现较为明显，即吐浮丝、结薄皮茧或不结茧，蔟具下有大量未吐丝结茧的活蛹或尚未化蛹和死亡的幼虫。据反映，周边水稻田和苗木曾使用杀虫双农药，但现场考察未获得证据；杀虫双等有机氮类农药引起养蚕中毒的来源判断较为困难，它不仅可直接接触桑叶发生污染，而且可通过用药植物和水田的蒸腾作用进入空气，并随气流漂移污染桑园，在风向和距离判断上有诸多不确定性，因此未能获得确切的污染来源。

2005年9月，在湖州市东林镇稻-桑混栽蚕区，多数蚕农饲养的家蚕吐少量浮丝后不做茧，其中少量成为裸蛹，大部分萎缩后死亡。类似于有机氮类农药中毒症状（图2-11）。

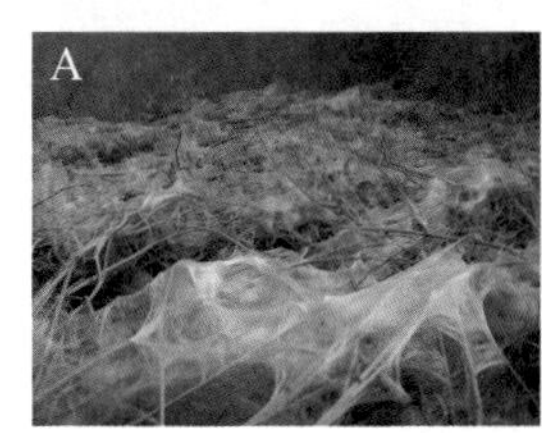

图2-11　有机氮类农药引起的养蚕中毒典型症状（吐浮丝）

2006年8月，湖州市南浔区千金镇商墓村和里浩村发生养蚕不结茧。2村农户均饲养有桂蚕2号和秋丰 × 白玉2个品种，饲养桂蚕2号蚕品种农户的家蚕普遍上蔟后吐浮丝和平板丝，或迟迟不结茧，类似有机氮类农药中毒。此外，曾在小蚕期有明显的减蚕率，由于桂蚕2号是未经“轻重盐水比重”的平附蚕种，减蚕率略高于散卵蚕种应属正常。如出现明显的减蚕率，可能与曲霉病和壁虱病的发生有关。饲养秋丰 × 白玉蚕品种农户的家蚕发生血液型脓病较多，但未见明显的吐浮丝和平板丝的现象。后期对该蚕区曾有使用的“敌·马”“桑虫清”“吡虫啉”和“直播净”农药进行实验室生物学试验，未能重现有机氮类农药中毒症状（一般由极低剂量污染积累引起，时间和剂量两个变量导致实验室重演非常困难）。对于该养蚕案例，可以判定区域内存在有机氮类农药污染，但剂量较低，同时蚕农养蚕防病技术实施未充分到位，或不同蚕品种间抗性存在一定差异。

2007年10月，长兴县泗安镇长潮村（花卉苗木的重点发展区域）发生养蚕不结茧。蚕农饲养的100多张蚕种在小蚕期和大蚕期都未见明显异常，但5龄饷食后第8天仍不结茧。乡镇技术员和蚕农代表送家蚕样本到实验室并要求鉴定病害种类。所送样本主要异常表现为“吐浮丝”，由此判断为有机氮类农药引起的中毒。

2.3.3.2 极端气候引起的养蚕不结茧案例

在浙江蚕区，引起养蚕危害的极端气候主要有春蚕期的大蚕期高温（副热带高气压较往年更早到达等）、台风引起的气温冷热急变和较之往年更早达到的寒潮，以及台风与寒潮的双重极端气候影响等。在养蚕者未能及时进行蚕室小气候调整的情况下，极易发生养蚕不结茧等情况。高温或温度急变，使家蚕的抗性降低，也容易导致传染性病害的暴发；低温直接导致上蔟期家蚕积温不足，发育超期不结茧，或导致少量感染病原微生物的家蚕在幼虫期死亡（减产作用）。

案例 2-36　大蚕期极端低温引起的养蚕不结茧

2010年11月，桐乡市濮院镇西浜村养蚕出现不结茧。

现场考察　多数蚕农未能在遭遇冷空气袭击后进行补温工作，甚至有蚕农将蚕饲养在鸭棚中（四边无任何遮拦），并进行上蔟。虽然在塑料折蔟上加了塑料纸和旧棉被进行保温，但由于家蚕是变温动物，环境温度决定其体温，蚕体温度无法保持。个别农户饲养家蚕大量发生血液型脓病，与低温延长龄期，使发病加重有关。

结果　5龄饷食已10天有余，通过技术措施无法挽回或减少损失，唯有吸取教训，加强消毒，来年重来。

案例 2-37　蚕期低温气候引起的养蚕不结茧

2013年春蚕期，临安市和桥镇蚕区部分农户养蚕发生不结茧。

诉求　蚕种质量不合格，要求蚕种供应方赔偿经济损失。

信息收集　该蚕区为山区养蚕，是具有丰富养蚕和防病经验的老蚕区。春蚕饲养前因倒春寒桑树顶端受冻，桑树重新发芽生长，桑树生长期推迟。养蚕期降雨较多，气温较之往年偏低。蚕农反映，收蚁工作进行了3 ～ 5天（不同农户间存在差异），较多养蚕户在不同程度上出现了收蚁时间拉长的情况（可能原因：蚕种质量问题，或发种后用于孵化的蚕室温度未达标）；

地方农业技术责任人反映，催青室有多批次蚕种同步催青，催青过程中胚胎解剖未发现明显的胚胎发育不齐或其他异常，同一催青室其他批次蚕种也未出现养蚕不结茧情况，同批次蚕种在其他地方饲养也有个别不结茧现象，但数量极少（非对称性信息）。

现场考察　现场考察的时间是5龄饷食后第6天，收蚁日后的第25天（该蚕品种的正常预期上蔟时间），该日的天气也是阴雨绵绵。现场部分蚕农反映，5龄第3天已经出现个别熟蚕，但搭建蔟架，挂蔟进入自动上蔟生产程序至今，仅有很少的家蚕营小茧。走访农户均为地蚕饲养模式，且4龄开始入地，蔟具上仅有少量家蚕营茧，多数仍在缓慢食桑中，未见明显的上蔟迹象，也未见传染性病蚕或中毒症状家蚕。蚕室温度普遍偏低（现场诊断的前日和当日气象预报温度为18 ～ 22℃）。现场重要的发现是营茧蚕个体偏小，少量的见熟蚕或未熟蚕的头部明显小于大部分的家蚕。

分析和诊断　早期因受冻桑树生长推迟，蚕期气候为低温和少日照，导致养蚕用叶偏嫩，而用叶偏嫩易诱发3眠蚕；4龄蚕入地的操作方式导致无法对大眠过程家蚕群体发育进行仔细观察，未能及时观察到出现较多3眠蚕的情况；见熟或即将上蔟蚕为3眠蚕，大批家蚕虽已到了预期上蔟结茧的时间，但由于饲养过程总体积温和食桑量不足，尚未到达上蔟营茧发育阶段。

后续措施与结果　建议尽快开展蚕室加温工作，喂饲足够成熟的桑叶，以保障大批家蚕顺利上蔟营茧。事后数日，晴空万里，阳光普照，蚕农所养家蚕顺利上蔟营茧，并获得了较好的收成，皆大欢喜。

该年度在全省其他蚕区也出现较多3眠蚕，多数蚕区为5龄入地，因及时发现了3眠蚕并采取了对应的技术措施，所以未发生明显的危害。

2.3.4　未能确认主因的养蚕病害案例

很多养蚕病害的诊断无法确定主因，特别是零星发生的养蚕病害。在此情况下，虽然无法一针见血地解决问题，但通过提出较为接近的解决方案或通用的建议技术措施，可减少损失。无法确定主因的养蚕病害，一般都是发生规模较小或发生程度不重的案例。在客观上，可能因样本规模较小而难于发现规律性。在主观上，可能相关各方的重视程度较低。

案例 2-38　发生规模较小情况下的养蚕病害诊断

2007年9月，桐乡市凤鸣街道灵安村施家里数家蚕农饲养的家蚕发生病害。

现场考察　可见较多的血液型脓病蚕和部分蝇蛆病蚕，桑园中桑螟危害较为严重。

信息再收集　从农户甲桑园和蚕室分别采集桑叶和家蚕（5龄第3天蚕），进行实验室不同桑叶的对比饲养试验，结果：农户甲桑园的桑叶饲养蚕的幼虫期发病较早，且发病率较高；对照用桑叶（浙大华家池桑园）饲养蚕的幼虫期发病率较低，且上蔟后死笼率低于农户甲桑园桑叶饲养蚕，茧层率则高于农户甲桑园桑叶饲养蚕。

农户乙饲养蚕中，病斑蚕较多，农户怀疑家蚕氟化物中毒或蚕种质量有问题。农户乙选定34条样本蚕，送实验室检测。实验室饲养试验结果显示，细菌病蚕3条、蝇蛆病蚕11条（病斑蚕，与氟化物中毒的环形黑斑不同）、血液型脓病蚕7条，死笼蚕11条（多数为蝇蛆和NPV引起），薄皮茧2个。

综合判断　此次病害为养蚕综合性防病技术失当引起。其中，排除蚕种质量问题；家蚕存在血液型脓病和蝇蛆病；桑园虫害治理水平不高，桑叶质量较差；样本蚕未见环形黑斑和竹节等家蚕氟化物中毒迹象，氟化物为主因的可能性不高。

案例 2-39　多种不利因素并存引起的养蚕不结茧

2014年10月，淳安县威坪镇蚕区发生养蚕不结茧现象。

诉求　蚕种质量有问题，要求蚕种供应部门赔偿经济损失。

前期信息收集　前期的收蚁孵化和小蚕饲养等饲养过程进行正常。5龄食桑8天蚕仍无明显上蔟迹象。大蚕期气温偏低。

现场考察　考察该镇汪川村、黄金村、屏村村和联合村，各农户饲养蚕普遍不结茧或发育进程缓慢，并伴有少量血液型脓病蚕，不同农户和不同自然村之间的发生程度和类别存在较大差异。周边未见可能造成环境污染的化学污染源。根据现场考察推测可能原因为积温和食桑不足，但也不能排除中毒的可能。

建议措施　尽快进行蚕室加温工作，提高家蚕的食桑量和加快家蚕发育进程，促进家蚕上蔟过程；避免5龄期过长导致家蚕大量不结茧，以及龄期过长后血液型脓病等传染性病害在幼虫期的发生而减产等不良影响。对发生血液型脓病较为严重的农户，建议及时采取淘汰措施；对发生程度较轻的农户，建议加强新鲜石灰粉的使用，及时淘汰病死蚕，挽救可以结茧家蚕。对桑叶不足的农户，建议适度淘汰弱小批家蚕或进行内部桑叶调剂，或在10%以上家蚕见熟后适当使用蜕皮激素。此外，加强养蚕现场清洁处理，集中填埋和发酵处理蚕沙及病死蚕的相关废弃物，保障来季养蚕安全。

信息再收集　从3个村3家农户采集232个肉眼判断有异常的家蚕样本和未见异常家蚕样本，进行实验室显微镜检测。各农户家蚕样本的血液型脓病检出率在0 ～ 37.0%，中肠型脓病在2.0 ～ 18.5%，还有个别蝇蛆病，但未检出家蚕微粒子虫孢子。剩余未见异常家蚕在实验室正常温湿度饲养后，全部营茧。

综合判断和建议　饲养温度不足可能是养蚕病害的主要原因，饲养防病技术也有欠缺。建议加强蚕室加温工作，促使家蚕尽快上蔟，减少传染病引起的养蚕损失。后续反映虽然减产，但蚕农对收成还比较满意。

案例 2-40　错失诊断时机的养蚕病害

2014年9月，开化县蚕区发生较大规模的养蚕病害。

诉求　蚕种质量不合格，带有家蚕微粒子病，要求蚕种供应部门赔偿经济损失。

前期信息收集　在蚕种方面，与发生养蚕病害同批次生产蚕种在异地饲养中于小蚕期发生发育明显不整齐的现象，因蚕种数量较少，蚕种生产单位未做任何调查研究，直接进行了赔偿（错失诊断机会）。开化县蚕区饲养该批蚕种时，小蚕期同样出现发育不整齐现象，再次希望蚕种生产单位能取样，进行实验室检测，但未果（再次错失诊断机会）。5龄期开始出现大量病蚕。该批次蚕种经省级蚕种检验检疫机构检测，为合格蚕种。

实验室检测和分析　在5龄期大规模发生养蚕病害后，地方农技部门进行了家蚕样本采集。采样未进行明确的分类（不同农户或不同主观判断病害发生程度、类型等）包装，采集的大包样本也未及时送样，而是进行了冷冻保存。冷冻的两包家蚕样本通过快递寄送到实验室，要求检测。大包样本在实验室只能通过化冻后分样，样本蚕虽然可以分开，但相互间的病原微生物污染无法排除。平铺样本蚕，进行梅花形随机采样。

分别解剖两包样本蚕中的10条蚕以观察丝腺病变情况。结果：样本一有2条蚕可观察到丝腺肿胀的微粒子病典型病变；由于样品经过冷冻，乳白色的特征较难判断。样本二的10条蚕均未见家蚕微粒子病的丝腺典型病变。

两包样本各25条家蚕的光学显微镜检测结果显示，样本一和样本二的家蚕微粒子虫孢子检出率分别为92%和60%，病毒多角体的检出率分别为8%和36%（部分样本双重检出）。

根据家蚕微粒子病的发生规律，小蚕期样本检出大量家蚕微粒子虫孢子情况，蚕种问题的可能性较大。大蚕期即使92%的家蚕微粒子病检出率也无法推断一定是蚕种问题（浙江大学，2001；鲁兴萌等，2000；鲁兴萌等，2017）。一次某原蚕区秋季养蚕中家蚕微粒子虫的分布调查发现，尽管该原蚕区春季饲养原种，秋季饲养母蛾全检未检出家蚕微粒子虫孢子的一代杂交蚕种，但从不同农户处获取一代杂交蚕种的蚕茧样本，实验室室温保存，羽化后取样并检测家蚕微粒子虫，家蚕微粒子虫检出率高的农户样本可达80%。在大蚕期，家蚕样本检出大量家蚕微粒子虫孢子，并非确定蚕种家蚕微粒子病指标出现问题的充分条件。

过程分析 以技术层面分析，部分相关方的技术处理不够及时，丧失了正确诊断养蚕病害发生主因的时机。在养蚕病害发生后的处理中，涉及技术管理体制中诸多的机制性心理障碍，尤其是家蚕微粒子病发生后的诊断与处置。在蚕种质量主体责任不明晰的现实状态下，该次养蚕病害的责任主体并未及时采取措施。基层农业技术推广部门认为应该由蚕种生产单位负责，而蚕种生产单位担心一旦进行技术处理，会直接被认为蚕种质量确实有问题，由此造成诊断时机或科学合理解决问题时机的错失。一般商品使用故障或遭遇质量问题时，产品使用者先与经营者发生关系，再由经营者与生产者发生关系，这一简单逻辑关系并不完全适用于蚕桑产业领域。从表观上看，这是不同相关方损失规避心理的典型表现，而本质上更多地涉及传统习惯与思维、责任主体界限及利益相关等问题。

后记　养蚕病害的正确诊断未能得到有效的实施，蚕农诉求也并非完全有理，但蚕农的经济损失得到补偿后，事件平稳解决。虽然针对养蚕病害并无明确的原因和责任界定，但事件对政府相关部门经营蚕种这一现状的改变还是产生了一定的影响。在中国社会经济发展大背景下，政府相关部门经营蚕种这一现象不久也从浙江省的蚕桑产业领域消失。在一定程度上，该事件对蚕桑产业的可持续发展产生了积极的影响。

案例 2-41　零星发生的养蚕中毒

2017年春季养蚕上蔟期间，德清县钟管镇东舍墩村和曲溪村反映养蚕出现病害问题。现场考察养蚕发生病害农户的养蚕情况，主要表现为零星的中毒蚕（乱爬和个别呈现痉挛状）和家蚕血液型脓病蚕。因发生病害区域范围较小（农户数少、病蚕比率也不高），又未见急性中毒的典型病征，中毒污染源无法确定。养蚕病害发生的主因（有害化学物污染，还是传染病引起）无法明确。

2018年春蚕期，嵊州市崇仁镇淡竹村发生养蚕不结茧。现场考察养蚕农户、桑园及周边农作。部分蚕农已开始采茧；部分蚕农尚有大量家蚕还未上蔟或结茧，大量家蚕蚕体清白，部分逐渐透明似熟蚕，但蚕体偏小或丝腺发育不够充分；未见明显的传染性病害发生。蚕农反映，该区域本次养蚕，在5龄饷食后，普遍发生家蚕食桑不旺现象，期间也无极端气候出现。桑园周边果园有多种废弃的农药包装袋。在政府采取农药包装回收鼓励政策的大氛围下，仍有废弃农药包装袋，也可见该区域农药管理中的一些不足。此外，在数户蚕农的蚕茧中有黄色和绿色的彩色蚕茧出现。从上述情况中难于发现直接相关的事件，无法确定发生养蚕不结茧的主要原因。

2018年春蚕期，安吉县马村村某原蚕点在上蔟期间出现部分家蚕离开蔟具向外爬行的现象。虽然周边在开展乡村改造，但未能排查出可能相关的污染源。

案例 2-42 怀疑中毒的养蚕不结茧

2019年，嘉兴市秀洲区新塍镇的数户蚕农养蚕发生不结茧。

现场考察时，蚕室养蚕现场已经清理，在农田周边还可见蚕农遗弃的家蚕。遗弃蚕中未见明显传染性病蚕，蚕体偏小（图2-12A），丝腺发育不够充分，未见熟蚕的迹象。解剖家蚕发现，丝腺均不充实，前部丝腺及中部丝腺前端呈锈红色（图2-12B）。对于这是某类化学物质导致家蚕内分泌失调后特有的现象，还是积温引起的现象，或家蚕内分泌失调后的普遍现象，有待研究。根据蚕农和当地技术员反映，此次养蚕不结蚕可能由桑园周边果园（油桃）使用农药引起。现场考察也确认桑园和果园是区域内两个主要的栽培农作区。

图2-12 上蔟蚕和发育不充分的丝腺

吡丙醚和小檗碱是已有报道中可导致家蚕不结茧的激素类农药（孙海燕等，2008；谢道燕等，2018），但其他农药或厂矿企业“三废”等有害化学污染物导致家蚕微量累积性中毒时，中毒蚕也会不结茧。因此，在诊断中并不合适将污染物明确为“激素类”或“吡丙醚”。在多数不结茧案例中，由于家蚕对农药等有害化学污染物的高度敏感性，以及少有针对桑叶或其他作物的仪器测定前处理方法等，往往难于获得具体有毒化学物质作用的直接证据。在微量累积性中毒的情况下，即使采用生物学试验，也难于重演现场症状。本案例中，由于桑园已经夏伐完毕，无法进行生物学试验；采集的少量残余桑叶样本也未能检出吡丙醚。只能是怀疑而无法确认养蚕病害发生主因的又一个案例。

养蚕病害诊断中，信息收集是最为基础性的工作。上述案例介绍中涉及大量信息的现场收集，包括收集尽可能多的有效或关键信息的经验，如案例2-3中利用群体中的评价顾忌者获取客观和真实信息，案例2-32中进入现场前发现周边新出现的水泥厂大烟囱，以及案例2-37中从大批饲养蚕中发现个体或头部较小的3眠蚕等，在诊断顺利推进中都发挥了十分重要的作用。上述部分案例也涉及了信息收集后的系统分析和综合判断内容，以及综合处理的方案。部分案例非常成功，如案例2-19中稻-桑矛盾的处理及后续机制性措施的实行，案例2-25中养蚕与西瓜栽培间矛盾的处理，以及案例2-28中污染源的筛查和确定等，非常值得借鉴。但在有一些案例中，沟通和信任问题使事件处理受影响（如案例2-3）；虽然诊断不是问题，技术措施也合适，但现场处理能力的不足，造成事件处理的复杂化（如案例2-21）；也有案例因诊断时机延误而无法正确诊断（如案例2-40）等，这些案例同样值得我们借鉴和吸取经验。

第三章　系统分析与综合评价

养蚕病害是指家蚕饲养群体在特定环境过程中致病因素与部分家蚕相互作用而出现的异常家蚕个体事件，家蚕从个体发生病害到群体出现异常，即病害流行或暴发。生物的基本属性决定家蚕或病原微生物具有复杂的系统性特征。养蚕病害发生过程涉及家蚕自身抗性体系（遗传与环境）、家蚕与致病因素的相互作用体系，以及可能的致病因素（病原微生物）再次排放体系等；致病因素的存在或分布，与养蚕的技术水平和技术管理强度、区域内社会经济发展的状态，以及生活习惯和人文环境等都有着复杂的关系。与养蚕环境直接相关的有充满不确定性的气候系统和环境有害化学污染物排放系统。因此，养蚕病害诊断是一项典型的系统分析（systematic analysis）和综合评价（comprehensive evaluation）工作。通过有效的系统分析和合理的综合评价，诊断者确定养蚕病害发生的主要原因并提出后续技术措施，从而解决产业技术问题或社会问题。

3.1　系统的复杂性与不确定性

以系统思维方式对养蚕病害进行分析和综合评价时，可将相关因素划分为“家蚕”“致病因素”和“环境”三大系统，并进行有效的细化分层，从而简化为若干子系统（图3-1），这将有利于从复杂性和不确定性系统中发现主要线索，及时发现系统之间的相关性和证实（或证伪）养蚕病害发生的主要原因。

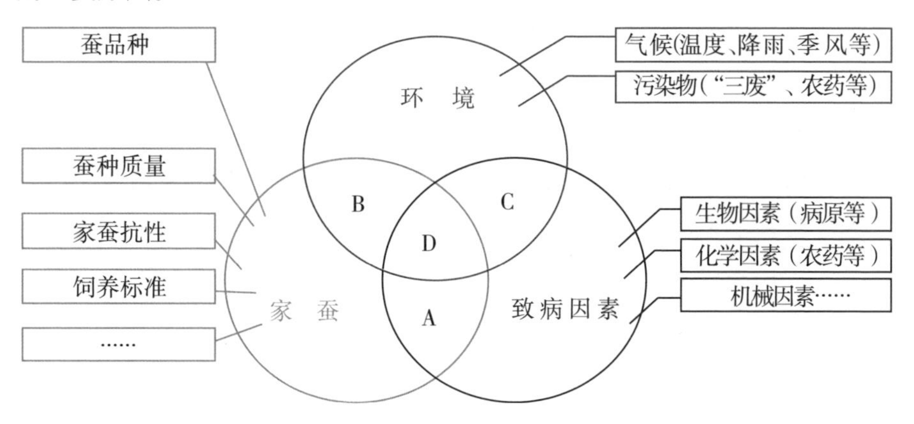

图3-1　养蚕病害发生相关三大系统

充分理解养蚕病害发生相关三大系统各自包含的不同层级子系统，以及各系统间的相关性及不确定性，是正确诊断的重要基础。

3.1.1　家蚕系统

家蚕系统包含了蚕品种、蚕种质量、家蚕抗性和饲养标准等子系统，每个子系统又有可分成繁多的次级子系统。

3.1.1.1　蚕品种的子系统

在蚕品种方面，不同品系、不同繁育等级（母种、原原种和原种）和不同品种（原种和杂交组合），对环境的抗逆能力、对不同病原微生物或寄生物的抗感染或抗寄生能力，以及对不同有害化学污染物的耐受性或抵抗力都有差异。蚕品种的多样性为满足不同区域的生产提供了良好的条件，但对蚕种繁育单位（种茧育）和一代杂交蚕种生产者（丝茧育），提出了必须了解和掌握所使用蚕品种抗性特征和规律的基础性要求（良种良法），以防止养蚕病害的发生。例如：在一代杂交蚕种生产的家蚕微粒子病防控技术方面，必须有足够的专项投入（如资金、人力、物力及精力等）；对饲养的中、日系原蚕蚕品种，必须有明确不同的真菌病防控技术，对部分日系原种的真菌病防控技术措施应该高度重视。在计划经济模式下，蚕品种由地方农技人员经过一定时间的区域内试验后推广使用。在农村一代杂交蚕种的饲养者缺乏主动性，对所饲养蚕品种的认识往往不够充分。在发生区域性养蚕病害的情况下，蚕品种往往成为焦点问题，特别是在蚕种由地方政府部门经营的情况下，政府基层农技人员所做诊断的可靠性和权威性被怀疑（体制性缺陷），导致简单问题复杂化。随着蚕种的市场化，相同区域使用不同蚕品种，或同一蚕品种由不同单位经营和生产，为养蚕病害诊断中蚕品种参照系的利用提供方便。

3.1.1.2　蚕种质量子系统

在蚕种质量方面，与养蚕病害相关性较大的特性或指标是家蚕微粒子病率和孵化率。现行蚕种质量标准对原种和一代杂交种的家蚕微粒子病率的要求不同。符合现行合格标准的散卵形式的一代杂交蚕种具有较高的家蚕微粒子病风险阈值或充分的安全性，即合格的一代杂交蚕种在饲养中不会出现家蚕微粒子病引起的养蚕病害（除非饲养环境中存在严重的家蚕微粒子虫病原污染）。孵化率是家蚕饲养起始的重要指标，与蚕种的体质有较大的相关性。孵化率现行的指标是蚕种质量检验机构在较为适合的环境条件和技术水平条件下获得的孵化参数。农村养蚕的孵化率判断是根据经验进行的判断，在具有一定家蚕饲养经验的蚕区，饲养者对孵化率能够做出较为准确的判断。如孵化率过低，家蚕在4龄前出现异常或养蚕病害的风险会大大增加，即使加强其他技术措施进行补救，减产也是必然的。过低孵化率的出现，可能与蚕种质量有关，也可能与催青过程、蚕种从催青室到小蚕室过程及小蚕室环境条件不符合孵化和收蚁的技术要求等有关。在散卵形式或具有相当饲养技术水平前提下，小蚕期家蚕一般不会出现血液型脓病，一旦出现，就应该与蚕种的消毒水平（或蚕种质量）有关。在蚕种孵化率正常和小蚕饲养中未发生明显异常的前提下，5龄期或上蔟期出现大规模养蚕病害，一般与蚕种质量没有相关性。

3.1.1.3 家蚕抗性子系统

在家蚕抗性方面，家蚕自身的免疫系统（广义）的功能决定了家蚕对病原微生物或寄生性病害的抵抗能力。这种功能主要包括以下3方面：体壁、围食膜和气门等机械性屏障对病原微生物的抵抗性；体壁脂肪酸、真菌蛋白酶抑制剂、强碱性消化道、红色荧光蛋白、有机酸和抗肠球菌蛋白分子对特定病原微生物的抵抗性；血液中细胞吞噬和包囊作用，以及体液中酚氧化酶系统、抗菌肽和凝集素等对特定病原微生物的抵抗性等。家蚕对有毒化学物质的抗性，也有其独特的机制或体系，但该领域的研究相对较少，与无穷无尽的有毒化学物质相比，人类对该抗性体系的认识十分有限。家蚕在免疫系统进化上的低等性，以及幼虫期生命时间的短暂性，决定了其抗性的有限性。家蚕的各种抗性基础主要是遗传，即不同的蚕品种间存在些微差异。

3.1.1.4 饲养标准子系统

在饲养标准方面，经过大量相关家蚕生理学和病理学的研究，学者对家蚕的基本生理需求和抗病生理及高产特征已有了解，由此制定了多种类型（与蚕品种、饲养技术水平和条件、生产目的等有关）的饲养标准。该类标准多数脱离实际，不能作为养蚕病害发生的判断标准，但其原则可以作为养蚕病害诊断的参考。相关内容主要包括蚕室温湿度及气流的控制、给桑量与用叶成熟度的把握、止桑和饷食时机的判断，以及分批提青、饲养密度、清洁消毒、上蔟管理、桑树栽培和桑园虫害管理等技术措施的影响等。

家蚕不同发育阶段对温湿度的需求有其独特的规律，“小蚕靠火养，大蚕靠风养”就是先人给出的形象描述。小蚕期温度偏低，家蚕龄期延长，在给桑量不变条件下桑叶在蚕座内滞留时间延长而难于保鲜，家蚕食桑量下降，造成恶性循环及发育不齐等，极易导致传染性病害的发生；大蚕期极端高温或饥饿，极易导致家蚕对血液型脓病抗性的下降而引发病害；饲养密度过高，极易引发细菌性败血症或血液型脓病，喂饲过嫩桑叶同样可以导致家蚕抗血液型脓病的能力下降。饲养标准是一种基本技术参照或原则指南，在实际养蚕中饲养标准无法做到，清洁消毒工作也不可能消除所有病原微生物，饲养过程中大量不确定因素的出现也往往难于预料。因此，现实生产中应以标准为指导原则，因地制宜，尽力实现饲养技术的标准化或避免严重的偏离。反之，发现饲养过程中技术实施严重偏离标准的事件，是养蚕病害诊断的途径和手段。

蚕品种、蚕种质量、家蚕抗性和饲养标准等子系统，不仅有其自身复杂的次级子系统，而且子系统和次级子系统之间也存在着复杂的相互关系。

3.1.2 致病因素系统

家蚕的致病因素可以归类为生物因素、化学因素、物理因素和生态因素（图3-2），各类因素中又包含大量不同的因素且具有复杂的相关性。生物因素和化学因素一般都直接作用于家蚕，与之相互作用而导致家蚕发病；物理因素和生态因素对家蚕的作用相对较为间接，主要是通过影响家蚕体质或为致病生物因素作用提供机会等起作用。

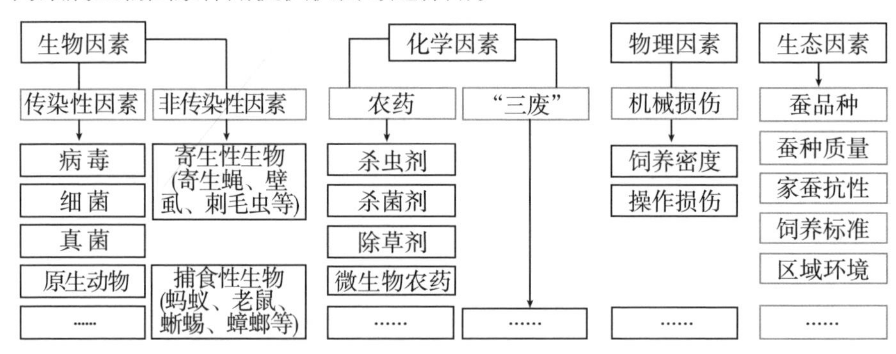

图3-2　家蚕主要致病因素

3.1.2.1 生物因素

生物因素可分为传染性因素和非传染性因素两大类。传染性因素主要为病原微生物，传染性因素导致家蚕发病后，可引起整个饲养群体甚至区域性群体的养蚕病害。各类病原微生物（病毒、细菌和真菌等）的传染性不同，在饲养家蚕群体中的扩散规律也不同；即使同一类病原微生物，如家蚕血液型脓病多角体病毒和家蚕病毒性软化病病毒，对家蚕的致病性和在群体中的扩散规律也有很大的差异。虽然家蚕病原微生物的类别（病毒、细菌、真菌和原生动物）较为齐全，但已有研究发现的病种相对较为简单或数量较少。在生产上常见的非传染性因素有寄生性生物，如家蚕追寄蝇（*Exorista sorbillans*）、球腹蒲螨（*Pyemotes ventricosus*）等可寄生于家蚕的生物，以及可对家蚕造成物理或化学性伤害的桑毛虫和刺蛾等的毒刺毛，甚至包括捕食性的鼠类、蛙类、蜥蜴和蚂蚁等。

对于传染性和非传染性生物因素引起的养蚕病害，不仅在病害发生主要原因分析和判断中要充分考虑其特定规律，在后续技术处理上也有明显不同。例如：在发生较大规模传染性病害时，一般要求尽快放弃饲养，将家蚕进行填埋等清洁处理，避免饲养环境被病原微生物污染，从而降低区域内或后续养蚕的病原微生物的影响风险；在发生非传染性病害时，一般不建议放弃饲养，在查明有害因素来源后加以排除，并通过精心饲养（包括加强传染病的防控技术强度），减少经济损失。

3.1.2.2　化学因素

化学因素可分为农药和“三废”两大类。农药按其使用功能可分为杀虫剂（或杀虫杀螨剂）、杀菌剂、除草剂、微生物农药等，按其使用场所可分为桑园用农药和非桑园用农药，按其污染来源可分为农业（包括森林和绿化等）农药使用污染和农药生产企业排放污染，按其产品质量可分为真农药和假农药。

在使用功能方面，杀虫剂和杀虫杀螨剂对家蚕的毒性或危害较大，其他相对较小或无明显毒性。在使用场所方面，桑园用农药种类较少，对家蚕的毒性较低，在桑园的残留时间较短（养蚕自身要求）；非桑园用农药种类繁多且不断更新变化，部分农药对家蚕剧毒或在桑叶中的残留时间很长，甚至出现被污染桑叶不能使用（如桑叶被菊酯类和有机氮类农药污染后）等。在污染来源方面，养蚕区域内其他农作、树木或森林害虫防治使用农药导致的桑园污染，一般与用药种类、用药方式和时间有关；农药生产企业排放农药导致的桑园污染，一般与生产农药种类、生产工艺和规模等有关。在产品质量方面，农药质量问题主要是指商品农药标识成分与实际成分不同的问题，存在质量问题的农药中有企业主观（非法）和非主观（生产或包装设备污染）混入的其他农药成分。

如果说农药的种类十分繁多，那么“三废”更是无穷无尽。废气和（或）尘埃可以通过有组织或无组织的方式排入大气，污染桑园（黏附桑叶表面或通过呼吸进入桑叶）后间接危害家蚕（家蚕食下污染桑叶而被害），或进入蚕室后直接危害家蚕。废水和废物可以通过水体或土壤污染桑园。农药生产企业泄露的产品一般为挥发性成分和细小颗粒物（如可湿性粉状农药）。细小颗粒物对桑园的污染和危害程度与该农药对家蚕的毒性和在环境（桑叶或其他植物表面）的稳定性等有关。具有一定残留期的细小颗粒状农药可以通过不断“摆渡”（从一处随风飘散到另一处），污染到更大的区域范围。

3.1.2.3 物理和生态因素

物理因素主要是指机械性和射线类等因子。物理因素一般通过间接影响家蚕的体质或抗性（包括抗病性和抗逆性），或为致病因素提供有利途径（如创伤等）而发挥作用，但在极端情况下也可直接导致家蚕死亡。生态因素中的家蚕自身、饲料和饲养环境等也是间接性影响因子，但饲料的极端不良或环境温湿度的极端异常，同样可以导致家蚕不结茧等危害的发生。虽然物理和生态因素主要是间接性因素，但由于其种类的多样性和复杂性，以及发生危害的不确定性等，在病害诊断中必须给予该类因素足够的关注和重视。

有关家蚕致病因子的详细内容，可参见本书第四章“家蚕病理学基础”、第五章“养蚕流行病学基础”及《家蚕病理学》（全国高等农业院校教材）（浙江大学，2001）等相关书籍或资料。

3.1.3　环境系统

环境系统主要包括气候和土壤环境两个方面。多数情况下，气候和土壤环境通过作用于家蚕和致病因素系统，影响养蚕病害的发生。或者说，环境系统是一种间接的作用系统。现有农村养蚕建立的技术体系，是在充分考虑气候和土壤环境或长期实践的基础上，逐渐形成的养蚕模式。具有一定养蚕历史或经验的区域，一般气候和土壤环境不会造成极端的养蚕病害。但由于气候和土壤环境系统的复杂性和不确定性，在诊断中必须对其有适度的认知和足够的考虑。

我国农村养蚕模式，大致可分为连续养蚕模式和间隙式养蚕模式。采用连续养蚕模式的蚕区主要分布在“两广”蚕区，由“两广”的气候和土壤条件决定，以期获取更高的单位土地产出。小蚕共育或商品化小蚕饲养和经营方式，从空间维度上可有效隔离不同批次家蚕的病原微生物影响，但容易造成区域内不同饲养单元间病原微生物排放的相互影响；饲养适应性蚕品种和改良桑品种，可以降低桑叶生长过快造成的营养不够充分的不良影响。间隙式养蚕模式是我国大部分蚕区采用的模式。一般年度饲养次数随地理纬度的增加而减少，饲养次数越少，养蚕批次间的间隔相对越长，越有利于不同批次养蚕间病原微生物的隔离。但各批次养蚕的收蚁时间确定，同样与气候（养蚕温湿度的控制）和土壤（优质桑叶的获取）环境条件有关。此外，在间隙式养蚕模式区域，由于原蚕区不同品系间的时间差要求不同、原蚕饲养与一代杂交蚕种在同一区域的混养（俗称“插花”饲养）、区域间发种收蚁时间的差异，以及为提高桑叶和劳动力利用率采取的“二春蚕”和“双秋蚕”方式不同，养蚕病害防控仍存在与连续养蚕模式类似的问题。

随着社会经济的发展和科技水平的提高，人类调控气候和土壤环境对养蚕影响的能力得到了大幅提升；通过养蚕时间的不断调整，单位土地和单位劳动力的生产能力和效率水平也得到大幅提高。在尚未完全实现工厂化桑叶栽培和家蚕饲养的现阶段，环境系统（或气候和土壤）是影响养蚕病害发生的基础因素，在部分极端情况下还是养蚕病害发生的主要原因。即使实现工厂化桑树栽培和家蚕饲养，环境系统（温度、湿度、气流和栽培基质等）依然是一项基础性影响因素，但其不确定性可以大幅减少。

家蚕系统和致病因素系统的相互作用是养蚕病害发生的基本要素。环境系统虽然是一种间接的系统，但包括了大量的影响因子，并具有明显的不确定性特征。在养蚕病害诊断或系统分析和综合评价中，对环境系统与病害发生主要原因间的相关性（就如“形”与“影”）分析，必须给予充分的考量和重视。

3.1.4　三大系统间的相互关系

养蚕病害发生相关“三大系统”及不同层级的子系统之间，都存在着复杂的相关性。养蚕病害的发生，可能是“两两”相关所致（图3-1的A、B、C区域），也可能是“共同”相关所致（图3-1的D区域）。系统自身的复杂性、系统间相关的复杂性，以及系统本身和相关性因素的不确定性等，决定了养蚕病害诊断中系统分析和综合评价的必要性。不论是“两两”相关，还是“共同”相关，养蚕病害诊断的主要任务就是从繁复的系统和系统关系中梳理和发现主要原因，并提出对应的后续技术或管理措施。

家蚕系统和致病因素系统的相交（图3-1的A区域），是养蚕病害发生最为常见的情况。在实际生产中，家蚕系统中的蚕品种、蚕种质量和家蚕抗性等子系统单一成为养蚕病害主要原因的案例相对较少；饲养标准实施的严重失当成为养蚕病害主要原因的案例相对较多。饲养标准实施的主要目标是充分发挥蚕品种、蚕种质量和家蚕抗性因素的优势（良种良法）。同时，通过清洁消毒及桑园虫害管理等技术措施，降低饲养环境中致病因素的入侵或存在。在饲养标准实施较为正常（未出现重大偏差）的情况下，家蚕系统一般不会成为传染性病原微生物养蚕病害发生的主要原因。但真菌性病原微生物和化学因素具有明显的输入性特征，即使按照饲养标准实施，仍可能从外界（空气、桑叶、用具和人等载体）输入到家蚕系统内。真菌为兼性寄生（或腐生）微生物，在养蚕区域内的有机质中即可快速繁殖，在病蚕、病虫和有机物表面形成大量分生孢子，并极易随气流扩散到蚕室，接触家蚕，引发饲养点或区域性的真菌性养蚕病害。与真菌性病原微生物相比，化学因素（农药和“三废”）的输入性特征更为明显，通过污染桑叶进入家蚕系统的情况较为多见。

家蚕系统和环境系统的相交（图3-1的B区域），对养蚕病害的发生起一定的作用。极端气候环境条件可以给养蚕造成危害；但通过人工调控饲养室内环境气候，可减少极端环境条件对家蚕不良影响。因此，多数环境系统引起的养蚕病害由极端气候侵扰和饲养标准实施严重失当同步发生所致（案例2-1、案例2-13和案例2-14）。在引起养蚕病害的极端气候中，温度急变较为常见。如5龄后期出现极端低温，饲养者又未能及时和有效调控蚕室温度，家蚕生理需求得不到满足，必然导致家蚕龄期经过延长，并可能导致家蚕不结茧（案例2-36）。桑园土壤的问题主要表现为，桑树或桑叶被含有有毒化学物质的土壤污染。气候和土壤因素也可能导致桑叶质量明显偏离饲养标准要求，进而导致家蚕生长发育进程明显不正常（如家蚕眠性的改变等，案例2-37）而减产。

环境系统和致病因素系统的相交（图3-1的C区域），与养蚕病害发生无直接关系。但环境系统可以对养蚕区域内病原微生物存在数量和分布产生影响，对化学因素的扩散及桑叶中残留等产生明显影响。暖冬气候往往虫害加剧，养蚕区域环境病原微生物数量增加；养蚕期阴雨气候过多，病原真菌容易繁殖增加等。风向风力、日照降雨和气温等，则可影响有害化学污染物的扩散和被污染桑叶中有毒化学物质的残留时间等。

家蚕系统、致病因素系统和环境系统的“共同”相交（图3-1的D区域），是养蚕病害发生的常态。家蚕和致病因素系统的相交是养蚕病害发生的基本要素，环境系统对家蚕和致病因素系统可以产生重要影响。在环境系统的影响有利于家蚕的情况下，可以降低养蚕病害的发生程度；在环境系统的影响有利于致病因素的情况下，可能导致养蚕病害的发生程度急剧加重。环境系统对家蚕的影响一般相对直接，即降低家蚕对致病因素的抵抗能力。环境系统也可通过影响致病因素来影响养蚕病害的发生。实际生产中，环境系统对养蚕病害直接和间接的两种影响都常有发生。

环境系统对养蚕病害发生的直接影响，包括养蚕区域内病原微生物、寄生和捕食生物的数量变化。例如：过度降雨后环境湿度较高，有利于真菌类病原微生物的大量繁殖；气候过度干燥，不利于家蚕微粒子虫的存活等。间接影响的类型较多且更为复杂。例如：气候可以影响区域内桑园或其他植物虫害的发生和流行状态。野外昆虫中的鳞翅目昆虫也是许多家蚕病原微生物的共同寄主（交叉感染），这些昆虫在养蚕区域内的大量存在，必然导致养蚕病害的高危发生。气候也可以影响有害化学污染物从污染源到达桑园的方向和扩散距离等。

对家蚕、致病因素和环境三大系统复杂性及不确定性的认识，理清三者间的相互关系，是养蚕病害诊断的基本要求。针对系统具有复杂性，以及相关因子具有明显不确定性的客观现实，在诊断中必须有效实施和开展系统分析与综合评价。

3.2 系统分析概况与方法

通过系统分析，可以把需要进行诊断的养蚕病害问题进行层次化、结构化和简洁化梳理，从而完成确诊或解决问题的任务。因此，如何针对复杂性和不确定性的养蚕病害做出有效的诊断，需涉及系统分析的基础方法，包括基本程序的实施、要素分析、系统思维判断及相关树建立等。

3.2.1 系统分析的基本程序和要素

信息收集和系统分析是养蚕病害诊断中的两个部分，两者密切相关和有机结合而不可分割。通过一些基本程序的实施，以及对引起养蚕病害要素的系统思维分析，可有效推进养蚕病害的系统分析和综合评价或正确诊断。

养蚕病害系统分析的基本程序可用图3-3表述。养蚕病害的发生是系统性的问题，通过信息收集、现场考察和（或）实验室检测检验后，完成诊断报告。运用系统性思维，有效综合诊断者专业技术结构和人际沟通能力，开展系统分析和综合评价及诊断，必须贯穿于整个诊断过程。如何开展前期信息收集；如何对前期收集信息进行分析和评价后，制定现场考察方案；如何在现场考察中有效获取信息或证据，或根据信息反馈调整现场考察方案；如何做出科学合理判断或确定病害发生主要原因等：都需要运用系统性思维。

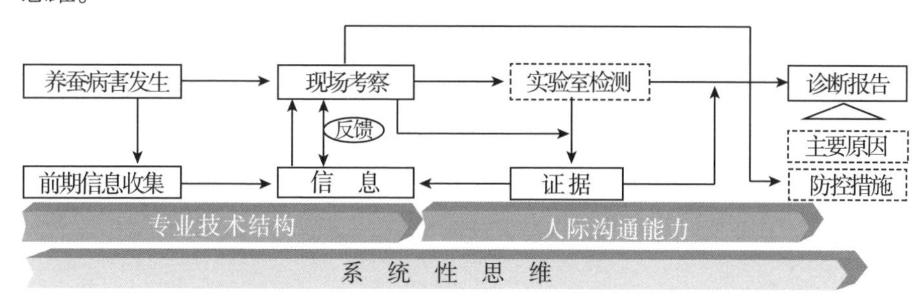

图3-3　养蚕病害系统分析的基本程序

在运用系统性思维进行养蚕病害诊断时，“5W+1H”（六何分析法）是理解养蚕病害发生和诊断中相关要素的基本方法。

对象（what）是指诉求方提出需要诊断的养蚕病害类别，一般可分为传染性病害、中毒和不结茧。传染性病害、中毒和不结茧的病害又可分为不同层级和类别（可参见下述有关“相关树”的陈述内容），诊断过程中必须了解和明确诊断的对象。在个别情况下，随着诊断过程的进行，还需要不断调整对象。

场所（where）是指发生养蚕病害的地点和区域。养蚕病害发生在蚕室的一部分（蚕匾、蚕框或蚕台等），或整个蚕室，或区域内部分（零星或规律性分布），或整个区域等。更为广泛的场所概念，还包括蚕区农作结构、植被分布，以及厂矿企业分布等与社会经济生活相关的场所因素。其他农作和植被中的虫害发生，可能成为病原微生物输入养蚕系统的主要来源；农作和植被中农药的使用，可能成为养蚕中毒的污染来源；烟草（开花）等个别植物本身可以挥发有害物质而成为养蚕中毒的来源；在桑-棉混栽区域，棉铃虫中的蒲螨极易进入蚕室（通过用具和人员带入，或棉秆等存放于蚕室后，其中的蒲螨爬出或跌入蚕室），寄生家蚕而发生寄生性病害。厂矿企业的“三废”、燃料、原料或产品都可能成为养蚕中毒的污染来源。不洁水源区域或水源缺乏区域，山区养蚕的昼夜温差和生活习惯，以及家畜家禽放养习惯等都可能成为养蚕病害场所性特定因素。

时间（when）是指发生养蚕病害和其他因素影响的相关时间。在家蚕系统方面，主要包括：病蚕（包括中毒蚕）的发现时间、区域内多点发生的时间差，以及上期或过往饲养历史中类似病害发生的时间和动态性变化。在致病因素系统方面，主要包括：与传染性病害相关的时间因素，如桑园或其他植被中害虫（特别是鳞翅目昆虫）的发生经过；与有害化学污染物中毒相关的时间因素，如农药使用、厂矿企业“三废”和临时工程实施等动态变化（使用农药的时间和频率，厂矿企业的开办或生产时间、环保评价、生产产品和工艺变化的时间，以及“三废”的处理和排放时间等）。在环境系统方面，土壤的时间因素变化较小，气候是一项重要而常见的时间因素变化项。以家蚕为中心，气候（主要为温湿度）变化对不同龄期（或发育阶段）家蚕的影响，以及对病原微生物繁殖量和扩散方向（有害化学污染物也类似）的影响，都是相关性时间因素。

人物（who）是指养蚕病害发生相关的人员，主要包括区域政府养蚕病害处理行政负责人、饲养者或饲养者代表、技术辅导者、技术管理者（包括蚕桑、植保和森保等技术管理人员）、蚕种供应相关者（包括蚕种生产、检验和销售等相关人员）、农药生产和销售相关人员、“三废”排放厂矿企业代表、气象和环保技术人员、政府相关执法人员，以及养蚕病害诊断可能相关知识和经验持有者等。上述人员可分为诊断直接相关者和间接相关者，诊断直接相关者参与诊断过程，诊断间接相关者主要在信息收集和技术或法规等咨询中发挥作用。不同的养蚕病害发生后，其相关人员的涉及范围不同，养蚕病害诊断的主导者（一般为发生地区域政府责任人）及时和适度组织诊断专家和相关人员参与诊断。若涉及人员过少，信息量不足，无法做到科学合理诊断或说服力不足；若涉及人员过多，无法做到及时诊断，也容易使诊断误入无序状态，从而导致诊断的失败。在养蚕病害的发生将造成严重经济损失，或诊断对象群体具有复杂性，甚至可能或已经涉及群体性事件发生的情况下，可以采用分层处理的方式组织相关人员开展诊断。人物是养蚕病害诊断中最为复杂的因素，信息收集中各种现象陈述和表达差异、主观和非主观的描述误差、相关过程复述的记忆差异，以及各种可能的利益相关等都会增加诊断的复杂性。

目的（why）是指养蚕病害发生后各相关人员的诉求目标。在饲养者方面，可能以补偿或赔偿经济损失为目标，也可能以发现问题、提高技术水平为目标，也可能以规避责任为目标，也可能以此为契机谋求其他利益。在相关者方面，不同类型相关者的目标更是千差万别。理解不同人员诉求目标的不同，审慎梳理各类信息并加以甄别和信息再收集，有利于诊断的客观、公正和科学，以及具备足够的说服力。

方法（how）是指养蚕病害发生后，在信息收集、现场考察、实验室检测等方面的各类技术性方法，也包括人际沟通和思维方面的各种方法。综合应用各种方法是养蚕病害诊断科学、合理和高效的基础。

3.2.2　系统思维的应用

思维是人类观察、分析和解决问题的模式化或程式化心理结构，其逻辑形式就是概念、判断和推理，是认识主体把握客体和通向客体的工具和手段，是认识主体从各种途径和采用不同方式，获得各类信息，并加工形成新信息的途径和方法。

思维的目标、定势、致思趋向、策略和方式都会影响养蚕病害的诊断。思维目标直接涉及思维方式的其他方面；思维定势是认识主体长期积累形成的不以思维对象为转移的一种非理性潜意识，利用定势的能力也体现了诊断者思维的深度和水平；思维致思趋向则直接决定思维具体运作过程中的技巧和方法，对思维对象或问题解决（客体）的思考和突破，以及认识结果和证伪/证实程度都有影响。

系统分析和综合评价的特征决定了养蚕病害诊断系统思维的必然性。“不谋万世者，不足谋一时。不谋全局者，不足谋一隅。”只有抓住整体，抓住要害，才能不失原则地采取灵活有效的方法推进养蚕病害的诊断进程。养蚕病害的发生是多因影响、相互联系、发展变化的综合结果。运用系统思维方法，对互相联系的各个方面及其结构和功能进行系统认识，更能接近真相。整体性原则是系统思维方式的核心，要求在养蚕病害诊断中，必须立足整体，从整体与部分、整体与环境的相互作用过程来认识和把握整体，不断优化诊断过程，充分考虑未来影响。唯有合于整体、全局的利益，才可能充分利用灵活的方法来把握养蚕病害的诊断和事件处置。

整体性、结构性、立体性、动态性和综合性是系统思维的基本特征，在体现系统思维的各项特征或养蚕病害诊断中，多种思维模式或方法的灵活利用和有机整合是诊断者完成任务和达成目标的有效途径。

3.2.2.1 整体性思维

整体性特征要求诊断者将具体的养蚕病害诊断问题看作系统性问题，通过信息收集、现场考察和实验室检测等流程，尽力收集与之相关的各种要素，并将其放到更大的系统中进行思考，将整体作为认识的出发点和归宿。

养蚕病害可能发生在一个饲养单元（一间蚕室或一家农户），也可能发生在一个自然村、一个蚕种生产单位或更大的区域范围。养蚕病害发生范围不论大小，都在特定的生态环境之中。范围越小，生态环境对其产生影响的可能因素越多或边界越复杂，确诊的难度越大；范围越大，生态环境对其产生一致性影响的可能因素相对越少，即致病因素或主要影响原因的发现相对容易。在不同蚕区，养蚕桑园嵌合在不同的作物和植被（森林、行道树、绿化园林和草地等）之中，桑园外作物和植被对养蚕病害发生的影响，主要来源于野外昆虫的交叉感染和农药使用污染。在不同蚕区，社会经济发展的阶段不同和农村经济结构不同，桑园不仅处于生物学概念的生态环境中，还处在植物、厂矿企业和生活相关活动等的大生态环境之中，厂矿企业的“三废”和生活相关活动的有害化学污染物排放及病原微生物移动等，都有可能成为养蚕病害发生的原因。在养蚕病害可能涉及多方原因或利益相关的情况下，养蚕病害诊断中系统分析和综合评价还需要充分考虑区域社会和人文的广义生态环境。因此，在养蚕病害诊断的信息收集、现场考察和人际沟通中，必须充分考虑养蚕及桑园的自然和社会生态位，以生态思维的方式进行整体性系统分析和综合评价。

养蚕区域的形成和发展都有其独特的历史，养蚕业在区域中的社会经济地位不断发生变化。随着现代化进程的推进，农业经济比重逐渐下降是必然趋势，但现代化国家的农业基础地位不可能发生动摇。不同农业产业的社会基础地位、经济效益地位和现代化发展程度，决定了具体农业产业的区域发展趋势，蚕桑产业也不例外。蚕桑产业在区域中的地位与养蚕病害的发生规律有着密切的关系，或养蚕病害的流行规律明显受蚕桑产业在区域中社会经济地位的影响。农村劳动力的减少、机械化（或省力化）及市场化（特别是非战略性农业产业）已成为各农业产业发展的大趋势，养蚕病害发生的种类和程度在这种大趋势下必然会发生变化。随着农村养蚕房屋条件的改善和劳动力的减少以及机械设备使用量的增加，由于消毒对房屋和机械的腐蚀和养蚕操作对房屋装修的损伤，养蚕防病技术措施弱化或消毒不能到位的概率增加，养蚕传染性病害的发生概率和危害程度增加。在养蚕经济比重或收益较低的情况下，这种趋势更为明显。市场化程度和水平的低下，必然导致技术管理、技术研发和技术推广的落后，产业相对竞争力弱化，各种养蚕病害发生的概率增加，并导致产业发展进入恶性循环模式。

在养蚕区域，可以通过区域内禁止使用对家蚕剧毒和桑叶中长残留期的农药防止其他作物或植被农药使用导致的养蚕中毒；也可以通过蚕桑产业与植保或森保等部门的协商，调整使用农药种类和时间及养蚕季节（收蚁时间）等，降低农药使用对养蚕危害而和谐发展；也可能因未能有效避免农药使用导致的养蚕中毒事件的频繁发生，蚕农丧失饲养意愿而退出蚕桑产业。

阿维菌素由于在植保上的诸多优越性，在21世纪初江浙蚕区的其他农业植物上被推广使用；与此同时，养蚕中毒的情况开始出现。在阿维菌素推广力度不断增强以及价格大幅下降的当下，阿维菌素的使用不仅引起经济相对发达的江浙蚕区的养蚕中毒，也导致了全国其他蚕区养蚕中毒概率的上升。随着国家环境保护要求的提高及建筑材料技术的同步发展，曾经（20世纪80年代）困扰江浙蚕区养蚕的氟化物污染问题随之消解（改变养蚕技术来应对污染的方法只是扬汤止沸，杜绝污染才是釜底抽薪）。随着区域政府对环境保护和生态文明的不断重视和管理要求的不断提高，类似的环境污染或农药污染问题必然相应消失。对大势规律性变化或发展趋势的判断（大势思维），同样是养蚕病害诊断系统分析和综合评价中整体性特征的重要体现。

总之，提高思维格局，掌握宏观规律，以整体性思维为基础的系统分析和综合评价，是养蚕病害诊断科学合理的重要条件。在后述的综合性案例分析中，将进一步介绍有关体现和理解整体性思维重要作用的内容。

3.2.2.2 结构性思维

养蚕病害的发生是多因素综合影响下的复杂性系统问题，以及系统分析、综合评价和诊断目标要求尽快的特征，决定了结构性思维应用的有效性。

养蚕病害的发生必然存在家蚕、致病因素和环境三大系统结构，以及各个子系统结构中分层结构等问题，养蚕病害发生呈现的异常是诊断的需要和开始（系统功能）。系统结构与系统功能是紧密相连的。结构是系统功能的内部表征，结构决定系统的功能，在一定要素（致病因素）的前提下，有什么样的结构就有什么样的功能（家蚕异常）；功能是系统结构的外部表现，要素（致病因素）通过特定的结构演化为养蚕病害。所以，结构性思维是养蚕病害系统分析和综合评价或诊断的基础性认识思维和认识方法。

结构性思维的基本模式是论（结论先行）—证（上下对应）—类（分类清晰）—比（逻辑递进）的过程。在养蚕病害诊断的信息收集、现场考察、系统分析和综合评价中，这种模式的应用都可涉及。

在信息收集中，诉求方都会提出诊断问题（养蚕病害诊断问题大致可分为传染病、中毒和不结茧），诊断者可将此诉求作为结论，启动信息收集工作（远程、文献、专家和现场考察等）。在前期信息收集中，诊断者需要了解诉求（结论）、理由和现象支持。例如，养蚕发生中毒（现象）后，诉求方提出厂矿企业赔偿养蚕中毒经济损失，理由为区域内不同饲养单元（农户或蚕种场等）出现相同家蚕异常现象、桑园中没有害虫、附近厂矿企业烟囱每天有烟雾排出。由此形成了“诉求 - 理由 - 现象”的初级逻辑结构，诊断者通过多方询问和人际沟通收集信息，尽力充实该初级结构。该结构是否与养蚕异常直接相关或诉求目标是否科学合理，则需要诊断者根据自身专业能力构建求证的结构图，提出现场考察、信息再收集和检验检测方案，以及进一步的求证行为（图3-4）。

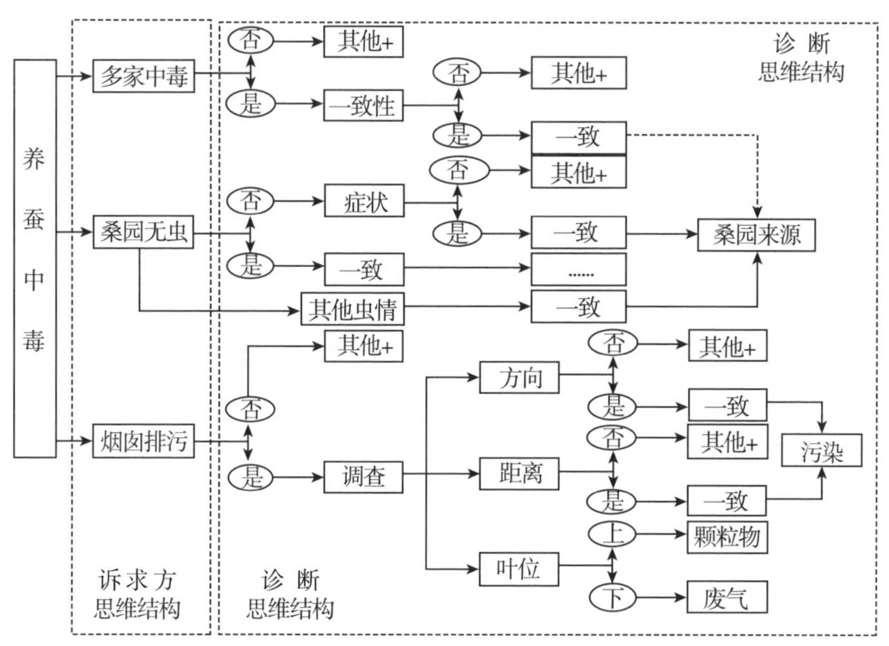

图3-4　养蚕病害诊断的结构性思维

理由一“区域内不同饲养单元出现相同家蚕异常现象”（主观信息），可以通过考察多个饲养单元（或不同农户等）进行求证。“是”则证实一个结构模块；“否”则主观信息有误，结构模块缺失。“一致性”的程度是细分结构模块，可分为“是”与“否”，“是”与“否”都有中毒，但不同饲养单元之间发生程度有差异，需要对桑园分布进行现场考察（上下对应），即构建新的结构图（分类清晰）。“否”即虽然有中毒，但“一致性”程度很低，需要构建其他模块。

理由二“桑园无害虫”（主观信息），可以通过考察桑园及周边植物进行求证。“是”则有可能理由成立（上下对应），也可能不成立（科学合理的治虫应该达到桑园无害虫的目标），周边植物虫情可以成为良好的佐证（逻辑递进）。“否”则需要观察桑园虫情。桑园鳞翅目害虫出现与蚕室内家蚕相同异常（病征），多点观察后可判定为桑园或桑叶来源的中毒（上下对应），但不能确定为诉求方的“原因”认定；桑园鳞翅目害虫未出现蚕室内家蚕相同异常（病征），则需要构建新的结构图（分类清晰）。

理由三“附近厂矿企业烟囱每天有烟雾排出”，可以通过考察厂矿企业烟囱及周边桑园生态分布，采集不同方向及远近距离（烟囱或污染源）桑园不同枝条叶位的桑叶样本，在实验室进行生物学试验来求证。可产生多种可能。“否”（未出现急性中毒）则可判断厂矿企业烟囱（或污染源）不是引起急性“中毒”的主要原因（上下对应），是否与慢性中毒有关则需要进一步的证据。“是”则需进一步调查是否症状与蚕室现场家蚕表现异常一致。“不一致”可能与工厂烟囱及周边厂矿企业污染物排放无关，也可能是更为复杂的问题；“一致”则需要进一步调查桑园分布方向和距离，及枝条上下叶位间（空气中暴露时间）的差异等。“调查”模块再细分为“方向”“距离”和“叶位”等模块，需进一步现场考察和证实。桑园分布方向和距离与养蚕病害发生程度“一致”（“是”），则养蚕病害发生（中毒）与工厂烟囱及周边厂矿企业有关，其差异程度可暗示有害化学污染物排放的可能方式（有组织或无组织）和趋向性污染源；枝条上下叶位间的差异则可暗示废气（下部叶重于上部叶）还是颗粒物（上部叶重于下部叶）污染（上下对应和逻辑递进）。在唯一有害化学污染物排放厂矿企业的情况下，证实“企业-桑园-家蚕”的相关性，即可采取有效措施进行防范；在多家有害化学污染物排放厂矿企业存在的情况下（案例2-28），则“企业-桑园-家蚕”的相关性无法确定而需要开展更为广泛的调查取证，并非烟囱越大可能性越大。确定具体有害化学污染物的化学性质，在多数情况或目前的化学和仪器检测技术水平条件下，仍然是一件非常困难的事情。

上述文字描述可用图3-4表述，诊断者通过前期信息收集，初步明确诉求方的思维结构和诉求目标，再根据个人或集体智慧，通过构建诊断思维结构，形成现场考察方案，在现场考察中不断求证，或进一步采用实验室检测方法进行求证，达成诊断目标。这种结构化思维不仅是高效推进诊断工作的需要，也十分有利于在形成诊断意见后有效说服诉求方或其他相关方。

结构性思维应用的同时，应该灵活应用系统思维的其他方法。在诉求方或养蚕病害发生不仅涉及技术问题，还涉及社会问题等复杂背景下，对诉求方思维结构的认识和理解必须具有足够的深度和广度，形成更为全面的诊断思维结构和调查方案，既达成快速高效的诊断，又可形成强大说服力的诊断意见，且不偏离诊断的目的。

3.2.2.3　立体性思维

养蚕病害发生相关的三大系统（家蚕、致病因素和环境）和各层级的子系统形成了养蚕病害纵向的特征，三大系统和各层级的子系统的相互作用形成了养蚕病害横向的特征。养蚕病害的发生作为一个认识客体，纵向和横向是统一的整体，其本质不仅决定于系统内部间的结构形式，还与结构间的联系（或相关和有机耦合）形式有关。

基于养蚕病害发生相关三大系统和各层级子系统的纵向思维，是诊断的思维主线和（或）参照系，诊断者（主体）相关科学知识的系统性越强大，对其认识的深度越深，越有利于准确选择横向思维的目标与范围。横向思维具有多向性的特点，漫无边际的横向思维容易将问题变成乱麻，适度的横向思维比较有利于确定纵向思维的目标。因此立体性思维在诊断中同样十分重要。应将认识客体（养蚕病害发生）放置在纵横交叉的思维点上，既注意进行纵向挖掘，又注意进行横向比较，互为基础和互为补充，从而进行有机统一的思维；既注意了解思维对象与其他客体的横向联系，又能认识思维对象的纵向发展，从而全面准确地把握思维对象规律性。

家蚕传染性病害的发生与养蚕环境中病原微生物的数量有着密切的关系，或者说病害发生必然有病原微生物的存在或大量存在，是一种强相关关系（或大概率事件，化学因素引起的急性中毒也类似）；化学因素中的慢性中毒、物理和生态因素在特定情况下也可能与之相关，但是弱相关关系（或小概率事件）。不同区域养蚕有着特定的病原微生物分布规律，这种规律的形成与养蚕技术水平或习惯、桑园管理或虫害治理水平、气候和土壤等条件及变化，以及区域生态环境的变化等有关。图3-5描述了桑园-病原微生物-养蚕传染性病害发生的相关性及影响因素。

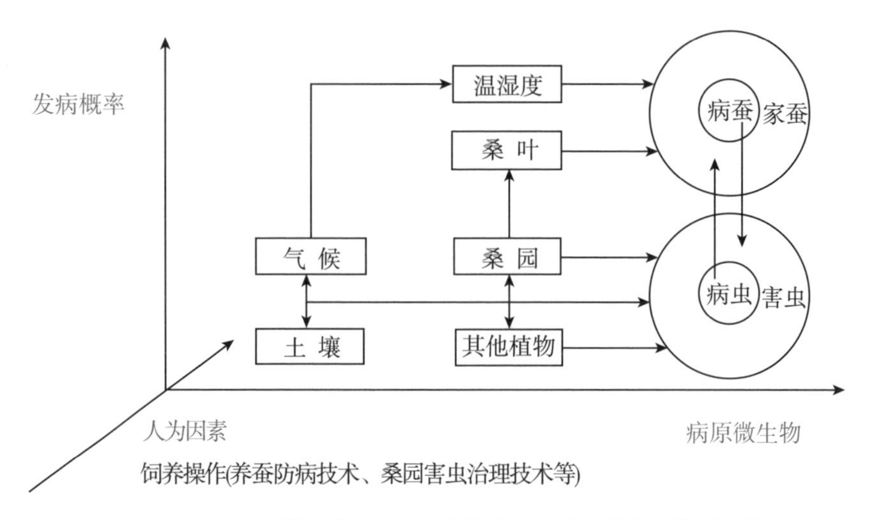

图3-5　桑园-病原微生物-养蚕传染性病害发生相关的立体性思维

立体性思维是一种开放性的思维。纵向思维是诊断者（主体）认识养蚕病害发生原因（客体）的主线。多向性横向思维的开放为纵向思维的开放性提供更为合理的选择，其开放程度决定了纵向思维正确发展的方向。正确的思维发展方向和效率，是尽快达成诊断目标的基础。

立体性思维不仅在空间、时间和内涵维度上具有丰富的多样性，还可能涉及更为广泛的人文和社会区域背景，与整体性、结构性、动态性和综合性等思维的有机结合和灵活应用，有利于达成正确养蚕病害诊断的目的。

3.2.2.4　动态性思维

任何系统的稳定是相对的，家蚕饲养系统也不例外，现有农村养蚕模式的系统开放性特征，对动态性思维的要求更高。养蚕病害发生的动态性变化主要有两种方式：一种是渐变式，即从部分蚕匾（蚕框或蚕台等）或饲养单元（农户）到整个蚕室，再到区域内普遍发生，该方式是生产中的普遍方式；另一种是暴发式，即在短暂的时间内出现大量病蚕，如上一次给桑未见家蚕异常，再次给桑时出现大量病蚕，甚至在区域内出现相同情况，该方式多数为中毒引起。

养蚕病害防控的目的就是维持养蚕系统正常或基本正常的运行状态。

其控制项是多样可变的（饲养标准的多项要求，不确定性环境系统发生变化后的调整要求）。饲养者必须根据可变性特征，因地制宜和把握控制关键项。尽力满足饲养标准要求，是保持养蚕系统稳定或基本正常的前提；试图通过单一技术而保持系统的稳定或基本正常，是必然失败的选择。养蚕病害发生后的诊断，需要对该过程的还原，了解病害发生、发展和结局的系统结构性（稳定与非稳定）和立体性（有序和无序）变化，从而达成正确诊断的目标。

在图3-4中，"调查"及后续内容示意了病害发生可能相关的动态性变化。调查发现养蚕病害有方向性特征后，需要求证养蚕病害方向性与时间段内气候风向的吻合度。"吻合"则可确定养蚕病害与该区域的污染有关；"不吻合"则有不确定性，需要进一步深入分析气候风向规律（季风或乱风）和有害化学物污染规律（有组织或无组织）及开展相关调查。关于与怀疑或可能污染源不同距离的桑园桑叶对家蚕毒性的调查，可解明桑叶不同时间长短积累有毒物的数量。如由近及远中毒程度下降规律，则可确定为污染源；无此规律则表明存在更为复杂的污染来源，必须进一步分析调查；未出现中毒，则需要改变思路和调整调查方案。

对于病原性微生物引起的养蚕病害，以动态性思维还原发病过程，在诊断中非常重要。不同病原微生物感染家蚕后的病程不同（与感染家蚕时期和感染数量等相关），一般都有一个较长的时间过程。病原微生物积累到一定程度后，才有可能引起较为严重的养蚕病害。因此，从以下三个方面进行动态调查，了解病原微生物积累或增加的过程，有助于提高诊断的正确性和技术措施的准确性。

（1）桑园虫害发生和发展的过程："桑园里虫多，蚕室里病多"既是历史经验的总结，也是大量科学实验调查的结论，"桑园地块 - 害虫 - 病蚕"的动态性吻合度可以成为诊断的重要依据。

（2）环境病原微生物状态：主要针对真菌性病害。真菌性病原微生物可以在家蚕或其他昆虫，甚至许多有机物中繁殖。大量环境病原真菌可以导致家蚕真菌性病害的暴发，"病原真菌 - 湿度 - 蚕病"的动态性吻合度可以成为诊断的重要依据。细分蚕室温湿度控制和气候温湿度变化的动态分析可以使诊断依据更为充实。

（3）养蚕病害发生的动态性变化：病害发生的动态性变化是"家蚕-致病因素-环境"三大系统相互作用中人为控制因素影响的结果。在一般情况（流行病学规律）下，随着养蚕次数的增加，养蚕环境中的病原微生物也会增加，其增加程度与人为控制因素的强度（防污、清洁和消毒等）有关（图3-6）。在人为控制强度足够的情况下，下一次养蚕的病原微生物不会较之上一次养蚕更多（图3-6中A或B的①分别变成B或C的②或③）；在强度不足的情况下，下一次养蚕的病原微生物会多于或大大多于上一次养蚕（图3-6中A或B的③分别变成B或C的②或①）。从A到B，或B到C病原微生物的增加程度与人为控制因素不足的程度有关。同一种传染性病害在每次养蚕中发生率不断增加的过程，必然成为养蚕病害暴发的主要原因（案例2-3）。因此，了解养蚕病害发生的动态性变化非常必要。

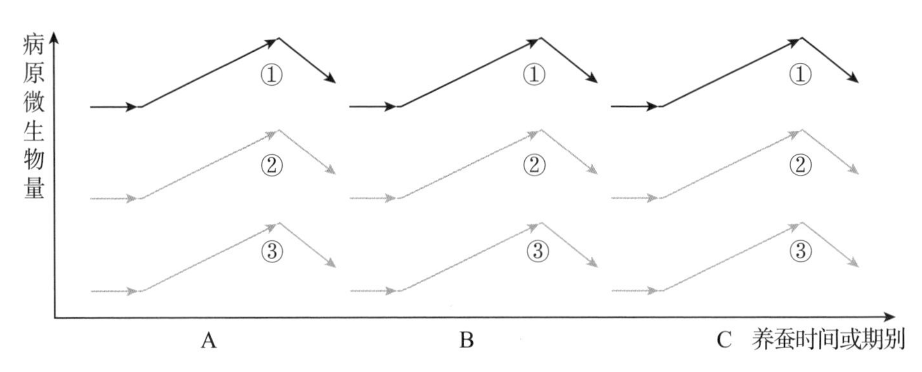

图3-6　不同养蚕期别病原微生物的动态变化

注：①为高风险发生养蚕病害的病原微生物变化曲线；②为中风险发生养蚕病害的病原微生物变化曲线；③为低风险发生养蚕病害的病原微生物变化曲线，或养蚕病害控制中相关技术措施实施强度的目标曲线。

在养蚕病害诊断中，点状思维和线性思维往往难于解决问题，非线性、立体性和动态性思维（多维度），可使系统（养蚕病害）的演化过程和发展方向得到清晰的梳理，从而达成诊断目标。

3.2.2.5 综合性思维

养蚕病害发生是多因素（变量、输入和输出）综合影响下的复杂性系统问题，病害诊断必须进行系统分析和综合评价，但不是“机械”和“线性”的“部分相加等于整体”或“最优个体总和”的综合，而是将问题的因素、层次、结构和内外联系等进行多维度、网络化和生态化的分析和评价，构建各要素的最佳有机融合，从而达成“整体大于部分相加”的综合性思维。

综合性思维要求诊断者必须从养蚕病害发生的整体出发，逻辑起点是综合，要把综合贯穿于思维逻辑进程的始终，要在综合的指导和统摄下进行分析，然后再通过逐级次综合而达到总体综合。它要求摒弃孤立的、静止的和线性的分析习惯，使分析和综合相互渗透，“同步”进行，每一步分析都要顾及综合、映现系统整体。这样才能使诊断者站在问题整体和全局（养蚕和区域社会）的高度上，系统和综合地考察，着眼于全局来认识和处理各种矛盾问题，达到最佳化的总体目标。

3.2.3 相关树的构建

养蚕病害发生的结果必然存在家蚕-致病因素-环境系统相互作用关系，诊断的技术目标就是要解明这种关系。家蚕-致病因素-环境系统的因果、并列、条件、递进、从属和选择等关系，以及复杂程度都会影响诊断的效率和正确性。家蚕病害发生所呈现的异常（或病征和病变等）显示了其知识表征（knowledge representation）。以此表征为起点，根据家蚕病理学和养蚕流行病学知识体系，构建相关树的基模，有利于不同专业技术能力的诊断者有效开展工作。基模的涵盖面较为广阔和较有组织性，但也较抽象和模糊。可以将“基模”理解为有效训练而成的“惯性思维”或“潜意识”，关键在于发挥系统性思维并进行利用。构建养蚕病害相关树是结构性思维简化过程的良好方式，有利于诊断工作的有序推进。

养蚕病害相关树可分为三个层次：养蚕病害种类确定、养蚕病害发生主因和综合性决策。前两者以技术为主，虽然有很多案例无法确定病害种类或发生主因，但该层次的处理相对较为简单；后者具有复杂的社会性，处置难度和复杂性更大。

3.2.3.1 养蚕病害种类分析相关树

养蚕病害种类分析相关树可用图3-7进行描述。根据养蚕病害发生后家蚕出现的病征或异常，以及后续技术处理的明显不同，可将养蚕病害分为三大类，即传染病、中毒和不结茧。

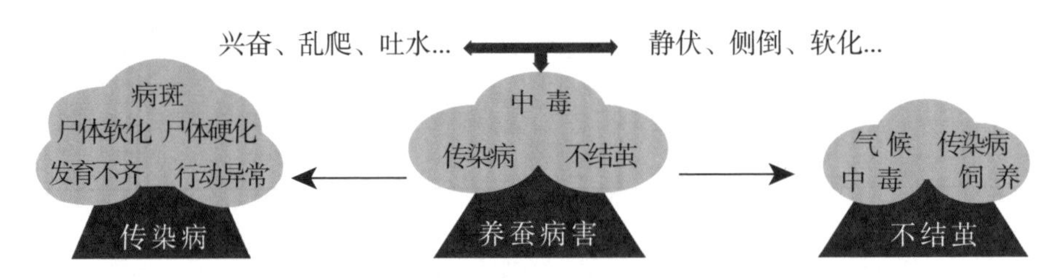

图3-7 养蚕病害种类分析相关树的基模

在发生传染病的情况下，群体中部分个体会表现出肉眼可见的异常或病征，根据群体中发病个体的数量可以进行发病种类或主因的判断，即使在不能判断主因的情况下，也可据此提出有效的后续技术处理意见。后续技术处理有直接淘汰和继续饲养之分。

当蚕龄期较小，发病严重时，一般建议直接淘汰，重新进行饲养。在案例2-8中建议了直接淘汰。在案例2-6中，尽管家蚕已经生长发育到4龄和5龄阶段（出现或发现血液型脓病应该更早），但坚持饲养的收成也是十分微小的，而且投入的人力物力成本较大。但在某些特殊情况下，也只能继续饲养，如案例2-9。虽然在头眠时发现血液型脓病蚕，采取及时淘汰措施对当季养蚕而言较为合理，但该案例中的家蚕为原蚕，涉及原原种的供应和杂交蚕种的发放计划（蚕种供应）等问题，淘汰后的成本或经济损失更大，后续事件处理更复杂。在该案例中，后续技术措施增加了蚕座内新鲜石灰粉的使用频率和使用量，增加了蚕室和蚕室周边环境的消毒频率，加强了后续各龄期眠起处理的淘汰、饲养喂桑前的巡查、病蚕的挑除等工作，以及强化蚕期结束后的回山消毒等。通过大量的人力物力成本投入，获得了一定的收成，但成本投入明显增加。

如在蚕龄期较大时发生养蚕病害，则需要根据病害的具体发生率进行判断。主要还是权衡人力物力成本再投入和养蚕环境病原微生物环境污染风险，及可能获得收成间的平衡点。

在有害化学污染物引起家蚕中毒的情况下，群体中部分个体会表现异常兴奋或异常安静的病征，根据群体中发病个体的数量和发生过程可以进行发病主因的判断，但中毒污染源，特别是具体化学物质的判断往往非常困难或无法知道。在大致分析出污染源的前提下，一般建议继续饲养，对表现明显中毒症状或已经死亡的个体，直接淘汰（加网除沙，或人工挑除）。剩余家蚕虽未表现明显中毒症状，但其体质在不同程度上发生下降，对病原微生物等致病因子的抵抗性下降。因此，在继续饲养过程中必须强化饲养标准化的实施，提高蚕体强健性和加强养蚕病原微生物的防控工作。

在发生不结茧的情况下，问题的存在是显而易见的，但不存在是否继续饲养的技术措施问题。该类养蚕病害诊断的重点和难点在于病害发生原因的判断（传染性病害、气候影响、污染源和污染化学物质的确定等），以及今后如何杜绝。

3.2.3.2　传染性病害分析的相关树

传染性病害发生后，家蚕表现的异常主要可分为群体发育不齐、尸体软化、尸体硬化，以及明显的病斑或体色异常等（图3-8）。

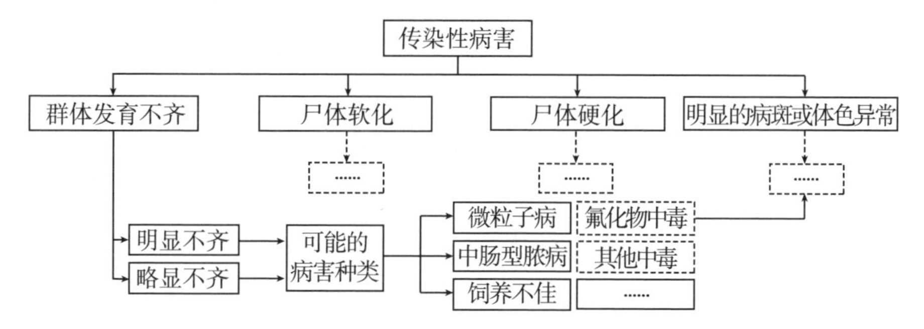

图3-8　传染性病害及群体发育不齐病征相关性的基模

1. 群体发育不齐

群体发育不齐是一个主观性较为明显的异常表征，对该表征的发现及其表征程度评价的客观性，与诊断者的经验有很大关系。诊断者对群体发育不齐程度的判断，结合家蚕龄期状态的分析，对诊断有较大的影响。

小蚕期发生的明显发育不齐群体，多数由饲养技术问题引起。如由家蚕微粒子病引起，则该批蚕种中有大量家蚕微粒子病胚种感染的个体，是使用检疫质量指标明显不合格或未经检疫且严重发生胚种感染的蚕种所致；如由细菌性肠道病引起，则在收蚁时应该出现孵化率不高的异常；如由中肠型脓病引起，则该批家蚕饲养中消毒或桑园虫害管理及饲养防病技术（包括桑叶采摘中杜绝使用虫口叶或虫粪叶的技术措施）存在严重失当；如由氟化物中毒（非传染性病害）引起，则可发现其他相关异常病征。

对于大蚕期发育不齐明显的群体（图3-9），图3-8中所列的几种病害种类，以及家蚕病毒性软化病和家蚕浓核病的可能性都有，无法根据该异常确定为何种病害，但可通过解剖家蚕，观察丝腺或中肠是否出现典型或亚典型病变，以及开展生物学试验和分子生物学检测等来进一步诊断。

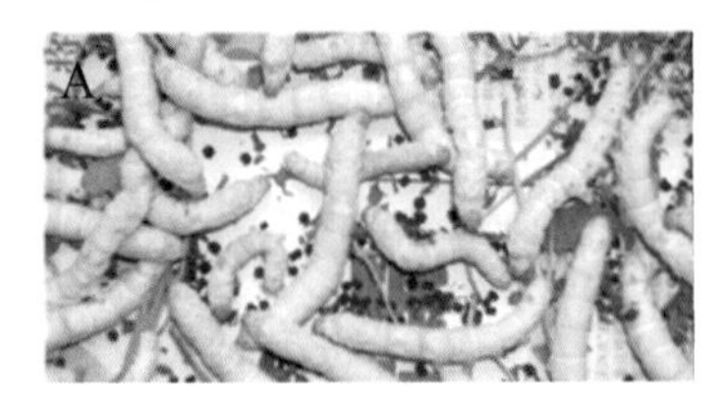

图3-9　发育不齐的家蚕群体

注：A. 中肠型脓病病毒感染的家蚕群体；B. 家蚕微粒子虫感染的家蚕群体。

解剖后，对于家蚕中部丝腺出现乳白色肿胀的典型病变个体（图3-10A），可确诊为家蚕微粒子病，病因为小蚕期较大规模家蚕微粒子虫感染。蚕种质量出现问题或蚕种中混入家蚕微粒子虫胚种感染个体过多，极易出现该种情况。由于感染途径、感染剂量和出现病征的家蚕发育阶段不同等，家蚕感染家蚕微粒子虫后可能出现的异常或病征也有所不同（各种病害都有类似现象规律）（鲁兴萌等，2017）。在卵期，部分病蛾的产附会出现不规则（健康母蛾所产卵圈一般从外圈向中心有规则排列，且卵的大头在外，小头向内），叠卵和死卵数量较多（图3-10B）。幼虫小蚕期，除胚种感染个体大量存在，一般情况下发育不齐的异常难于发现；大蚕期在群体中可出现胡椒蚕（图3-10C）、起缩蚕和半蜕皮蚕等其他异常或病征的个体（图3-10D和E），一般不会出现尸体腐烂的现象（不同于细菌性败血症，除混合感染后细菌感染更为严重的情况）。在蛾期，可能出现半蜕皮蛹和不能充分展翅的拳翅蛾（图3-10C）、环节松弛的大肚蛾和鳞毛大量脱落的秃蛾（图3-10F和G）。

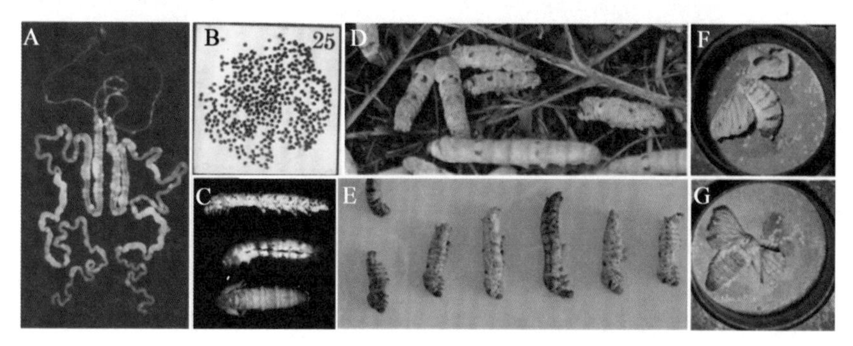

图3-10　家蚕微粒子病丝腺典型病变和其他病征

注：A. 丝腺典型病变（金伟）；B. 病蛾所产蚕卵；C. 胡椒蚕、半蜕皮蛹和拳翅蛾（金伟）；D. 起缩蚕；E. 起缩蚕和半蜕皮蚕；F. 大肚蛾；G. 秃蛾。

解剖病蚕或疑似病蚕，发现中肠后部出现乳白色横皱，或整个中肠呈乳白色的典型病变，可确诊为家蚕中肠型脓病（图3-11A）。在感染严重时，可在蚕座内发现排出沾有乳白色液体的蚕粪（图3-11B）。在感染或发病早期，有时可观察到空头蚕（图2-3A和图2-4）、起蚕后的“起缩蚕”，以及起蚕食桑不旺和体色转青较慢的异常或病征。

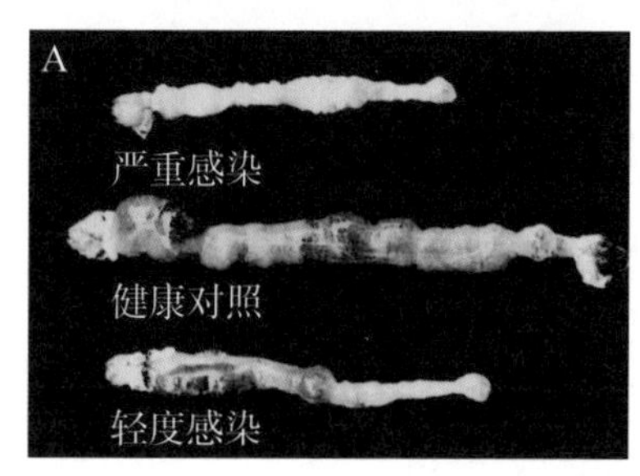

图3-11　家蚕中肠型脓病典型病变

注：A. 中肠解剖观察比较（金伟）；B. 排出粘有乳白色蚕粪（箭头所指）的病蚕。

如是非传染性的氟化物中毒，一般可观察到环形黑斑蚕和竹节蚕等典型病征（图3-12），以及“六不”蚕（不吃、不青、不大、不眠、不死、不烂）等其他异常或病征。

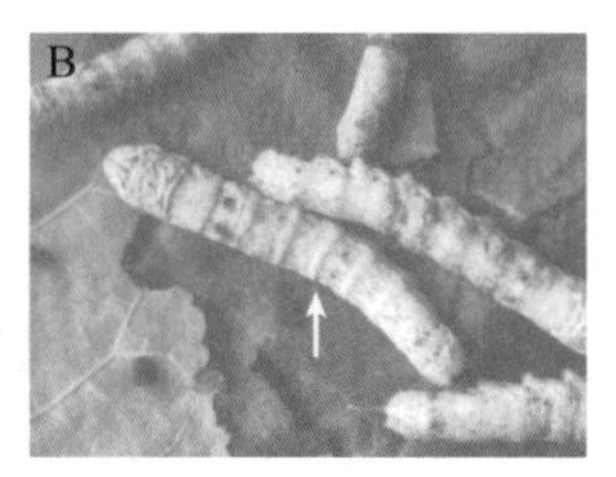

图3-12　氟化物中毒典型病变

注：A. 环形黑斑蚕；B. 竹节蚕（金伟）。

在养蚕群体发育略显不齐的情况下，一般难于进行明确的诊断。但该种发现，特别是具有丰富实践经验者的该种发现，即是及时跟踪病情发展和采取有效措施以防控病害发生或流行的重要前期信息，也是一旦发生病害流行，诊断中获取重要过程信息或证据的有利条件。

2. 尸体软化

尸体软化是一个较易发现的家蚕病害表征。在大蚕期，经验丰富者通过手触家蚕（触诊），根据家蚕蚕体的硬度或弹性，即可判断饲养群体的健康状况，并作进一步调查。但家蚕发病后病蚕或尸体软化的病害种类比较多，据此可以判断为异常或出现病害，但难于确定病害种类。

尸体软化的表征异常一般由家蚕病原性微生物中的病毒和细菌引起，但有些农药或厂矿企业“三废”等有害化学污染物引起家蚕中毒时，家蚕尸体也呈软化状（图3-13）。

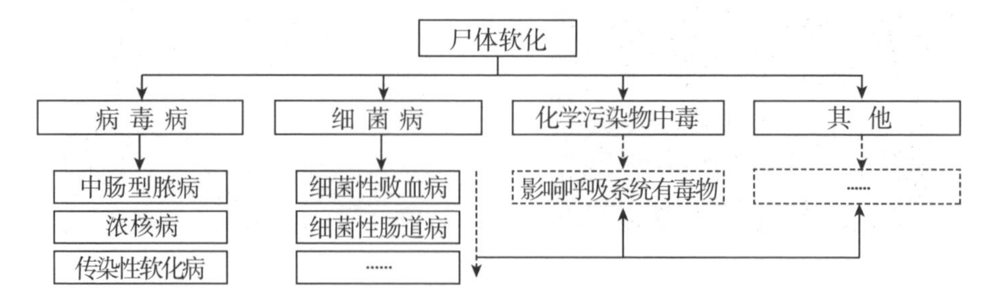

图3-13　尸体软化表征相关树的基模

在早期的养蚕病害分类中，多种病害被统称为家蚕软化病；其后，又被分为病毒传染性软化病和细菌性软化病。随着中肠型脓病病毒、传染性软化病病毒和浓核病病毒等研究的深入，病毒传染性软化病又被分为中肠型脓病、传染性软化病和浓核病三种病害。这些病害家蚕不仅在群体发育不齐、体色转青较慢、空头或起缩等病征上非常类似，其尸体软化的状态也非常接近，较难辨别。但可以从蚕座中选择明显弱小和尚未死亡的家蚕，进行中肠解剖并观察。中肠型脓病病蚕中肠可观察到典型病变（图3-11A），较易辨别；浓核病和传染性软化病的中肠病变有所区不同，前者肠腔空虚并呈黄绿色，后者肠腔空虚并呈黄褐色，但较难区别。浓核病和传染性软化病虽然较难区别，但在防控技术措施上类似，因此，在需要短期做出技术措施的情况下，可不予区分。在需要确诊的情况下，可取样送实验室进行生物学试验法检测，或通过免疫学和分子生物学的检测方法进行核准。

血液型脓病家蚕虽然也会出现软化，但其典型病征（体色乳白、体躯肿胀、狂躁爬行、体壁易破，如图3-14所示）更易发现。

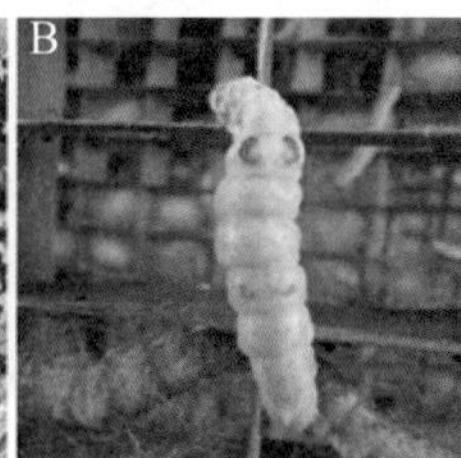

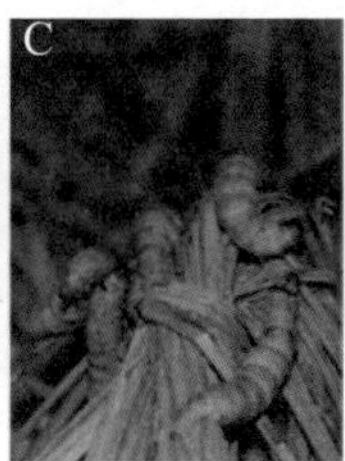

图3-14　家蚕血液型脓病典型病征

家蚕病原性细菌引起的败血症病蚕，在死亡之前，虽然食桑不旺，或停止食桑，或体躯伸长，或呆滞静伏，或胸部膨大，或环节收缩，或少量吐水，或排软粪和念珠状蚕粪，但较难在蚕座内发现和进行判断；在死亡后，一般都会出现明显的尸斑，相对较易识别。黑胸败血症蚕常在腹部第1 ～ 3环节出现黑色尸斑，并逐渐向全身扩展，最终整条蚕都变成黑色（图3-15A）；灵菌败血症蚕在尸体软化的同时，全身性出现褐色小圆状斑点，随死亡时间的延长，尸体常会变成玫瑰红色（图3-15B和 C）。死亡后可流出带有恶臭的黑色或暗红色污液。由于自然界中能引起家蚕细菌性败血症的细菌种类非常多，无法根据病征或尸斑而确定病因细菌。但确定病害种类为细菌性败血症后，养蚕的防控技术措施类似（一般采用广谱性抗生素，或特定类别药物）。因此，生产上一般不做细菌种类的区别或鉴定，直接采取防控细菌性败血症的措施。

图3-15　家蚕黑胸败血症和灵菌败血症

家蚕病原细菌中的肠球菌导致家蚕发病后，病蚕不仅会出现发育不齐、食桑不旺、体色转青缓慢，以及排软粪或念珠状蚕粪等病征，还会出现身体软化，死亡后体色变暗，身体瘦小等症状，但不会散发明显的恶臭。

家蚕病原性细菌中的猝倒菌导致的家蚕发病有两种类型，慢性中毒的病征类似家蚕细菌性肠道病，急性中毒时部分家蚕会出现猝倒、少量吐水和尾部出现褐色斑块等症状。两种类型的病蚕，在死亡后尸体都呈软化状。

感染家蚕病原性细菌的家蚕可在幼虫期表现出上述病征，在蛹期和蛾期也会出现病征。细菌性败血症蚕在蛹期主要表现为体色暗淡，逐渐变黑，蛹体塌陷，轻触流出带有恶臭的污液（黑胸败血症蚕体为黑褐色，灵菌败血症为暗红色）。细菌性肠道病的病蛹主要表现为"黑头"，即腹部以上环节（包括翅部）变黑。

有害化学污染物引起家蚕中毒死亡且尸体软化的情况下，一般尸体的体色没有明显的异常，或有部分个体出现其他异常，如侧翻、腹足后倾、少量吐水等。有关农药种类见第四章陈述，病征参见下述内容及相关案例。

3. 尸体硬化

该类表征异常或病征一般由家蚕的病原真菌引起。在早期，也将真菌病原微生物引起的病害称为硬化病。真菌病蚕的尸体硬化又可分为全身硬化（图3-16A）和部分硬化（图3-16H）。

白僵病、绿僵病和灰僵病感染的家蚕一般都表现为全身性硬化，但在家蚕体质较弱和环境中细菌较多的情况下（如太湖流域蚕区农村夏秋季养蚕），也会出现部分硬化，即在真菌入侵部位发生硬化，或出现病斑，并长出绒毛状气生菌丝和有色的分生孢子，其他部位则因细菌大量繁殖而腐烂软化。

曲霉菌感染的家蚕在小蚕期也表现为全身硬化和最终呈现“霉花”（图3-16G）。大蚕期感染曲霉菌的家蚕可出现褐色病斑，一般表现为部分硬化，即曲霉菌分生孢子入侵的部位硬化，长出气生菌丝和黄绿色分生孢子（图3-16I），其余部位因细菌大量繁殖而腐烂软化。曲霉菌一般从大蚕或蛹体壁较薄的环节间入侵，全身性入侵或多点入侵时，家蚕也是全身硬化。

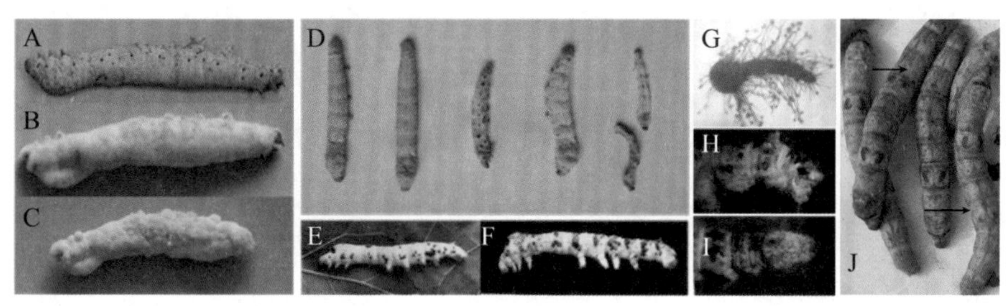

图3-16　家蚕真菌病幼虫期病征

注：A—C. 白僵病蚕；D—F. 绿僵病蚕（E 和 F 由金伟摄）；G—I. 曲霉病蚕（金伟）；J. 粪结蚕。

白僵病、绿僵病、灰僵病和曲霉病病蛹一般都表现为全身性硬化。有经验者抓一把蚕茧摇一摇，听到清脆撞击声，即可判断其中是否有真菌病蛹。

在生产中，家蚕小蚕期发生曲霉病的第一表征是出现明显的减蚕率。然后可从蚕座底部发现“霉花”或死蚕，用低倍光学显微镜或解剖镜观察即可确诊。此外，部分家蚕特别是原蚕，在食下过量曲霉菌或酵母菌后，出现“粪结”（在中肠与后肠交界处堵塞）病征，即手触腹部第5 ～ 7环节有硬块（图3-16J）。

白僵病、绿僵病、灰僵病和曲霉病在硬化病征上有类似之处外，在长出气生菌丝的初期虽然都是白色绒毛状，但还是有一定的差异。白僵病蚕的白色绒毛状（气生菌丝）较为均匀分布于蚕体表面（图3-16B）；绿僵病蚕的白色绒毛状（气生菌丝）虽然也是较为均匀分布于蚕体表面，但绒毛更为细密（图3-16D）；灰僵病蚕的白色绒毛状（气生菌丝）则在均匀分布的基础上出现朵状；曲霉病蚕的一般则在感染部位有气生菌丝（图3-16I）。在长出分生孢子后，由于颜色有明显不同，较易确定病种或真菌类别（图3-16C、D和I）。

真菌病在发病过程中还有其他病征上的差异，包括病斑和体色的异常等。白僵病蚕体会呈现出粉红色（图3-16A），绿僵病蚕会出现由内向外颜色加深的黑褐色云纹状病斑等（图3-16E和F）。

4. 明显的病斑或体色异常

许多病原微生物或非传染性致病因子都可导致家蚕出现明显的病斑或体色异常。病斑和体色异常是多数病种或病蚕中较为常见的现象。

多数病种或病蚕的表现并不明显，或在发病早期难于发现。例如：中肠型脓病、浓核病、病毒传染性软化病或微量中毒蚕，一般都会出现体色泛黄的异常；白僵病蚕的褐色斑点（图3-16A）一般也较难发现。该种异常的发现与诊断者的经验积累程度和观察仔细程度有关，有利于通过实验手段进行诊断，或尽快确诊病害种类和发病原因，及时采取有效措施，减少发病危害。

多数明显的病斑或体色异常，出现在家蚕发病的晚期，或严重发病蚕或死蚕上，如氟化物中毒蚕的环形黑斑（图3-12A）、血液型脓病蚕的体色乳白（图3-14）、黑胸败血症蚕的黑色尸斑（图3-15A）、绿僵病蚕的黑褐色云纹状病斑（图3-16E和F）、曲霉病蚕的黑褐色病斑（图3-16H）、蝇蛆病蚕的黑褐色羊角状病斑（图3-17A）和昆虫毒毛蜇伤蚕体的黑褐色病斑（图3-17B，有些为焦脚状黑褐色病斑）等。有些病斑或体色异常并非常见，但在特定情况下也会出现。如家蚕微粒子病的胡椒状病斑（图3-10C）和血液型脓病的焦脚状黑褐色病斑（图3-17C）等。

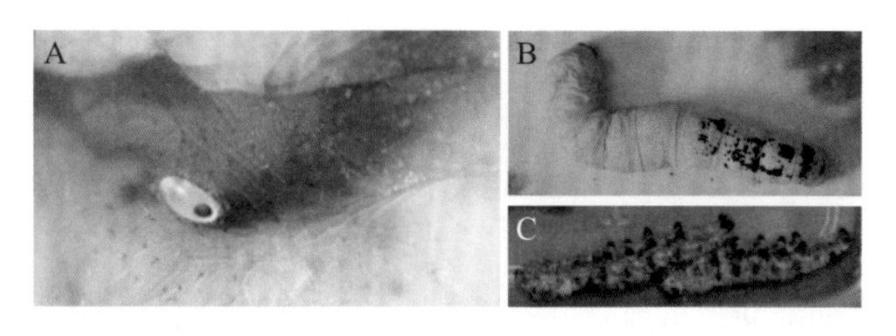

图3-17　部分病斑蚕

注：A. 蝇蛆病蚕的三角形或羊角状病斑（金伟）；B. 昆虫毒毛螫伤后黑褐色病斑；C. 血液型脓病焦脚状黑褐色病斑。

3.2.3.3　有害化学污染物中毒病害分析的相关树

在有害化学污染物中毒病害分析的相关树中，农药和工业“三废”涉及的化学物质种类无穷无尽，但根据家蚕表现异常的类型可分兴奋型、安静型和隐性型中毒。兴奋型中毒蚕表现为痉挛、乱爬和吐水等表征；安静型中毒蚕表现为静伏、侧倒和软化等表征；隐性型中毒蚕则无明显异常表征。这种类型的区别或表现程度，主要与有害化学污染物的化学性质相关，但与其进入家蚕体内的剂量和途径，以及家蚕接触污染物的龄期和时间等也有明显的相关性。家蚕有害化学污染物中毒表征分析相关树的基模如图3-18所示。

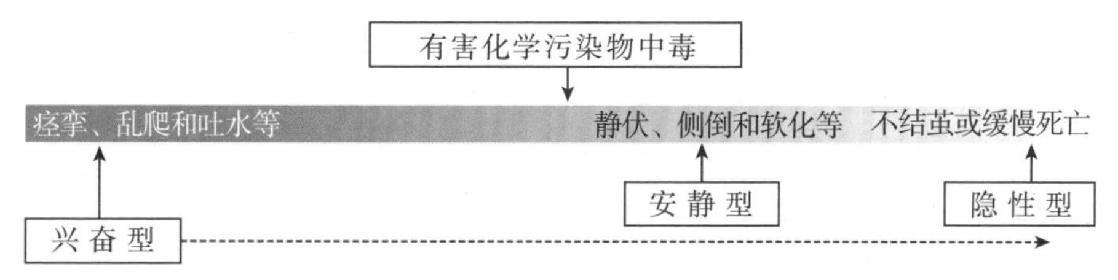

图3-18　家蚕有害化学污染物中毒表征分析相关树的基模

兴奋型中毒主要由农药中的杀虫和杀虫杀螨剂引起，如拟除虫菊酯类、有机磷类、氯化烟酰类（吡虫啉、啶虫脒和噻虫嗪等）、吡咯（或吡唑）类（氟虫腈）和氨基甲酸酯类（灭多威和克百威）等引起家蚕兴奋型中毒（图3-19和图3-20）。兴奋型中毒蚕的主要异常表征为痉挛、乱爬和吐水等。痉挛主要出现在拟除虫菊酯类中毒蚕上，中毒蚕头胸部摇摆和身体蜷曲（图3-19B—D）等；乱爬主要出现在有机磷类农药中毒蚕上（图3-19F）；吐水（图3-19A和

E）和胸部膨大（图3-19G和图3-20A）是兴奋型中毒常见的异常现象；有时中毒蚕还会出现脱肛的异常（图3-19G，图3-20D和E）。拟除虫菊酯类引起的家蚕身体蜷曲是具有独特性的异常，或者说出现该异常与其引起的中毒有较高的相关性。吐水或胸部膨大虽是许多农药都可引起的异常，但结合身体缩短、脱肛和乱爬的症状也可推测养蚕中毒与某种农药的相关性（图3-20）。

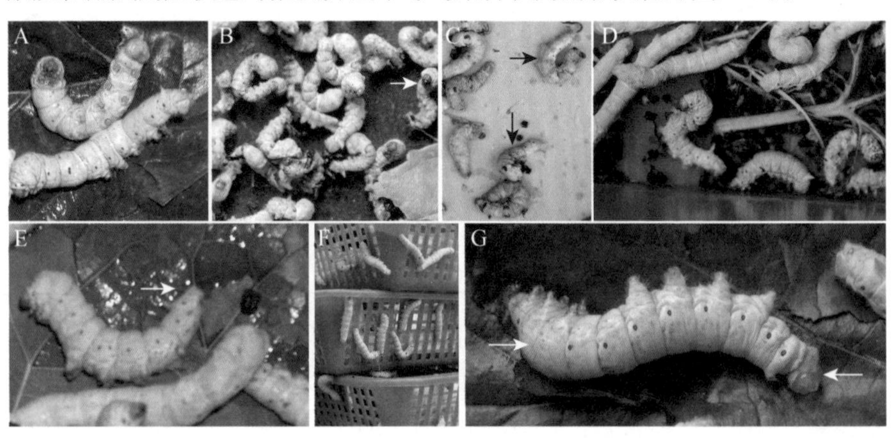

图3-19　兴奋型中毒 -1

注：A—D. 菊酯类农药中毒蚕（箭头所示为明显蜷曲）；E—G. 有机磷类农药中毒蚕［E 箭头所示为吐水，G 箭头所示为胸部膨大（左）和脱肛（右）］。

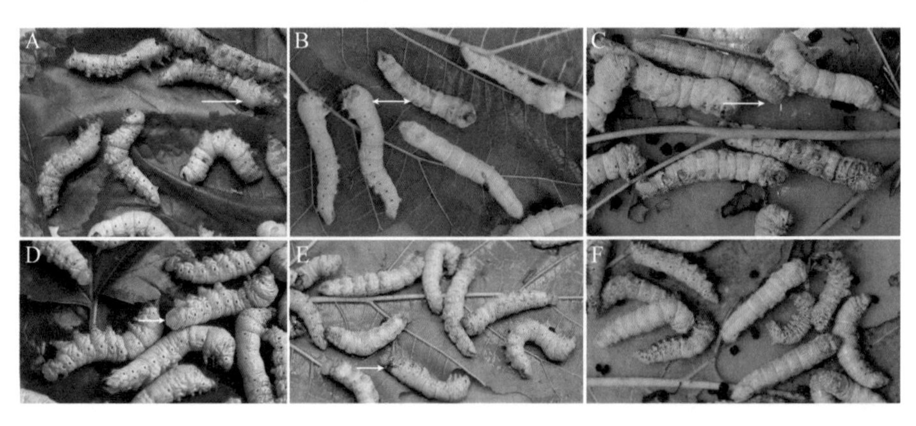

图3-20　兴奋型中毒 -2

注：A. 吡虫啉中毒蚕（箭头所示为少量吐水）；B. 啶虫脒中毒蚕（箭头所示为少量吐水）；C. 噻虫嗪中毒蚕（箭头所示为少量吐水）；D. 灭多威中毒蚕（箭头所示为脱肛）；E. 克百威中毒蚕（箭头所示为脱肛）；F. 氟虫腈中毒蚕。

安静型中毒主要由杀虫双、阿维菌素和吡蚜酮等农药引起，中毒蚕常见的异常表征有静伏、侧倒和身体软化等（图3-21）。杀虫双中毒家蚕身体软化，但仍可见背脉管搏动，似假死状，偶有侧倒或腹足后倾（图3-21E）；上蔟期吐平板丝则是其独特性的异常表征（图3-21F）。阿维菌素中毒家蚕身体软化，常侧倒和腹足后倾（图3-21A和B），部分蚕的后部环节出现瘪陷（图3-21C）或少量吐水（图3-21D上箭头所示，高剂量中毒则明显吐水）等，5龄期之前常出现向背后弯曲的“C”形侧卧状（图3-21A和B）。虽然不同农药引起的安静型中毒会有一些不同之处，但表征与农药种类的相关性较小，或仅从表征确定农药种类十分困难。部分家蚕兴奋型农药微量中毒后也会出现类似症状。

图3-21　安静型中毒

注：A—D. 阿维菌素中毒蚕（A和B箭头所示为腹足后倾；C为瘪陷；D为少量吐水）；E—F. 杀中双中毒蚕；G. 吡蚜酮中毒蚕。

隐性型中毒多数由农药低剂量累积或厂矿企业“三废”引起，常见的异常现象为上蔟期不结茧。

3.2.3.4　不结茧蚕发生分析的相关树

不结茧蚕发生分析的相关树见图3-7右。大多数养蚕不结茧主要由传染病、中毒、极端气候和饲养严重失当等引起。在不少情况下，四者相互间共同作用而导致不结茧蚕大量发生。上蔟期是家蚕生理发生急剧变化的时期，也是病害暴发的常见时期。

传染病引起的不结茧可参见案例2-4、案例2-5和案例2-6（血液型脓病发生与不结茧），案例2-10、案例2-11和案例2-12（中肠型脓病导致的不结茧）；中毒引起的不结茧可参见案例2-35、案例2-42和案例3-3。极端气候和饲养技术不当引起的不结茧可参见案例2-36和案例2-37（低温气候与饲养不规范）。

3.2.3.5 养蚕病害发生主因相关树

养蚕病害诊断中，病害种类（或致病因素）的确定是最为基础的诊断。病害发生主因的确定是后续技术措施方案提出的基础，也是综合性决策的重要依据。

诊断者主要根据现场观察到的家蚕病征和病变，确定病害种类（或致病因素）。从病征和病变到病害种类（或致病因素）的确定，涉及一些基本的逻辑推理；从病害种类（或致病因素）到病害发生主因的判断，不仅涉及基本的逻辑推理，还涉及系统性分析。

一种致病因子可以导致家蚕出现多种病征或病变。其中，典型病征或典型病变可以成为病害种类逻辑推理的充分条件（sufficient condition）。例如，根据“体色乳白、体躯肿胀、狂躁爬行、体壁易破”的典型病征，可以推理养蚕病害为家蚕血液型脓病；根据“中肠后部乳白色横皱，或整个中肠呈乳白色横皱状”的典型病变，可以推理养蚕病害为家蚕中肠型脓病；根据“丝腺乳白色肿胀”的典型病变，可以推理养蚕病害为家蚕微粒子病等。“身体出现环形黑斑”“身体呈蜷曲状”和“吐平板丝”等虽然不是养蚕中毒推理足够的充分条件（亚典型性），但诊断者根据现有的认知水平和收集的相关综合信息，可分别将其作为氟化物、菊酯类和有机氮类农药中毒的推理条件。

多数养蚕病害发生后，家蚕表现的非典型性病征或病变是病害种类逻辑推理的必要但不充分条件，即根据该病征或病变不能推测到某种病害种类（或致病因素）。例如，“发育不整齐”是家蚕中肠型脓病、家蚕微粒子病和氟化物中毒的常见病征；“空头”是家蚕中肠型脓病、家蚕浓核病和家蚕病毒传染性软化病的常见病征；“吐水”是很多农药导致家蚕中毒的常见病征，无法根据上述病征推理或判断病害种类（或致病因素）。或者说，病害种类（或致病因素）是许多家蚕病征或病变的充分不必要条件，其中的充分性是指家蚕群体中发生病害个体的规模、感染剂量（感染和发病规律等）和时期（病害发现和发展的时间与过程等）的一致性。

从病征或病变到病害种类（或致病因素）的确定，是一个相对较为简单的逻辑推理过程，根据典型病征和典型病变即可确诊；根据多病征或病变及现场考察的系统分析和综合评价，也可初步推测一些病害的种类，或做出有助于后续技术措施采取的判断；多数传染性病害发生后，即使现场不能根据病征或病变进行确诊，通过实验室检测也可在短期内进行确诊。病征或病变—病害种类（或致病因素）—病害发生主因的逻辑关系可参见图3-22。

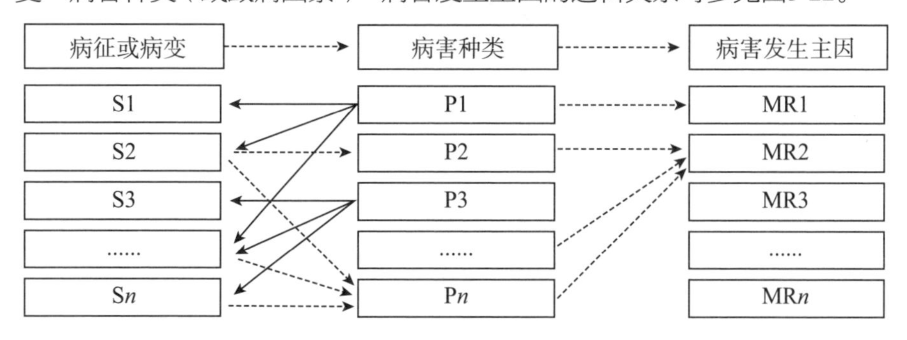

图3-22　病征或病变—病害种类（或致病因素）—病害发生主因的逻辑关系

注：⇢非充分或非必要条件；→充分或必要条件

从病害种类（或致病因素）到发病主因的确定，需在根据病理学知识进行逻辑推理的基础上（图3-22），进一步对家蚕、致病因素和环境三个系统及其相互关系进行全面的分析，并充分考虑系统内和系统间的复杂性和不确定性（图3-23），通过有效运用整体性、结构性、立体性、动态性和综合性等系统性思维，对病害发生主因做出合理的分析和判断。例如，在案例2-32中，从养蚕现场和病蚕光学显微镜检测结果，并不难判断养蚕病害为细菌性肠道病。但实际造成养蚕危害的主要原因（发生主因）并非肠球菌（肠球菌广泛存在于自然环境中，从养蚕环境中很难彻底消除），而是另一种病害，即氟化物中毒。在该案例中，氟化物中毒是一种隐性型有害化学污染物中毒（图3-12），并未在初期诊断中被认识，或者说该案例家蚕病害的发生具有两个因素，细菌性肠道病和氟化物中毒。细菌性肠道病是表象，氟化物中毒是本质。采取氟化物污染的防控措施（通过更换桑叶，提高用采桑叶位或用1%石灰水添食等短期措施，或综合施策，降低桑叶氟化物含量；长期措施则为污染源的杜绝），即可有效改变养蚕状态及细菌性肠道病的大规模发生。

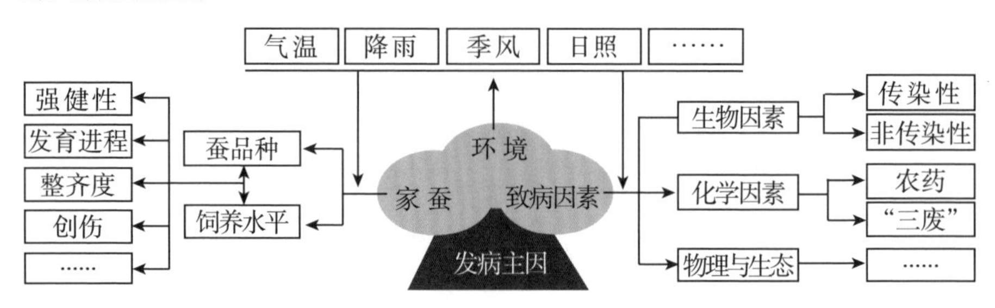

图3-23　养蚕病害发生主因相关树

在有些情况下，确定发病种类（或致病因素）后，即可制定后续防控技术措施方案。但在不少情况下，需要对发病主因做出准确判断后，才能提出有效的后续防控技术措施方案。例如，在案例2-32中涉及两种发病种类（或致病因素），需要通过逻辑推理和系统思维分析后，对发病主因做出正确判断。对于血液型脓病，根据典型病征即可判断。但对其发病主因，是养蚕消毒问题还是桑园或野外害虫治理不善，是遭遇极端气候条件后补救措施的缺失还是多因素综合影响等，则需要在有效收集相关信息的基础上，通过相对复杂的逻辑推理、系统分析和综合判断才能确定，从而据此制定有效的后续防控技术措施方案。

在病害发生或流行规模较大或出现利益纠纷诉求的情况下，往往需要进行综合性决策，病害发生主因的判断则是综合性决策必需的程序和重要的依据。

3.2.3.6　综合性决策相关树

在养蚕病害发生规模较大或集中区域损失较为严重的情况下，养蚕受害方因共同利益而偶合成群体，甚至将养蚕病害发生作为应变事项而形成某种舆情信息，进行明显利益诉求性质的体制外活动，以合法的或非法的规模性聚集形式，表达利益诉求和政策主张，造成对社会秩序和稳定有一定影响的群体性事件。因此，在养蚕病害发生后，及时收集各种信息显得非常重要，根据收集信息、病害种类和发生主因的系统分析与综合判断，尽快做出合理的综合性决策，是防范该类事件发生的基本要求。

综合性决策相关树的构建是一项基于社会、政治、经济、文化、生态等复杂性和综合性的工作。养蚕病害发生后的相关群体可以大致分成受害方、加害方和协调方。受害方是养蚕病害发生后直接的经济损失方，随着养蚕科技、环境保护和法律法规等知识的推广及受害方社会关系的知识支撑能力增强，受害方诉求的能力不断提高，但受害方也可能由自身原因造成养蚕病害的发生，即受害方与加害方同体。加害方可能是环境污染者，也可能是其他农业生产者，也可能是养蚕所需环境背景知识缺乏者等。协调方一般为政府技术人员和行政责任人，也是综合性决策相关树构建和问题解决的主体方。

协调方必须具备强烈的民本意识和责任感，对受害方或加害方群体社会形态地位有基本认识，与社会各阶层和广大人民群众保持经常性和广泛性联系，对当地民风民俗有充分了解。此外，协调方应该善于从民间广为流传的民谣、“顺口溜”以及各种街头巷尾的议论、“小道消息”、“传言”中捕捉舆情点，并从中发现倾向性、苗头性、社会性的舆情信息等。这是构建合理相关树和综合解决问题的要点。此外，决策者对自身权威性、解决方案对受害方或加害方的说服力，以及避免类似事件发生的控制能力等必须有清晰的认识，以杜绝“方案尽头无回路”的尴尬局面。

在多数情况下，养蚕病害种类和发生主因的确定可以帮助协调方直接解决问题；但在复杂社会背景下，即使确定了养蚕病害种类和发生主因，协调方往往也无能为力。养蚕病害相关专业性的技术诊断，可以为政府责任人或政府管理部门采用政治、经济、行政、法律、文化和教育等手段解决养蚕病害发生问题提供科学依据和参考。

3.3　系统分析与综合评价案例

在养蚕技术严重失当、区域产业结构布局失当、产业结构性矛盾与管理协调失当的情况下，容易发生大规模的养蚕病害。大规模的养蚕病害可能涉及广泛的地理区域、较大的饲养量，也可能在一定区域内严重发生。养蚕大规模病害往往涉及多个利益相关方，病害种类和主因分析所必需的信息收集会变得更加复杂，系统分析、综合评价和综合决策的要求更高。

3.3.1 养蚕技术严重失当

养蚕技术失当是养蚕病害发生最为常见的发病因素，如消毒工作不到位、桑园虫害治理不善、遭遇极端气候条件而未能及时有效进行人工温湿度调控等。在多数情况下（如失当并非十分严重或严重失当的饲养单元规模较小），养蚕技术失当不会造成严重的危害或引发群体性事件，处置不够及时或处置不当的情况除外，如案例2-3。许多传统技术管理体制与现实社会发展形态或生产实际环境间的矛盾或冲突，也可能成为养蚕技术严重失当的源头。

案例 3-1　散卵形式原种的家蚕微粒子病检疫失当引起的大规模养蚕病害

原蚕种一般为平附蚕种。20世纪80年代，经过生产试验后，发现原蚕种改成散卵蚕种后，原蚕种的整齐度提高、卵量稳定，且可增产5% ～ 15%（冯家新，1995；吴一舟，1996）。通过技术流程的改变，原蚕种的上述指标无疑可以得到改善，但从微粒子病防控的角度思考，则风险可能大幅提高。在原蚕种的亲本母蛾检测中出现漏检，或淘汰蚕连纸中出现失误（检测母蛾与蚕连纸未对应）等情况下，有病母蛾所产蚕卵（或蚕连纸）在散卵形式下，被混入整个检疫批中而扩散；在平附蚕种形式下，有病母蛾所产蚕卵可能局限于一个饲育区。前者（散卵形式）导致的危害更大。

1. 病害发生基本情况

1995年秋蚕期，某专业蚕种场（场本部）饲养原蚕（种）并生产一代杂交蚕种。在饲养、种茧调查和制种等生产过程中，未见明显异常表征。但其中一个饲养批的母蛾微粒子病检测结果为严重超标，且大部分母蛾样本被检出有大量家蚕微粒子虫孢子，该批蚕种生产全军覆灭。对于同期场本部饲养的其他批次原蚕种，母蛾微粒子病检测结果为未检出或极少被检出。该专业蚕种场由此推测，该批蚕种生产全军覆灭的原因并非饲养环境（桑园和蚕室等）和养蚕过程中的技术失当，可能与原蚕种的微粒子病检疫结果有关。

蚕种质量溯源　该批发生严重家蚕微粒子病感染的原蚕种由原种生产单位生产并实施家蚕微粒子病检验（产品生产和质量检验同体），检验结果为“检出合格”。原（蚕）种家蚕微粒子病检验为母蛾全检，如检测和淘汰不出现问题，原蚕（种）饲养生产的一代杂交蚕种不应该因蚕种胚种感染而全军覆灭。

涉事相关方及诉求　涉事直接相关方包括产品（原蚕种）使用方、产品（原蚕种）提供方和产品质量检验方。生产一代杂交蚕种的专业蚕种场为产品（原蚕种）使用方和经济损失方。原种生产单位为产品（原蚕种）提供方及质量检验责任方。

产品（原蚕种）使用方的主要诉求：①查明导致严重养蚕病害的主要原因，为一代杂交蚕种生产中家蚕微粒子病防控技术方案的制订，或原防控方案的改进和完善提供依据；②明确生产责任；③经济损失的妥善处理。在当时社会经济历史（蚕种场为国有制）背景下，明确生产责任对其可能更为重要。

产品（原蚕种）提供方的主要诉求：产品使用方必须提供充分依据或证据，从而明确责任。

蚕种生产行政主管方为协调方，组织涉事直接相关方和教学科研机构进行会诊。制订养蚕病害（家蚕微粒子病）的主要原因确诊方案，即对产品（原蚕种）使用方提供的收蚁后剩余物（包括未孵化蚕卵、未收起的蚁蚕和卵壳），进行实验室家蚕微粒子虫检测。以是否检出家蚕微粒子虫为双方诉求判断和决策的依据。

2. 信息收集与调查分析

家蚕微粒子虫检测涉及检测技术的灵敏度或技术方法问题。如实验室检出家蚕微粒子虫，可以确定原蚕种携带家蚕微粒子虫，或原蚕种生产方或检验方可能存在缺陷；如实验室未能检出，也不能确定原蚕种没有问题。该问题在理论上涉及家蚕微粒子病的流行病学问题，即多少量的家蚕微粒子虫孢子或多少颗有病蚕卵（风险阈值），将导致一代杂交蚕种的全军覆灭（鲁兴萌，2017）。

实验室检测是一项挑战性工作，没有标准或现成的检测技术。此次实验室检测最初针对产品（原蚕种）使用方提供的样本——收蚁后剩余物，挑选死卵、未孵化卵和死亡蚁蚕等，进行一定规模的单个检测，都未能检出微粒子虫孢子。实验室人员经过讨论和思考后，决定进行大样本量的检测，即吹去所提供的收蚁后剩余物中的孵化卵空壳，称取10 g未孵化卵和死卵（为主），用1%的碳酸氢钠溶液浸渍2 h，再用组织捣碎机磨碎，经过滤和离心等程序后进行光学显微镜观察。观察发现家蚕微粒子虫孢子，并留下了清晰的照片（证据）。同时起草检测报告送交蚕种生产行政主管方（协调方）。

3. 系统分析与综合决策

根据涉事相关方的实验室检测前协定，发病主因和责任的明确问题可以推进或得到解决。但产品提供方（原蚕种的生产方）质疑，产品使用方（原蚕种饲养方）所提供的收蚁后剩余物真实性不够（存在事后添加家蚕微粒子虫孢子的可能）。在理论上，质疑没有逻辑问题；在本质上，涉及信任问题。事实上，在现实状态下产品（原蚕种）使用方找到或拥有家蚕微粒子虫孢子都是十分困难的事情，或者说产品（原蚕种）提供方的质疑是极低概率事件。

此外，该批原蚕种的家蚕微粒子病检验为生产方自行实施，缺乏公信力。

此次养蚕病害涉及一个家蚕微粒子病的流行病学问题，即“原蚕种群体中有家蚕微粒子虫胚种感染个体，是否就可造成一代杂交蚕种的全军覆灭”。

在协调方与涉事双方讨论和协调后，形成3条决策意见：①不强调事件责任方的明确定义，由协调方承担主要经济损失；②今后一代杂交蚕种生产单位必须将收蚁后的剩余物封存（专用纸袋和盖章）；③原蚕种的母蛾家蚕微粒子病检验统一由省级蚕种质量检验检疫机构负责实施。

4. 事件再发生与再分析

1996年春蚕期，同上区域两个一代杂交蚕种生产单位饲养去年相同原蚕种生产单位生产且发生严重家蚕微粒子病的同一批原蚕种，场本部饲养到5龄期，发现大量微粒子病蚕。解剖部分病蚕，可见丝腺出现乳白色脓疱状肿胀。家蚕病理学界认为，该病变的出现一般为小蚕期少量感染所致。收蚁后封存剩余物的实验室检测显示，有大量样本可检出家蚕微粒子虫孢子（检测技术提高）。

家蚕病理学研究认为，雄蛾在交配过程中，不会将家蚕微粒子虫孢子带入蚕卵，即不会发生事实上的胚种感染。是否可将发病批的雄蛾与健康批的雌蛾进行交配以生产蚕种，降低对交蚕品种的无端浪费，从而降低经济损失？尝试继续生产的结果是蚕种全军覆灭。

事件再发生的两个经验教训：①产品（原蚕种）提供方及上年度事件处理过程中的相关方和人员，对上年度出现的问题严重性缺乏足够的认识（或缺乏经验和科学实验支撑），未能坚决淘汰或不使用已发生危害的同批次剩余原蚕种。②家蚕微粒子病检验技术发展的滞后，导致对风险阈值的量化分析研究和成品卵检测技术的缺失，从而未能对同批次剩余原蚕种进行风险评估。

5. 综合决策再细化

再发生事件的后续处理并不复杂。基于区域内家蚕微粒子病的大规模流行（一代杂交蚕种的年淘汰率约20%以上），以及本事件发生中技术管理上的缺陷，在防控技术上形成了以下新的技术要求：①原种和一代杂交蚕种的质量检验（包括母蛾家蚕微粒子病检验）全部由蚕种生产行政主管方机构统一进行；②缩小原蚕种的单元饲养规模（原为300 g，后续又取消了原蚕种的散卵形式），加强母蛾袋蛾工作和开展飞行检查；③一代杂交蚕种生产用的原蚕种饲养规模（批段）不得超过20 g；④一代杂交蚕种生产过程中，原蚕种收蚁后的剩余物必须封存，同时应该做好微粒子病的预知检查和迟眠蚕淘汰工作，1 ～ 2龄迟眠蚕必须进行家蚕微粒子病检测，一旦发现微粒子病样本，应上报蚕种生产行政主管方，并组织相关方对收蚁的剩余物进行复查，加强发蛾促进检查工作；⑤加强消毒防病工作等。该技术要求后续发展为家蚕微粒子病“三控一严”的技术体系（林宝义和吴海平，2000）。

为了解决1 ～ 2龄迟眠蚕和发蛾促进检查工作的需要，浙江大学（原浙江农业大学）家蚕病理学与病害控制研究室提出了采用以水果匀浆机（带滤网）提高检出率的简易方法（鲁兴萌等，1997和1998）。

6. 事件与思考

在科学问题上，事件提出，原蚕种携带多少家蚕微粒子虫（绝对量或病卵量），将显著影响一代杂交蚕种的生产。该问题涉及两个方面：①流行病学的问题，即有病卵在蚕卵（或一代杂交蚕种）群体中的扩散规律问题；②风险阈值的确定问题，即一代杂交蚕种允许携带家蚕微粒子虫的绝对量或病卵量（不会对丝茧育生产经济性能产生显著影响）。已有研究表明：原蚕种携带的家蚕微粒子虫在蚕卵（或一代杂交蚕种）群体中是一种连续的扩散模式，即使极低混入量，在一代杂交蚕种到达蛾期后也可被大量检出。在现有0.5%允许病蛾率和95%置信区间的风险阈值下，原蚕种携带家蚕微粒子虫，必然导致一代杂交蚕种的全军覆灭（鲁兴萌等，2017）。

在技术问题上，事件涉及两个技术问题：①收蚁后剩余物的检测技术问题。随着仪器设备和检测技术水平的进步，实验室的检出效率和灵敏度可以得到大幅的提高，但对其灵敏度极限在哪里或应该达到多少，研究并不充分。2015年春蚕期，某原蚕区饲养原蚕，生产一代杂交蚕种，头眠和2眠的迟眠蚕都检出了家蚕微粒子虫孢子，生产结果为全军覆灭。其中两批原蚕种的收蚁后剩余物家蚕微粒子虫检测结果分别为检出和未检出。这个案例遗留了诸多问题：是饲养环境家蚕微粒子虫污染所致，还是收蚁后剩余物检测灵敏度不够导致。②一代杂交蚕种家蚕微粒子病检测的样本对象问题。目前普遍将母蛾作为检测对象，这在社会学和科学性上都存在大量问题（鲁兴萌，2015）。在技术上，间接检验的本质决定其对产品评价的真实性不充分。例如，本案例（1995年秋蚕期）中以下问题无法回答：有病雄蛾与健康母蛾交配后所产蚕卵或蚕种是否会影响饲养；有病母蛾检测结果与蚕卵或蚕种的对应性问题。以成品卵为检测样本对象，则涉及检测技术及风险阈值的制定等管理上的问题。

在管理问题上，事件中产品（原蚕种）提供方与产品质量检验方同体，在管理形式上缺乏可信度，但问题的本质在于检验监管的缺位。生产者对自身产品质量的检验是其基本职责，社会监管是正常社会生产体系的基本要求。该问题不仅涉及家蚕微粒子病检验技术的发展，也是养蚕业可持续发展的重要影响因素之一，但至今仍未得到有效解决。家蚕微粒子病防控最为关键的蚕种检验（或检疫）法律定位模糊，管理机制与国家农业产业市场化发展趋势相悖，导致技术研发的市场牵引力消失，科技对产业的支撑作用明显弱化。

3.3.2　区域产业结构布局失当

区域产业结构布局由区域广义资源优势和社会经济空间布局的发展变化决定，即在不同的社会经济发展阶段，区域产业结构布局在不断变化。社会经济的快速发展必然经历产业结构的多样性和开放性增加过程。

农桑社会结构在我国具有长久的历史，即使到20世纪改革开放后蚕桑依然是外汇获取的重点产业。在相当长的历史阶段中，养蚕业在我国蚕区（如太湖流域等长江中下游区域）都是传统优势产业，在社会经济的空间布局中占有很大的比重。在养蚕业依然是我国部分农村或农民（桂滇川渝苏浙粤等蚕区）获取经济来源重要途径的今天，养蚕业在局部区域仍占有较大的比重（如广西的宜州、忻城和环江等）。区域产业结构布局的变化，是区域社会经济发展过程中必然发生的事件。20世纪80年代，在太湖流域大量涌现的砖瓦窑，曾经是养蚕业的死敌；20世纪90年代，化学工业相关企业的蓬勃发展，也给养蚕业带来巨大威胁。产业结构布局的调整中，对周边产业和生态环境影响评估工作的缺位或不规范，极易导致养蚕业灾难性损失或群体事件的发生。今天的养蚕高度密集区域，在社会经济发展过程中，或产业结构布局调整中，很有可能遭遇类似的问题。

案例 3-2　蚕区布局吡虫啉生产企业导致的大规模养蚕中毒

在1998年春蚕期，某蚕区发生大规模的养蚕中毒，发生范围达数平方公里（家蚕出现相同中毒症状的饲养点的最大距离可达5公里），涉及蚕种约5万张。蚕农提出，去冬今春在蚕区建成的一家工厂为污染源，要求政府主持公道，确定养蚕发病主要原因并赔偿经济损失。

1. 病害发生基本情况

蚕区所在养蚕主管行政部门在发现问题后，组织相关专家到现场进行了考察和调查。该蚕区所饲养蚕品种和同批次蚕种在其他蚕区饲养未见异常，蚕种质量检验溯源未见异常，家蚕表征为中毒。由此确定：此次病害与蚕品种及蚕种质量无关，属于中毒，但中毒原因不明（即病害主因未能确定，未达成诊断根本目的，或未解决蚕农诉求）。

蚕区所在环境保护主管行政部门对蚕区主要环境污染物进行检测，未见环保要求污染物的明显超标（由于技术本质上或保护对象上的不同，环保和养蚕部门容易处于两条不会相交的平行线上）。

项目企业方在外部压力或自身可持续发展需求下，即刻停止产品生产，并主动寻求问题根源。

群体事件的前处理　前期诊断和环保检测并未解决问题本质，蚕农诉求未得到有效解决。在环境保护主管行政部门进行环境检测前，曾发生大量蚕农上访事件，而环境检测结果又无法回应蚕农诉求。期间区域内相关行政部门，特别是农业部门，虽然开展了大量辛勤的调查工作，但因缺乏技术性说明，并未有效平息蚕农激动的诉求情绪。由此，出现了数百名蚕农或相关人员前往省政府诉愿的场景，或者说发生了群体性事件。

负责现场事件处理的省政府人员（S）面对群情激奋，数百名诉愿者纷纷陈述个人意见的场景，指出无法听清具体意见的事实，建议在场诉愿群体选派代表到办公室反映情况和诉求（既有现场推进事件处理的合理性，又有良好的隐性威慑作用）。诉愿群体在几经思考和商量后，派出5位代表到办公室反映情况和诉求。S在认真听取代表反映和记录相关情况后，提出以下处置方案：将组织全省所有可能与该事件相关的专家或技术人员在当日晚上12点以前到达事发地，次日上午开始进行现场调查，下午4点给出初步结论。征求5位代表的意见，并得到5位代表高度赞同（勇于承担责任，有效取得代表和群体的信任）。S再提出次日与谁联系和向谁给出初步结论的问题（既合情合理，又持续适度推进威慑作用），5位代表犹豫再三后，提供了1个手机号码（并非5位代表中某个人的电话）。S与5位代表一同将上述沟通结果和工作计划与诉愿群体表述后，现场事态即刻得到平息。政府同步提供了交通工具和食品，为诉愿群体提供返程便利。

该处理是一个应急处置群体事件非常完美的过程，充分体现了事件处理主持人（S）对社会学和心理学的深刻理解和处置强度的精准把握，即：造成经济损失的养蚕中毒对蚕农来说是一件十分重大的事（民本意识和不忘初心），明确的工作计划可以让诉愿群体信服，有效平息蚕农的焦虑；诉愿群体（蚕农）总体上是一个遵纪守法的群体，采用与代表沟通的形式，既可达成有效收集信息的目的，又在一定程度上唤醒诉愿群体的守法意识。

2. 信息收集与调查分析

实验室参与调查的机缘非常偶然。实验室位于浙江大学华家池校区（原浙江农业大学）校门进门后的第一栋建筑物。某日（在养蚕中毒发生后，群体事件发生前），企业方负责人（X）进校遇楼停车，上楼邂逅下楼的诊断者。一句“何处可以给蚕看病?”，让两者一同回到2楼办公室，交流相关情况。

前期信息　企业方在1997年开始“新型农药吡虫啉生产项目”工程建设，所在区域为养蚕（桑园和养蚕户）高度密集的蚕区。1998年4月完成建设，并进行了试生产。期间，因出现异味以及在厂区南侧桑园地块部分桑叶出现泛黄斑块现象（该侧有2个高约20米、直径0.3米的烟囱：1个燃煤排气，1个产品干燥用喷淋塔排气），遭到周边农民抗议。企业方对桑叶的损伤做出经济赔偿，并对工艺和设施进行完善后，在5月4日开始大规模生产。生产进行一周后，周边养蚕农户发现家蚕中毒现象，并向农业部门反映，农业技术部门初步调查发现，养蚕中毒涉及5000张蚕种以上。蚕农提出，烟囱是污染源（前期该侧曾出现桑叶泛黄斑块）。企业方负责人随带家蚕样本，寻求问题发生缘由。家蚕均表现为痉挛状死亡。

初步分析　①该种农药的生产工艺是一个全程封闭的化学反应过程，在化学原料加入时可能存在泄漏问题；对原料中多种化学物质进行文献检索，未发现对家蚕剧毒的化学成分；进行简单的逻辑推理，原料对家蚕的毒性应该是有限的，否则不需要经过繁复的工艺流程来合成杀虫产品。②提供病蚕的症状和病害发生程度，与燃煤引起的家蚕中毒症状和危害严重程度不尽相符；粉末状的终端产品在抽气干燥中通过水道和喷淋塔排气泄漏的可能性也不大，燃煤烟囱和喷淋塔是问题根源的可能性较低。③该农药对家蚕具有很强的毒性，并非企业方认为的“低毒”，企业方对该农药“高效低毒”的认识有严重偏差（项目设置地点严重失当的原因之一），“高效”是针对害虫（包括家蚕等），“低毒”则是对人而言。养蚕对环境要求较高，养蚕区域建设污染排放企业极易造成养蚕中毒，并引发群体事件。对于农药生产企业（包括农药分装企业），这种风险则更高。此外，虽然国家要求企业立项时必须对拟建项目对所在地主要农作物的影响进行评估，但由于该评估在人力、物力和时间的消耗较大，往往在企业立项评估中被省略。这也是企业立项合法性不充分，项目设置地点严重失当的另一个原因。

前期调查　实验室确定从以下3个方面开展调查：①有毒化学物的调查，调查生产过程中使用主要原料及成品（吡虫啉）对家蚕的食下和熏蒸毒性。②厂区主要污染源的调查，从厂区出发向四个方向扩散（图3-24），进行不同距离的桑叶样本采集，进行实验室2龄蚕饲养生物学试验。③污染物的类型调查（粉尘还是气体），对厂区污染源调查中采集的桑叶样本细分，按上、中、下部位桑叶进行实验室2龄蚕饲养生物学试验。

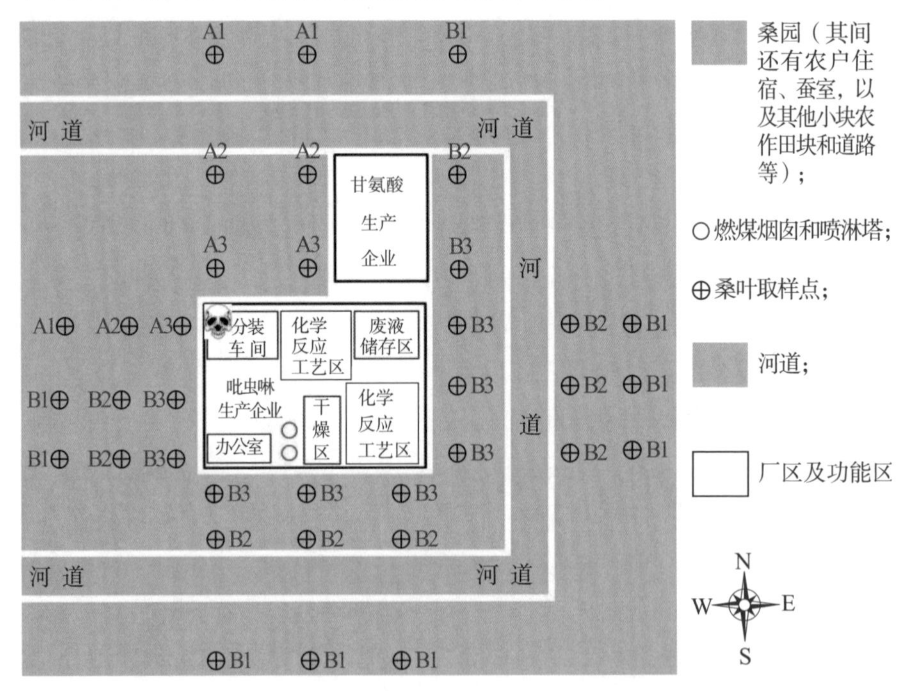

图3-24　吡虫啉生产企业内功能区和周边桑园及其他企业分布示意

通过主要原料（涂抹桑叶）的食下中毒试验和毛细管熏蒸（蚕或蚕+桑叶）试验，未见化工原料对家蚕的明显毒性。成品（吡虫啉）的食下中毒试验和毛细管熏蒸试验表明，吡虫啉对家蚕有明显毒性，其毒性以食下毒性最为严重，病死蚕出现的症状与初次送来并要求诊断家蚕病害的样本类似（蚕体呈“S”形，见图3-20A）。厂区污染源调查表明：厂区西北侧桑叶样本对家蚕的毒性较大，且具有明显的距离差异性（在图3-24标注的A样本点中，取样点数字越大，家蚕中毒情况越严重），即距离厂区西北角越近，桑叶毒性越大，家蚕中毒情况越严重（蚕的中毒症状明显和中毒蚕数量多）；其他样本点（图3-24标注的B样本点）桑叶对家蚕的毒性呈随机状，即无明显的距离差异性，部分样本点桑叶未见毒性。对毒性具有明显距离差异的桑叶样本（图3-24标注的A样本点），分上、中、下部桑叶进行家蚕毒性试验，结果显示：从桑树枝条上部到下部叶位，桑叶毒性呈下降趋势，即枝条上部叶毒性大，下部叶毒性小。在B样本点（桑叶样本的毒性未见明显距离差异），枝条上部桑叶导致家蚕中毒的样本数明显多于枝条下部桑叶。所用桑叶喂蚕后，家蚕出现的中毒症状与初次送样病蚕（企业方负责人初诊随带家蚕样本）及成品（吡虫啉）添食中毒蚕的症状基本一致。

根据上述实验室调查结果，判断造成该次养蚕发生大规模病害（中毒）的主要污染物为吡虫啉，污染的主要来源位于厂区的西北角，污染物主要是粉尘而不是废气（与蚕农的指向不同，并非厂区南侧的燃煤烟囱或喷淋塔）。

3. 系统分析与综合决策

此次实验室调查工作基于诊断者对病害发生原因的追究和化工企业主动性（所有化工原料和桑叶样本均为企业方提供）的结合而展开，与养蚕病害发生的利益受损方（蚕农）和发生群体事件后的协调方（养蚕病害发生区域各级地方政府和省政府）间发生的相关事件过程无交集，具有较好的前瞻性和客观性。

信息再收集　在群体事件发生后的当日下午，省政府群体事件处理主持人（S）组织和召集了化工、环保和相关行政部门的10多位专家和责任人，到达事发蚕区的行政区域，并召开第一次情况通报会议。养蚕病害发生区域地方行政部门和环保部门汇报事件发生经过，以及该工业项目环境评价过程，并提供相关技术报告及材料。其间，也有专家提出：项目技术支持方与环境评价方为同一法人（同一单位），属环保中的程序违规。会议强调所有信息在处理结束之前不得外泄。确定次日午前完成现场考察，下午4点前讨论后形成初步技术意见，下午4点向蚕农或事件相关方报告调查初步结论和后续处置方案。在环境评价报告中，未见主要原料或污染物对家蚕的毒性评估，也未见该项目对周边主要农业项目（包括养蚕业）的危害评估（环境评价必须具备程序的缺失）。

现场考察　厂区内部功能结构分布、周边桑园和事前取样的分布，及其他企业等的具体位置分布如图3-24所示。在现场考察中，专家对厂区内各功能区域，周边河道、桑园，以及另一工厂周边都进行了观察。从发生养蚕中毒的严重程度的方位和距离梯度分析，毒源在厂区的西北侧，该位置为产品（吡虫啉）的分装车间，即将大量的粉末状成品分装到小的铝膜袋中的过程实施场所。分装车间地面散布着大量的吡虫啉粉尘。当作业人员被问及如何防范时，告知通过戴口罩和北侧墙面上的排风扇降低车间内粉尘对作业人员的危害。分装车间北侧墙面可见5个直径约1米的排风扇。

在厂区未闻到刺激性异味，包括厂区东北角的废液储存池及废液（虽然处于停产状态，但废液尚未处理）；厂区东北侧外面的甘氨酸生产企业，周边杂草大量泛黄；坐船沿厂区周边河道考察，撑船的竹竿插入时河底不断泛起大量的气泡并散发臭味，河水明显发黑，并有不少死亡的鱼和河蚌漂浮于水面；桑树和桑叶未见明显的异常症状。现场考察中，蚕农反映：①虽然周边还有一些印染企业，但同甘氨酸生产企业一样都是开工多年，从未发生养蚕中毒事件；②吡虫啉项目工厂的2个烟囱在生产期间有烟气冒出是主要原因，产品企业负责人当着他们的面用手指蘸取产品粉末吃，以此表明产品无害。在现场考察期间，同步进行了桑叶样本的采集。

系统分析　根据前期实验室调查和现场考察，该次发生养蚕大规模中毒的主因可以判断为粉末状吡虫啉成品外泄，污染源为分装车间。主要依据：①成品吡虫啉中毒蚕的症状与养蚕现场家蚕中毒症状一致。②厂区周边环境中，实验室调查以西北角分装车间周边桑园桑叶养蚕中毒最为严重，且呈现明显的距离梯度，与该蚕区的季风为东南风的气象条件及排风扇的强力外排吻合，与蚕桑农业部门调查养蚕中毒发生时间经过、中毒发生程度的地理和风向位置吻合。③在桑树枝条上，桑叶叶位越高，毒性越强。这一特征表明，有毒物为粉尘（与成品相符）。④该蚕区还存在其他环境污染物，对养蚕具有一定的威胁或微效影响，但不是本次养蚕中毒的主要原因。根据区域养蚕多数已处于5龄后期的基本事实，建议已发生严重养蚕中毒（中毒蚕比率较高）农户和企业厂区附近桑园养蚕农户，尽快结束养蚕，整理养蚕场所，为下次养蚕做好充分准备；养蚕中毒较轻或远离企业厂区的农户，尽快更换和使用未被污染桑叶饲蚕，保持蚕室温湿度的合理性和良好的通风气流，防范传染性病害发生，尽力减少蚕茧和经济损失。

会诊与决策　下午在乡镇会议室，省政府事件处理主持人（S）与该市分管工业的副市长（H）主持会议，省政府召集的环保、化工和蚕桑相关专业人员，地方环保、农业和养蚕中毒发生区域的区和乡镇政府人员参加。行政区农业分管区长汇报中毒发生经过、涉及行政区域范围、中毒蚕数量（约5万张），以及涉及损失的进一步细化调查和农民情绪安抚等工作状态；省政府召集的环保和化工相关专业人员分别论述了个人的观点和意见；诊断者（笔者）是专家组中唯一的蚕桑专业人员，属于晚辈人士而最后发言，简单陈述前期实验室调查经过，以及现场考察后的系统分析和综合评价意见（上述4条）。其后，个别环保相关专业人员质疑：如分装车间为污染源，则属于无组织排放污染，不应该污染到如此远的桑园（约5公里）。当时笔者给出的解释是：污染物是粉尘，在沉降于桑叶表面后，如果短期内未分解，则可能随着季风不断向下风向扩散污染（后续虽未进行相关的调查和研究，但类似中毒情况的发生，证实了该种解释）。政府事件处理主持人（S）与该市分管工业副市长（H），在认可笔者上述系统分析和综合评价及讨论意见后，提出会诊结论：①该工厂项目在环保管理上存在明显违规（环评、废水处理和成品包装等），工厂在未提出相应解决方案和措施之前不得开工，省环保局将对有关单位和人员从环保法规的层面进行处罚；②养蚕中毒的主要原因分析以笔者的意见为主；③涉事乡镇干部必须做好蚕农的稳定工作，同时配合农业部门做好养蚕损失的调查工作，蚕农的养蚕经济损失政府一定会主持给予解决（未明确企业方出资，稳住蚕农，又未刺激企业）。到会专家组成员和地方各级政府行政部门人员赞同该结论，下午4点前乡政府行政主管联系手机联络人，召集蚕农代表并宣布结论，得到蚕农的高度认可。蚕农情绪得到稳定，事件得到有效平息。

现场处置结束后，笔者随省政府事件处理主持人（S）、该市分管工业副市长（H）和所在区农业分管区长（P）前往市政府，分别向该市常务副市长（C）汇报事件调查和处置情况。C明确指示：以蚕农为中心，按照汇报处置方案有序推进各项工作。H分工负责处理企业和环保后续相关事务。P分工负责处理蚕农安抚和养蚕经济损失调查。尽快落实部分补偿资金，由市政府常委会议决策并确定事件处理的最终方案。

4. 后记

政府主导的综合决策　现场综合决策和后续工作落实中，充分体现了政府主导下事件高效处理的及时性。各级政府和相关部门人员的高度责任感和民本意识，认真调查、全面收集各类信息的工作态度与精神，以及充满智慧的应急处理方式，都给人留下了深刻的印象，让人受益匪浅。

吡虫啉对家蚕毒性的新问题　吡虫啉在当时属于新农药，人们关于吡虫啉对养蚕业危害的认识几乎空白，前期实验室调查和现场调查所获结果或信息在处理现场问题中基本满足了技术的支撑要求，但企业项目是否继续运行和吡虫啉对养蚕业的危害程度评估等问题依然存在。在后期是否继续运行的论证会中，化工方认为生产过程为全封闭，废液按照原方案进行焚烧处理，分装车间改成密闭型等这些条件都是做得到的；但笔者提出，事件已证实了企业项目对周边主要农作的影响，无法达到环境评价要求，再则难免不出生产事故（不是风险问题，而是爆仓问题），一旦发生泄漏，处置会更加困难，因此建议搬迁厂址。商议结果：企业搬迁。后续，实验室继续开展了有关吡虫啉对家蚕毒性的研究，发现该农药是家蚕的“剧毒”农药，且在桑叶上的残留期很长（30～45天，在部分蚕区至今仍为禁用农药）（鲁兴萌和吴勇军，2000），也证实了事件中扩散污染面积很大的特征（颗粒状或粉尘状污染物不断随风迁移的特征。后述阿维菌素养蚕中毒案例处置中，本案例既是再次证实，又是有效经验）。

涉事相关方的表现 蚕农是养蚕经济利益的受损方，也是经济上的弱势群体，虽然有过激行为，但还是有节制和基本守法的群体，并具有较强的法律意识；企业方是养蚕中毒的加害方，但在前期实验室调查中，积极主动配合实验室开展调查并进行各类样本的送递，实验室与现场调查结果的一致性也充分证实了该企业是一家具有高度社会责任感的企业。企业在立项认证（环境评价）中的漏项失误，或对"高效低毒"概念理解的偏差，最终导致企业或投资方的重大经济损失。

案例3-3 蚕区布局阿维菌素生产企业导致的大规模养蚕中毒

2004年中秋蚕期，甲地发生小规模养蚕中毒。

2005年春季，在甲地3个行政区县（D、W和N）交界处发生大规模养蚕中毒。

2007年春蚕期，在甲地和乙地（HN、WD、HY和TX 4个行政区县）两个不同地市行政区域蚕区发生大规模养蚕中毒。

2017年春蚕期，在甲地3个行政区县（D、W和N）交界处再次发生养蚕中毒。

上述养蚕中毒的发生主因均为阿维菌素生产企业（包括分装企业）的存在。

1. 病害发生基本情况

在2004年中秋蚕期，甲地D行政县宋市村发生养蚕中毒，笔者应邀前往现场考察诊断，走访5户蚕农和视诊蚕室蚕座内情况。结果显示：家蚕出现异常表征的情况基本一致，即食桑不旺；部分家蚕胸腹足失去把握能力，而呈背向"C"形侧卧；病蚕未马上死亡，而伏于残桑之中（图3-25A）。判断此次养蚕病害为中毒。

蚕农反映该村北偏西方向有大烟囱（图3-25C），且经常排出刺激性气体，人体有明显不适感，该"毒气"可以使农作物上的害虫都死光，桑园已没有害虫。

根据多户蚕农出现相同养蚕中毒症状的特点，怀疑桑园出现问题。据此了解桑园及周边主要农作的农药使用情况，春季桑园和农作一般不使用农药。桑园现场考察发现有桑蟥（与蚕农反映不一致），桑蟥均呈中毒状（图3-25B），且中毒症状与蚕室内家蚕（图3-25A）一致。判断桑园为养蚕中毒来源。

从D行政县宋市村出发，向烟囱方向行进，在与烟囱不同距离的桑园地块采集桑叶，进行实验室喂饲生物学试验。结果：距工厂最近的桑叶样本喂饲20条家蚕后，有5条家蚕表现明显中毒症状；次近桑园地块采集的样本喂饲家蚕中有2条家蚕表现明显中毒症状；其余样本喂饲家蚕未见明显中毒症状（因采集的桑叶样本数量有限，未能持续试验到结茧阶段）。试验中家蚕表现的中毒症状与农户饲养家蚕的中毒症状基本一致，背向"C"形侧卧（图3-25C为最近端，图3-25D为较远端）。由此，判断"中毒"来源为该烟囱所在区域，也符合该区域中秋蚕期以北偏西为主要季风的气象特征。该烟囱属于甲地D行政县阿维菌素生产企业，但周边还有众多其他化工企业。

图3-25　宋市蚕区不同桑叶样本对家蚕的毒性及家蚕中毒症状

注：A. 蚕室内中毒家蚕；B. 中毒桑蟥；C. 工厂最近端桑园及其桑叶喂饲的家蚕；D. 工厂较远端桑园及其桑叶喂饲的家蚕。

该次养蚕中毒的诊断任务基本完成，地方政府也有效解决了蚕农的诉求，但中毒物是何种有毒化学物质并未明确。

从怀疑阿维菌素出发，收集该农药并开展相关实验。该农药是国家新推荐的一种农药，是由放线菌产生的代谢物，经过改性可以生产依维菌素和甲氨基阿维菌素苯甲酸盐等，可用于人、畜牧业和植物害虫防除。实验室调查发现：阿维菌素是家蚕的剧毒农药，致死中浓度（LC_{50}）为0.1 ～ 10μg /L；该浓度不仅导致4龄蚕死亡率的显著上升，且眠蚕体重等生理指标明显下降；不同蚕龄期间家蚕的抗性差异不明显（张海燕等，2006），表现的中毒症状略有差异，小蚕期背向“C”形侧卧和吐液的症状更明显（图3-21D）；大蚕期侧卧和腹足后倾更明显（图3-26A及图3-21A），还有大蚕后部环节出现瘪陷等较为特殊的症状（图3-26B）。

2. 信息收集与调查分析

2005年春蚕期，甲地发生大规模养蚕中毒（图3-26C—F），5月28日前往现场考察诊断。

养蚕中毒发生区域蚕桑技术主管汇报相关过程和情况。25日蚕农首次反映养蚕中毒，蚕桑技术人员即刻开展调查，当日发现14户蚕农25张蚕种发生中毒；27日调查发现，泉心村、泉庆村和泉益村有数百户蚕农养蚕发生中毒，涉及蚕种约1000张，事态呈扩大状；预期上蔟时间为27日，但未见明显上蔟迹象，多数家蚕仍在缓慢食桑，群体中陆续出现侧卧、腹足后倾和少量吐液症状家蚕；南侧行政区域（D行政县 ）收蚁早1天，中毒程度略低于北侧，北侧以西北方向最为严重，且呈明显的距离梯度条状分布，发生中毒距离最远的农户与养蚕中毒严重农户间相距约5公里，由此怀疑东南方向的大烟囱（即前期调查中的“甲地 D行政县阿维菌素生产企业”）为污染源，怀疑家蚕“杀虫双”类农药中毒。企业相关信息显示，该工厂是年产40吨的阿维菌素企业，生产工艺为发酵生产，发酵和粗提等工艺过程都在反应罐或管道中进行，成品为粉状物，干燥采用加热和喷淋装置，但生产过程中有刺激性气体排放。5月初停止生产，但分装工序间歇性进行，23日晚继续开工生产。

图3-26　实验室阿维菌素中毒蚕症状（A和B）和甲地农村中毒蚕症状（C—F）

注：A. 尸体软化（箭头所示）；B. 尾部环节瘪陷（箭头所示）；C. 尸体软化，腹足后倾（箭头所示）；D. 少量吐水（箭头所示）；E. 大量病蚕；F. 不结茧状。

根据前期收集信息，对W和D行政区县交界地的郑家坟村、泉庆村和泉益村等养蚕区域（图3-27）农户养蚕情况、桑园分布和周边环境等进行了现场考察。现场考察显示情况与信息收集中反映情况基本一致。

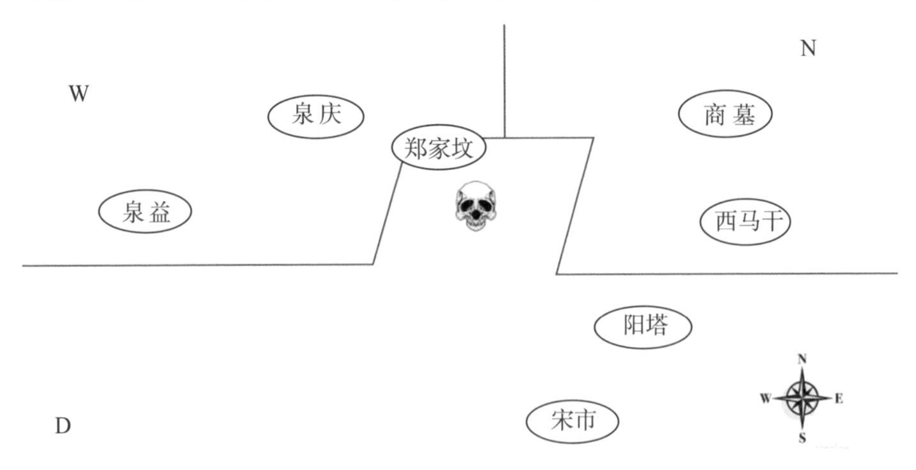

图3-27　甲地养蚕中毒区域企业与养蚕桑园分布示意

3. 系统分析与综合决策

会诊与决策由省蚕桑行政主管和W行政区常务副区长（P）主持，甲地政府（W、N和D行政区县的上级政府）蚕桑和环保的行政技术管理人员、省区相关技术管理和专业人员参加。

根据信息收集和现场考察情况，养蚕中毒原因判断为“阿维菌素中毒”（家蚕普遍出现阿维菌素中毒症状，未见杀虫双农药中毒“吐平板丝”等特征性症状）；污染源判断为D行政县的工厂烟囱所在区域（养蚕中毒的区域位于季风的下风向，且呈现明显的中毒距离梯度，与上年度D行政县的宋市村养蚕中毒情况一致）（图3-25和图3-27）。

建议　及时清理养蚕现场，桑叶不能再利用，及时进行桑枝伐条和做好下季养蚕的准备工作。

现场考察过程中采集不同地点桑园桑叶，后续实验室生物学试验结果显示：①试验家蚕中毒症状与现场中毒家蚕和阿维菌素中毒家蚕相一致；②家蚕中毒程度呈现明显的季风方向距离梯度；③饲喂低叶位（老叶）家蚕的中毒程度比高叶位（嫩叶）家蚕的中毒程度低（同案例3-2）；④现场采集的未见明显中毒症状的家蚕在实验室用正常桑叶和环境温湿度饲养后，结茧率极低且均为薄皮茧。

甲地政府做出以下综合决策：① D行政县生产阿维菌素企业负责蚕农养蚕经济损失（事后公布）；②农业部门负责养蚕损失情况调查和统计；③ W、N和D行政区县组织各级政府人员安抚蚕农情绪，保障社会和生产正常次序。

事件处理体现了甲地政府的果断、坚决和有效性，但从全面科学分析和避免类似事件再次发生的层面看还是有所欠缺的。例如，在现场考察中，很遗憾未能到企业现场实地考察，由于未能完全说服企业（或企业未能心服口服，明白事理），也埋下了2007年该区域再次发生大规模养蚕中毒的隐患。

4. 阿维菌素导致养蚕大规模中毒的再发生

2005年春蚕期是阿维菌素造成养蚕大规模及小规模中毒多发的蚕期。乙地最早发现农村大规模养蚕中毒，其后甲地及甲地附近等区域也相继发生不同规模阿维菌素导致的养蚕中毒。部分区域的蚕农情绪不稳定，群体事件一触即发。

信息收集　5月10日在乙地HN行政区域听取养蚕中毒发生相关情况的汇报。

上午3龄饷食1～2次叶后，利峰村首先发现和报告家蚕出现中毒症状；下午开展调查发现，东郊村、利峰村、勤民村、双喜村、双山村等5个村都有养蚕中毒发生；当晚金星村又报告出现养蚕中毒。发生养蚕中毒的村增加到6个，共计涉及养蚕农户1249户、饲养春蚕种2208张，其中东郊村、利峰村和勤民村3个村的情况最为严重，计644户1060张蚕种。5月11日下午，紧邻HN行政区域勤民村的WD行政区域农村发现类似情况。HN行政区域5月12日上午新增光耀村，5月12日中午新增双冯村，5月12日下午新增利民村、长田村、西环村和高丰村。至此，养蚕中毒区域范围发展到12个村，中毒蚕种5681张，其中严重中毒的1352户2124.5张（图3-28）。区域植保部门未布置大规模农药使用。

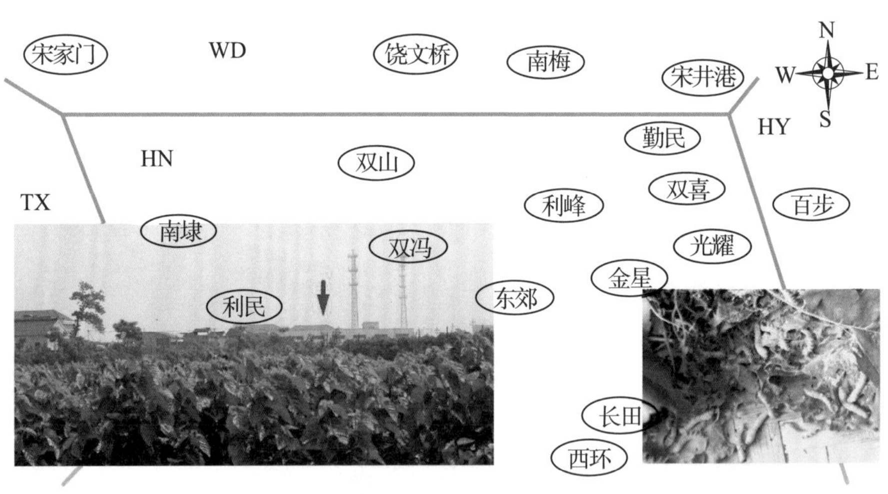

图3-28　乙地养蚕中毒区域企业与养蚕桑园分布示意

怀疑养蚕中毒污染源为蚕区附近的阿维菌素生产企业。期间蚕农有一定的情绪和强烈的经济赔偿诉求，地方行政人员开展了广泛而深入的疏导工作。

与阿维菌素生产企业相关人员沟通（5月13日），对方再三强调生产工艺为全封闭过程，不可能有污染物排放。问及可否到厂区参观，环境评价中对行政区域交界处是否征集过相关行政区公众意见，以及对周边蚕桑等主要农业的影响评价等相关问题都未得到明确的回答。个人认为这些问题都是澄清企业方责任和查明污染源的密切相关信息。同日乙地WD行政区域蚕区来电告知，在靠近HN行政区域蚕区发生养蚕中毒。

乙地HY行政区域电话告知（5月14日），该区域百步蚕区发现与HN相同的养蚕中毒现象。该日调查统计显示：乙地养蚕中毒涉及HN、WD和HY三个行政区域蚕区18个村和5200张蚕种，中毒范围正在不断扩大之中（乙地HN行政区域阿维菌素生产企业已停产，但已存在污染物可以继续导致家蚕中毒，再则涉事面广，调查统计需要时间）。

5月22日，前往乙地WD行政区域蚕区蚕种生产单位。种茧调查小样的健蛹率约为60%，出现大量不蜕皮或半蜕皮蛹。健蛹率虽然不符合要求，但为非传染性病害，对次代养蚕的影响相对较小。考虑到蚕种供应问题，决定继续蚕种生产。

现场考察　5月11日，第一次前往乙地HN行政区域，开展养蚕中毒相关现场考察。对利峰村、东郊村和勤民村部分养蚕农户养蚕进行现场考察和视诊，中毒家蚕普遍表现为头胸向上翘起，或蚕体软化，或侧卧和少量吐水等症状（类似阿维菌素中毒）。初步判断为养蚕中毒，同步采集桑叶样本。

同日（5月11日）下午4点左右，前往甲地（2005年春蚕期发生阿维菌素中毒蚕区），该区域3个村民组68户蚕农饲养的136张蚕种发生养蚕中毒。蚕农怀疑养蚕中毒由附近一家去年新建的农药分装企业污染造成，提出“养蚕中毒可以忍受，老人死了也可忍受，子孙后代怎么办，你们不能让我们断子绝孙”的尖锐问题。厂区大门被大量的泥土和垃圾封堵。现场考察厂区，企业为阿维菌素等多种农药的分装企业，已停止分装生产，车间地面基本洁净，但在窗台等处可见大量粉尘积累。

5月14日，前往WD行政区域蚕区现场考察南梅村（图3-28）等地养蚕中毒情况，中毒家蚕出现阿维菌素中毒症状。5月18日，再次前往该区域蚕种生产单位，现场考察养蚕中毒情况：中毒蚕表现为阿维菌素中毒症状，但相对中毒程度较低。

5月18日，前往HY行政区域距离前述养蚕中毒区域更远（约20公里）的蚕区，视诊养蚕中毒情况：中毒蚕类似阿维菌素中毒，但不明显（图3-28右侧）。

初步会诊 基于防范蚕农情绪的稳定需要，5月12日上午，会诊后提出初步的诊断意见。①据现场视诊情况（家蚕普遍出现头胸向上翘起、蚕体软化等类似于阿维菌素中毒的症状）判断，该区域养蚕发生的病害为阿维菌素等有毒化学物质引起的养蚕中毒。②在小横山以西约200米处桑园采集桑叶，在实验室喂饲2龄起蚕，18h后，家蚕出现类似中毒症状，表明该次养蚕中毒的发生与桑叶污染密切相关。③根据走访养蚕中毒农户桑园分布与发生家蚕中毒程度的轻重关系分析，污染源可能位于当地小横山的东南侧。④建议有关部门尽早查清毒源，尽快终止有毒物质的继续排放。⑤蚕农及时隔离中毒死蚕，适当降低饲养温度，保持蚕室空气流通，尽快购买无毒桑叶，或采摘下部污染程度相对低的桑叶，不要轻易倒蚕，尽可能减少蚕茧损失。妥善处理死蚕，要及时清理、深埋，防止腐败而污染环境。因中毒发生后，春叶大量多余，为避免夏蚕再次中毒，要求提早伐条，争取增养夏蚕。

实验室调查 5月11日，从乙地HY行政区域蚕区小横山西侧和甲地D行政县蚕区分别采集桑叶样本，进行实验室健康蚕的添食饲养试验。在次日上午和下午，家蚕分别出现阿维菌素中毒症状。其中D行政县蚕区桑叶样本饲喂的家蚕中毒更早、数量更多，HY行政区域蚕区桑叶样本饲喂家蚕的中毒程度相对较低。

5月13日乙地HY行政区域蚕区送3个桑叶样本到浙江大学，学校农药研究相关教师对样本进行阿维菌素残留检测。桑叶样本阿维菌素残留检测（5月16日）结果显示：其中1个桑叶样本的残留量为5μg/kg（阿维菌素的LC_{50}为0.1～10μg/L）（张海燕等，2006）。同日WD行政区域南梅村采集的桑叶样本生物学试验结果显示，家蚕出现相同的阿维菌素中毒症状（身体软化、腹足后倾和背向“C”形侧卧等）。

阶段性决策 基于社会稳定的需要，虽然尚未完全查明事件主因，但5月12日晚，HN行政区域事件处理负责人召集环保、农经和基层行政负责人等商讨决策。①明确中毒主因为阿维菌素中毒。②对于蚕农经济损失，由政府组织制订具体赔偿方案，农业部门负责具体养蚕损失统计。③阿维菌素生产企业立刻停止生产。④各级政府做好蚕农情绪稳定和社会安定工作。⑤蚕桑技术指导部门继续加强后续技术处理指导工作。

综合决策　由乙地行政部门确定事件处置综合决策。①养蚕大规模发生病害的主要原因为阿维菌素中毒，引起中毒的污染源为乙地的阿维菌素生产企业，但事件定性为农业事故。②乙地阿维菌素生产企业承担主要经济赔偿责任，相关区域行政部门做好所辖区域蚕农情绪的安抚工作和社会稳定工作，农业部门做好养蚕损失统计工作。③阿维菌素生产企业在未完成环保污染排放改造之前，不得开展任何生产行为，由环保部门实施监管。④蚕桑技术部门负责养蚕技术推广，以及无污染或低污染桑叶使用后的传染病防控，落实夏伐及下季养蚕准备等挽救措施。

甲地2005年发生阿维菌素的区域，在2007年再次发生大规模养蚕中毒。5月23日，相关人员前往图3-27中N行政区西马干村等养蚕农户家中，进行现场考察和诊断。现场家蚕表现为阿维菌素中毒（图3-29）。养蚕中毒涉及8个村的7500张蚕种。甲地阿维菌素生产企业未进行阿维菌素生产，包装车间仍在运行，但相关人员未能见到分装生产现场。5月26日，相关人员一起前往W和D行政区县，在泉庆村和郑家坟村等养蚕农户家中开展现场考察和诊断，现场与甲地N行政区的情况一致。在W行政区，4个村民组的220张蚕种出现明显中毒症状（图3-29）。D行政县的收蚁时间较W行政区早一天，发现中毒的时间虽然基本相同，但家蚕与有毒化学物接触的时间较短，或接触时间处于5龄较后时期。现场目测两地部分农户的损失：D行政县约为1/3以上，W行政区约为2/3以上（图3-30）。现场走访和考察期间，部分蚕农与笔者开玩笑："老师你太辛苦啦，可以回去了。我们有人在甲地阿维菌素生产企业分装车间上班，哪天在生产都知道，肯定是他们造成的污染。"因是同区域再次发生养蚕中毒，区域内蚕农和各相关部门都有经验（2005年后，全省多地曾开展过多次防止养蚕中毒的培训，其中阿维菌素是重要的案例），污染源的确定未经历太多的复杂程序。

图3-29　甲地养蚕中毒蚕和周边环境一

注：A. 阿维菌素生产企业及其烟囱远景；B—D. 现场中毒蚕（B 箭头所示为腹足后倾；C 为少量吐水；D 为后部腹节瘪陷）；E. 蚕室周边环境。

图3-30　甲地养蚕中毒蚕和周边环境二

注：A. 蚕区东南向阿维菌素生产企业及其烟囱远景；B. 泉庆村（W 行政区）农户中毒蚕；C—D. 郑家坟（D 行政县）农户不结茧蚕。

经历2005年和2007年两次大规模养蚕中毒后，虽然该区域未再发生大规模中毒，但在甲地还是有零星阿维菌素污染造成的养蚕中毒事件，如2009年秋蚕期 D行政县的东舍墩村和新市镇宋士村等地的养蚕中毒。2017年春蚕期甲地3个行政区县（D、W和N）交界处，再次发生阿维菌素造成的养蚕中毒，但污染程度较之2005年和2007年甲乙两地的情况要低，送法定检测机构检测桑叶也未能检出（该问题也是养蚕中毒鉴定中的一个难点），且该区域的养蚕规模也已缩小很多。至今该区域政府依然规定，蚕区阿维菌素分装企业不得在蚕期进行分装生产。

在经历了大量实地调查和实验室试验后，确定该类发病主要原因相对较为容易，但综合决策还是件十分考验决策者综合智慧的事。

5. 阿维菌素对养蚕业的影响

阿维菌素造成养蚕大规模中毒的相关事项：2005年，甲地阿维菌素生产企业对政府做出其为污染源的结论有不同的意见。在事发后不久，企业负责人曾与笔者在杭州进行了一次交流。企业认为，其企业所在区域为化工区，有大量零散小化工企业存在，他们是其中生产最为规范的大企业，该决策是"吃大户"的思维结果。企业计划停产并将生产线搬迁到外地，从而验证"吃大户"思维下的判断和决策错误。企业提出如果停产后蚕期再发生类似事件，政府应该赔偿他们的经济和名誉损失。对此，笔者提出3点个人意见：①大规模养蚕中毒为阿维菌素中毒，或养蚕中毒主因为阿维菌素污染，这一点不会错。②虽然所在区域为化工区，有众多不规范生产企业，但与阿维菌素类似的污染物的产生是很小的概率事件（参照案例2-28的处置方案可以证实）。③根据1998年吡虫啉养蚕中毒事件的经验，此次养蚕中毒应该由粉末状成品分装问题引起。虽然企业方未完全接受以上意见，但在事件处置上还是体现了足够的社会责任担当。企业方曾礼节性地邀请笔者去企业考察指导，遗憾的是，事后并未成行（也成2007年的后患）。

2006年，企业将生产线和分装等全部外迁。该年度企业原工厂所在地（甲地）的3个行政区域养蚕未出现大规模的阿维菌素中毒。2007年，企业因种种原因，将分装车间迁回原厂址（甲地），该区域再次发生大规模养蚕中毒。

2017年夏季，D行政县再次发生阿维菌素导致的养蚕中毒事件。笔者有幸到3家阿维菌素分装企业进行现场考察。3家企业都有阿维菌素分装业务，但分装产品的阿维菌素浓度不同，装备和设施条件也有所差异（个别分装企业的生产线自动化程度已达较高水平。分装流程中防止农药粉尘扩散的装备和技术水平远远高于1998年的吡虫啉生产企业）。该年度养蚕中毒后的处置：3家企业按照生产量等分担赔偿责任。根据经验判断推测：分装用原药和成品药的浓度及设施设备条件是影响农药扩散和养蚕中毒程度的重要因素。由此，政府公布养蚕期间不得进行阿维菌素分装作业，避免了大规模养蚕中毒的再次发生。

阿维菌素在农药或植保领域的发展趋势与养蚕的相关性：阿维菌素（包括甲氨基阿维菌素苯甲酸盐等）作为一种生物农药（链霉菌发酵或加工产品），以其低毒、广谱（尤其是对鳞翅目、双翅目及蓟马等的超高效）、无残留和无公害等优点而被广泛应用。该农药在2007年之前曾被称为贵族农药（价格较高），但在今天已经平民化。阿维菌素广泛的复配优势（已登记有900多个复配）使其在相当长的时期内将是农业上大量使用的农药，对养蚕业的影响也应该得到关注。

3.3.3 产业间结构性矛盾与管理协调失当

在特定时期中，区域内的产业结构是基本稳定的，而且这种结构往往是无法或难于改变的，如稻-桑（太湖流域）、茶-桑、菜-桑、玉米-桑、柑橘-桑和森林-桑等结构。水稻、茶叶、蔬菜、果树和森林植保中的农药使用，不时给养蚕业带来严重的影响。在部分蚕桑主产区，可以在养蚕期禁止使用某些对家蚕剧毒的农药，与其他主要农作协调（用药时间和收蚁时间等）来降低或消除其他产业农药使用对养蚕业的严重影响，但许多区域养蚕业与其他农作农药使用矛盾的解决十分困难，从蚕或桑求解是刻舟求剑，大农业和大生态的进步才是希望。农业产业间的简单责任追究或推诿，或简单地去除某一产业，则是对区域社会经济发展不负责任的懒政或暴行。

农业产业结构间农药使用不当引起的养蚕中毒可参见案例2-19（稻-

桑）、案例2-20（稻-桑）、案例2-21（稻-桑）、案例2-22（稻-桑）、案例2-23（花-桑）、案例2-24（花-桑）和案例2-25（西瓜-桑）等，中间也掺杂许多其他问题。其中案例2-19的过程处理和综合决策都非常妥善和正确，而案例2-21的综合决策和终端处理则不够完美。

此外，随着农村土地使用权流转和农作结构调整速度的加快，蚕桑主产区桑园周边农作，尤其是经济作物的变化速度加快。这种变化一方面受市场的影响，另一方面取决于部分经济作物自身，由于连作障碍，西瓜、黄瓜和芦笋等经济作物必须频繁转移。随着桑园周边栽培经济作物的变迁，其使用农药种类和数量也发生变化，养蚕防范农药中毒的难度增加。再者，这些经济作物的栽培者往往是非蚕区农民，对蚕区农药使用的禁忌并不知晓，现有农业技术推广体系也难于覆盖指导，使养蚕防范农药中毒难上加难。在一些区域采用飞机喷洒农药的方式防治美国白蛾，或使用微生物农药（白僵菌、杆状病毒和苏芸金杆菌等）进行害虫防治时，养蚕中毒的范围或持续时间会更大，甚至可以导致区域内养蚕业的衰竭和退出。

3.3.4　不确定性失当引起的养蚕大规模病害

养蚕大规模病害发生中的不确定性失当，主要有极端气候、假农药和有害化学污染物。极端气候很难长期预测，在技术调整或应对不够及时的情况下，养蚕技术的小失当会被无限放大而成为大规模病害的主因，有关内容可参见案例2-1、案例2-13、案例2-36和案例2-37等。

假农药导致的养蚕中毒多数是由于对家蚕毒性相对较低的农药中掺入对家蚕剧毒的农药成分（如菊酯类、有机氮类和阿维菌素等毒性强和残留期长的农药）。在桑园治虫用农药中掺入对家蚕剧毒农药，极易引发大规模养蚕中毒；其他农作使用该类农药进行大规模防控（如飞防或炮射等方式）时，同样极易造成养蚕的大规模中毒。人类对引起家蚕中毒的化学物质的认识十分有限（冰山一角），多数有害化学污染物在环保领域也是未知或无法检测的物质，但家蚕的中毒却是实实在在的。“家蚕是人类的环境卫士”的概念在有关生态与农业的大会上被提出，对推动环境和生态改善的积极意义显而易见。

案例 3-4 假农药引起的养蚕大规模中毒

在2001年中秋蚕期，HN和TX行政区域蚕区发生养蚕中毒。

1. 病害发生基本情况

在HN行政区域蚕区东部，2龄起蚕第一次喂桑后，有农户发现养蚕中毒。

桑园农药使用情况调查：农业部门曾布置使用“扑虱灵”以防治桑园小虫（红蜘蛛、桑蓟马和桑粉虱等）。农业部门调查养蚕中毒过程中，发现农户使用“扑虱灵”的来源较多，怀疑部分“扑虱灵”可能存在质量问题。

次日，在TX行政区域蚕区，普遍出现2龄起蚕饷食后养蚕中毒现象。农药使用情况调查显示：该区域农业技术部门未布置使用“扑虱灵”，蚕农习惯使用“立打螨”进行桑园小虫（桑虱和桑蓟马等）防控，农资部门统一经营的“立打螨”为某省属研究所下属企业产品。

HN行政区域蚕区东部农药使用情况调查反馈，也有大量农户使用上述同一企业生产的“立打螨”。

2. 信息收集与调查分析

走访HN行政区域蚕区东部养蚕农户，不同农户间养蚕中毒程度有差异，但均表现为菊酯类农药中毒。根据现场走访掌握的养蚕中毒农户的地理分布、家蚕中毒程度和中毒症状，以及养蚕中毒发生情况（1龄期，家蚕未发生中毒；2龄起蚕开始出现中毒）等，初步诊断：养蚕中毒由菊酯类农药引起；农药来源可能是桑园较早时期的污染，家蚕1龄期未接触到有毒污染物（1龄期用叶为污染后的新生叶），随着龄期的发展和养蚕用叶的叶位下移而发生中毒；污染来源有待进一步调查。

从HN东部蚕区取回6个不同包装类型的“扑虱灵”，进行2龄起蚕添食试验，未见家蚕中毒症状。不同叶位桑叶样本2龄起蚕添食试验显示，第二叶位桑叶添食后家蚕未出现中毒；第五叶位桑叶添食次日，家蚕出现菊酯类农药中毒症状。

仪器检测检出“立打螨”原药（由TX行政区域送样）有菊酯类农药成

分。桑叶样本的2龄起蚕生物学试验显示，TX行政区域送来的桑叶样本与HN桑叶样本试验结果相同，家蚕添食下位叶后出现菊酯类农药中毒。

在HN行政区域蚕区东部养蚕发生中毒的调查和信息收集过程中，某家媒体也进行了调查，通过电视频道报道了使用“扑虱灵”导致养蚕中毒的新闻。养蚕中毒原因的分析和排查是一项复杂的系统工作，对专业人员而言，也是一项必须经过广泛深入调查和取证及实验室验证的工作（过程繁复），与新闻报道的即时性有明显的冲突。事件报道应该没有太大问题，但明确“主因”显然属于“越界的聪明”和“职业水准的低下”。该行为不仅增加了后期诊断调查中信息收集的难度，更严重影响了在专家组会诊确定主因（“立打螨”农药质量问题为主因）后，事件责任界定和经济赔偿等事务性工作的顺利推进（不良舆情影响科学调查结果和事件的合理处置）。

3. 系统分析与综合决策

数日后，省政府领导因媒体报道而高度关注该事件，省政府相关部门汇集省内相关专业人员在TX行政区域进行综合分析与决策。

在系统分析HN和TX两地蚕区养蚕中毒的发生经过、农药使用情况、桑叶和农药的生物学试验和残留检测实验等结果后，综合判断该次养蚕大规模中毒主因为桑园使用掺有菊酯类农药的“立打螨”。

会议重点商讨了3个问题：①蚕和桑叶是否继续饲养和利用问题。前人试验结果表明，菊酯类农药在桑叶上可永久残留，因此接触菊酯类农药的桑叶不能使用。并非所有“立打螨”原药样本都被检出菊酯类农药，以及被检出样本菊酯类农药残留的浓度较低，这表明区域内桑园并未被完全污染，既使被污染，其污染程度也较轻。常规饲养和利用桑叶将导致养蚕中毒程度不断加重，因此不可行；不用桑叶，则蚕茧生产和农民收入问题无法解决。通过风险分析和权衡利弊，决定继续进行养蚕，谨慎使用桑叶。一方面，优先调剂使用未发生养蚕中毒农户桑叶（或未使用“立打螨”农药治虫农户桑叶），或从较高叶位桑叶（“立打螨”使用后未接触菊酯类农药的新生桑叶）开始采集，或异地调配桑叶。另一方面，加强饲养管理和过程观察，及时淘汰中毒蚕，精心饲养和严格消毒，防止家蚕体质下降后的传染病发生，特别是防控用叶偏嫩（叶位提高）后的血液型脓病暴发。后续实践证明，上述措施是行之有效的，决策也是正确的。②桑叶残留的监测问题，即能否通过仪器监测桑叶农药残留，确定桑叶是否可以利用，以解决生物学检测试验在微量中毒浓度下耗时较长，无法用于桑叶残留检测的缺陷。后续研究显示，可引起家蚕急性中毒的菊酯类农药浓度低于仪器检测极限的1/1000以下，即现有仪器检测技术尚无法达到上述要求。③蚕农情绪稳定和经济赔偿等问题，由2个行政区域负责人分头解决。在经济赔偿中，专家组认定的“立打满”和媒体报道的“扑虱灵”相关责任方的处置还留下不少纠缠，也是媒体的“功劳”。

案例 3-5　不明污染物引起的养蚕大规模中毒

在2005年春蚕期，N行政区域东北蚕区和W行政区域东部蚕区，及邻省SZ行政区域西南部蚕区发生大规模养蚕不结茧现象。

1. 病害发生的基本情况

5月30日，N行政区域现场汇报中获取信息包括：农村养蚕大规模出现5龄食桑第10天尚未上蔟的情况；家蚕表现的主要异常是蚕体清白，食桑不旺；未见传染性蚕病病蚕。发生地点主要在富强村，该村共饲养蚕种约290张，100张较为正常地开始上蔟，190张没有上蔟的迹象。饲养蚕品种为松白×华秋（第7批），该批次蚕种总量为2007张，在其他蚕区饲养未发生异常。怀疑该村的废油回收工厂排放污染物（该企业因不符合邻省环保政策要求搬迁而来）。

5月31日，W行政区域反映信息：该区域临近N行政区域的蚕区，发生上述类似的养蚕不结茧现象。

6月1日，邻省同行电话反映，与N行政区域接壤的蚕区发生类似大规模养蚕不结茧情况，5龄食桑9天后，家蚕仍无上蔟迹象。

在N和W行政区域，农业植保部门未布置农药使用，农作等植物未见明显的虫害发生。

2. 信息收集与调查分析

现场考察了N行政区域富强村的3个自然村，与5月30日汇报中获取信息基本吻合（图3-31）。3个自然村分布于东西方向上，最西侧自然村养蚕上蔟的情况好于东侧自然村，废油回收工厂（诉求对象）位于最西侧自然村的东面，另外2个自然村的西侧。

图3-31　养蚕不结茧农户现场

初诊意见：①环境污染引起的养蚕病害；②与蚕种质量无关；③与传染病防控相关工作无明显相关；④建议尝试使用蜕皮激素挽回一点损失（在其后的多次案例中，养蚕不结茧不论是污染造成还是其他因素引起，在家蚕预期上蔟时间3天后，采取技术措施对挽回或减轻损失的作用都是十分微小的）。

6月2日，再次前往现场，考察W行政区域养蚕中毒的情况。在方圆约百平方公里（纵向约30公里，横向约5公里）的养蚕中毒发生区域内（由东南到西北的条状区块），走访大量农户、考察各种桑园地块及周边厂矿企业。考察中，未见养蚕中毒发生和发生程度的距离性趋势特征，即各区域的中毒呈分散随机状态，同一小区域有不结茧，也有大部分结茧的状态。在厂矿企业方面，未见生产规模较大的企业，区域内铝材加工企业较多（60多家企业将回收门窗等熔炼制成铝锭），还有不少电缆加工企业，未见明显排放污染物的企业。部分蚕农在5龄蚕第9天或第10天未见上蔟后，使用蜕皮激素未见明显改善。

在两地（N和W）现场考察过程中，采集10个点的家蚕样本，喂饲浙江大学华家池桑园桑叶后，家蚕结茧率为0～95%（差异较大）；用采集的桑叶样本喂饲实验室4龄起蚕，喂饲5天后家蚕仍未见异常出现。家蚕和桑叶样本的中毒程度未体现规律性变化。

后期，因怀疑养蚕不结茧由氯苯联胺等（电缆生产可能产生的废气）环境激素类污染物引起，故收集了氯苯联胺等环境激素进行生物学试验，但未能重演现场场景和家蚕不结茧症状。养蚕不结茧也可能与氯苯联胺浓度剂量和家蚕接触时间等有关。

3. 系统分析与综合决策

因事件涉及两省交界，发生养蚕不结茧的地域范围较广，引起政府的高度重视。领导做出查明原委的指示。

6月16日，两省行政主管、蚕桑和环保等相关人员举行会议并商讨该事件的主要原因。蚕期已过，对于有关蚕农诉求的满足和情绪的稳定及后续养蚕的准备等，相关区域政府和技术部门都已综合决策和处理完毕。会议主要议题是事件发生的主要原因和污染来源问题。

防止今后大规模养蚕不结茧的再次发生是大家一致认同的目标，究明原因是本质性问题。笔者及蚕桑农业部门从业人员判断，本次养蚕不结茧的主要原因为环境污染的可能性较大，在不存在大型农药生产企业或采用飞防等大面积农药使用，及未出现风向或空间距离规律的污染源前提下，农药污染在区域内排放量较小，但较为普遍存在的无组织污染物排放的可能性较大。对环保系统人士而言，可能存在名义上的责任问题。部分环保相关人士提出，在没有检测到污染化学物质的情况下，不能定性为环境污染。这种判断或意见上的分歧，本质上是现实主义和理想主义的区别，政府的决策必须是两者的结合。

对环境污染问题的理解，根本上还是管理问题。从养蚕业而言，研究化学物对家蚕的毒性，是一件无穷无尽且时效性明显滞后的事。当你搞清楚某种化学物质的中毒机制时，在环境中该污染物可能已经不存在，或很少有机会产生危害，氟化物对养蚕业的危害就是一个典型案例。

在污染物检测问题上，环保与养蚕两个行业存在着问题理解和现实技术管理制度的矛盾。在问题理解上，养蚕业注重于家蚕的健康度，有明确污染物，必须坚决消除；没有明确污染物，则从生态大环境建设入手，达成平安养蚕即可。环保注重对国家已经明确的、以人为主的污染源和污染排放的监察，对绝大部分未列入国家禁止范围的养蚕污染物不了解，如含有菊酯类成分的蚊香是家居用品，但养蚕环境中因其对家蚕的剧毒作用而禁止使用。在污染物检测方面，环保针对人的危害而设立对象重点，因此在检测对象物上，诸多对家蚕有毒的化学物质并未列入其中。此外，随着环保法制化和标准化的建设，对家蚕具有毒性的剂量浓度在环保检测标准中可能被定义为“未检出”或“某些浓度以下”。因此，在系统分析的基础上，综合现实与理想、技术与标准，以及可持续发展与社会稳定等因素，做出合情合理的决策需要担当和智慧。浙江蚕区近20年由环境污染引起的养蚕病害大幅减少，与生态环境的明显改善密切相关，也充分证实了“绿水青山就是金山银山”的科学论断。

从信息收集到系统分析，再到综合决策是养蚕病害诊断的基本程序，但不同的病害发生规模或特殊的案例情况，对该程序的复杂程度有明显的影响。养蚕病害诊断中常遭遇“前所未有”的情况。有效收集信息，将信息收集与系统分析有机结合，充分利用信息分析的反馈机制，更为有效获取关键信息，是系统分析中确定发病主要因素的重点所在。综合决策则是事件处理责任人有效利用病害主要因素的系统分析，从更高的社会学层面进行的综合评价及决策。

第四章　家蚕病理学基础

家蚕病理学是研究各种致病因素在一定环境条件下作用于家蚕后，家蚕体内各种组织结构、生理生化和功能的变化规律，以及致病过程的分子生物学机制等的科学，也是养蚕流行病学和养蚕病害诊断的重要基础。家蚕病理学的研究成果可为病种的确定提供直接依据，或为应用生物学试验和仪器检测确定病种提供准确靶向，也可在养蚕病害诊断的信息收集、系统分析和综合评价中发挥重要作用。丰富的生产实践或案例经验，有利于诊断者的快速成长，但与家蚕病理学基础知识的有机结合，是养蚕病害诊断准确、快速和高效实施的重要途径。

4.1　家蚕的致病因素

家蚕的致病因素是指可引起家蚕发病的因素。家蚕的发病是指家蚕和致病因素在一定环境中相互作用后，家蚕出现异常的现象。家蚕的致病因素可分为生物、化学、物理和生态因素，但主要或常见的是生物因素和化学因素。物理因素可导致家蚕的直接死亡，或造成家蚕机械性损伤后生理机能下降，从而引起抗病性降低；生态因素与物理因素类似，对家蚕的影响更多的是抗病性的问题。物理因素和生态因素对家蚕病害的影响主要是流行病学范畴内的影响。

4.1.1　生物因素的种类与特征

家蚕致病因素中的生物因素可分为两大类，一类是传染性的病原微生物，另一类是非传染性的寄生生物或捕食生物。前者是生产上的主要致病因素，对蚕茧生产的危害较大，并由于其传染性而成为家蚕流行病学研究的主要对象；后者相对危害较小，并具有明显的区域性、季节性和突发性等特点。

4.1.1.1　传染性病原微生物

家蚕主要病原微生物的种类包括了微生物的主要类别，有病毒、细菌、真菌和原生动物。对家蚕病原微生物的研究属于病原学（etiology）的范畴，病原微生物与家蚕相互作用而导致家蚕发病，因此，病原学的研究对加深病理学的理解和提供养蚕病害诊断的依据都有十分积极的意义。

家蚕血液型脓病病毒　家蚕血液型脓病病毒（BmNPV）的病毒分类学归属为杆状病毒科（Baculoviridae），真杆状病毒亚科（Eubaculovirinae），核型多角体病毒属（*Nucleopolyhedrovirus*）。家蚕血液型脓病病毒可引起家蚕血液型脓病（或称家蚕核型多角体病，俗称“白肚蚕”和“水白肚”等）。

家蚕血液型脓病病毒粒子（virion）呈杆状，大小为330 nm × 80 nm，沉降系数为1870 S。外被有囊膜（envelope）和衣壳（capsid）。囊膜又称外膜或发育膜，是一层脂质膜，有典型的膜构造。衣壳又称内膜或紧束膜，主要成分是蛋白质。衣壳内为髓核（core），髓核由双链DNA组成，呈单分子共价闭合环状，长约130 kb，编码136个开放阅读框（open reading frame，ORF）。由衣壳和髓核构成了核衣壳（nucleocapsid）。

家蚕血液型脓病病毒有芽生型病毒粒子（budded virion，BV），又称细胞释放型病毒粒子（cell-release virion，CRV）和包埋型病毒粒子（occlusion-derived virion，OV），又称多角体型病毒粒子（polyhedron-derived virion，PDV）。

家蚕血液型脓病病毒的包涵体（inclusion body，IB）也称多角体（polyhedral inclusion body，PIB），是在感染细胞的核或质中产生的包含和保护病毒粒子的一种蛋白质结晶，一般呈多面体，具有棱角。由于家蚕血液型脓病多角体是在血细胞为主的细胞核中形成的，故称家蚕血液型多角体（BmNPB）。包埋在多角体内的病毒粒子属于OV，病毒粒子依赖于多角体蛋白的保护，对不良环境、消毒药剂有较强的抵抗性。游离在多角体之外的病毒粒子称为游离病毒（free virus），属于BV，对环境和消毒药剂的抵抗力较差。

家蚕血液型脓病病毒的多角体一般为六角形（图4-1），直径为2 ～ 6 μm，平均3.2 μm，在400倍光学显微镜下就能观察到（图4-1A），偶有因环境影响发生变异的情况（川瀬茂実，1976；吕鸿声，1982；吕鸿声，1998；浙江大学，2001）。

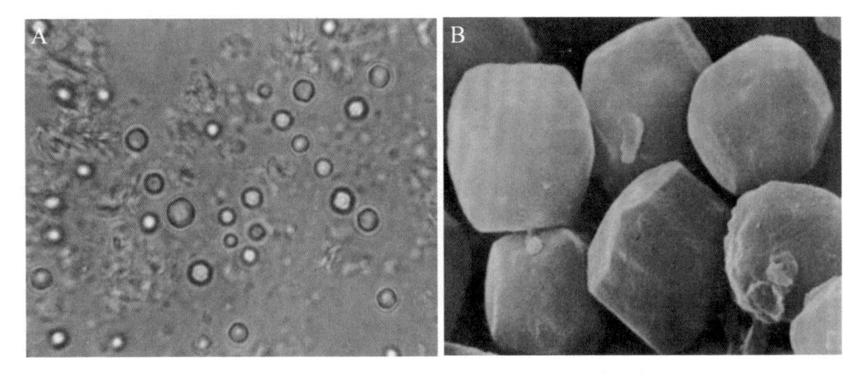

图4-1　家蚕血液型脓病病毒多角体

注：A. 光镜观察家蚕血液型脓病病蚕血液中的多角体（1000倍，金伟）；B. 家蚕血液型脓病多角体的扫描电镜图（鲇泽，1973）。

家蚕中肠型脓病多角体病毒　家蚕中肠型脓病多角体病毒（BmCPV）的病毒分类学归属为呼肠孤病毒科（Reoviridae），质型多角体病毒组（cytoplasmic polyhedrosis virus group），或质型多角体病毒属（*Cypovirus*）。家蚕中肠型脓病多角体病毒可引起家蚕中肠型脓病（或称质型多角体病，俗称“干白肚”等）。

家蚕中肠型脓病病毒粒子为正二十面体（或称球形，图4-2A和B），直径为60 ～ 70 nm，沉降系数为415 ～ 440 S。正二十面体具有两个同心的正二十面体壳，每个壳有12个亚单位，分别位于二十面体的12个顶角上，两个体壳上相应的亚单位由12条管状结构相连接。外壳的亚单位是一个中空的五角形菱柱，从菱柱伸出一个由四节管子构成的突起，长度为25～27 nm，突起的先端有一直径为12 nm的球状体，遮盖先端两节。

家蚕中肠型脓病病毒的核酸为双链RNA，线形，由10个基因节段组成，每个节段的5'端与3'端构造完全互补，其中一条链的5'端核苷酸呈帽子结构，戊糖2'位被甲基化，与转录合成的mRNA相似。BmCPV本身具有RNA聚合酶、核酸外切酶、核苷磷酸水解酶、甲基化酶和鸟苷酸转移酶等酶。

家蚕中肠型脓病多角体（*Bombyx mori* cytoplasmic polyhedrosis body，BmCPB）常见为六角形二十面体（图4-2C），与BmNPV相似，或为四角形，偶有三角形。一般六角形多角体可在400倍光学显微镜下观察到，大小为0.5～10 μm，平均为2.62 μm，因环境影响，其大小和形态较易发生变异（川瀬茂实，1976；吕鸿声，1982；吕鸿声，1998；浙江大学，2001）。

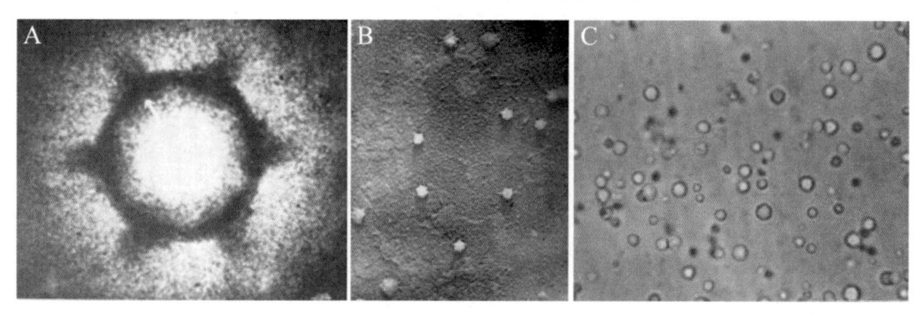

图4-2　家蚕中肠型病病毒多角体和病毒

注：A. 病毒负染电镜图（吕鸿声，1982）；B. 病毒扫描电镜图；C. 光镜观察家蚕中肠型脓病病毒多角体（1000倍，金伟）。

家蚕浓核病病毒　家蚕浓核病毒是从具有特定症状病蚕中分离的病毒，其分离病毒主要有两类：①伊那株和古田株；②山梨株、佐久株和镇江株。伊那株或古田株被称为家蚕浓核病病毒（BmDNV），分类学归属为细小病毒科（Parvoviridae），浓核病毒亚科（Densovirinae），相同病毒属（*Iteravirus*）。镇江株（或山梨株，或佐久株）被称为家蚕细小病毒样病毒（BmPLV）。

两种病毒均为球形，BmDNV和BmPLV直径分别约为22 nm和23～24 nm（图4-3）。BmDNV的病毒粒子超微结构符合12壳粒的正二十面体模型；病毒粒子的沉降系数为102 S，氯化铯浮密度为1.40 g/cm^3，无囊膜。BmDNV

和BmPLV的结构蛋白分别为4种和6种。BmDNV的核酸为ssDNA，大小为5048 bp，至少有3个ORF。BmPLV有6.6 kb和6.1 kb大小不同的2种ssDNA。BmDNV和BmPLV的基因组都有反向末端重复序列（inverted terminal repeat，ITR），但不同的是BmPLV没有回文序列结构，ITR不能形成发夹结构（川濑茂实，1976；吕鸿声，1982；吕鸿声，1998；浙江大学，2001）。

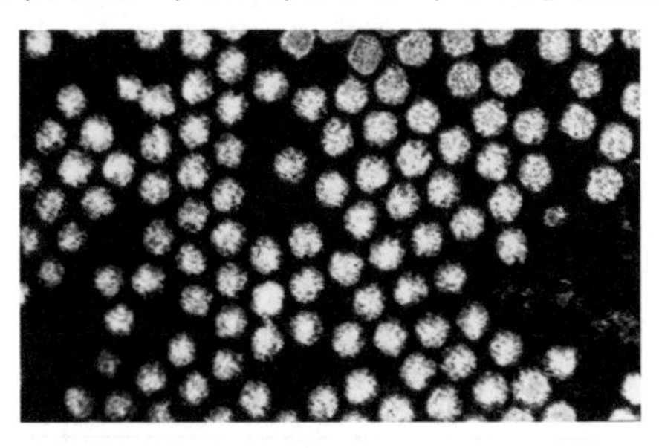

图4-3 家蚕浓核病病毒（镇江株）粒子（250000倍，金伟）

家蚕传染性软化病病毒 家蚕传染性软化病病毒（BmIFV）归属于未分科目的传染性软化病病毒属（*Iflavirus*）。已发现有日本株、中国桐乡株和印度株3株病毒，其全基因组的NCBI（US National Center for Biotechnology Information，美国国家生物技术信息中心）登录号分别为：AB000906（日本株）、EU868609（中国株）和HM569717（印度株）。

家蚕传染性软化病病毒粒子呈正二十面体（球状），直径为26 nm±2 nm，病毒粒子表面结构无明显特征性结构，无囊膜（图4-4）。BmIFV是一种单链正义RNA病毒，基因组大小为9650 bp，为单顺反子，具一个大的ORF，两边为非编码区（non-coding region，NCR），编码一个多聚蛋白。5′端不具帽子结构，病毒依靠基因组5′端NCR的内部核糖体进入位点（internal ribosome entry site，IRES）进行翻译起始。5′端编码结构蛋白，3′端编码非结构蛋白位于C端。非结构蛋白的排列顺序从5′端到3′端分别为解旋酶、蛋白酶和RdRp（川濑茂实，1976；吕鸿声，1982；吕鸿声，1998；浙江大学，2001；鲁兴萌等，2002；王瀛等，2005；鲁兴萌和陆奇能，2006；朱宏杰等，2006；陆奇能等，2007；茼娜娜等，2007a；茼娜娜等，2007b；李明乾等，2009；谢礼等，2009；Xie等，2009；Xie等，2009；Li 等，2010；Li等，2012）。

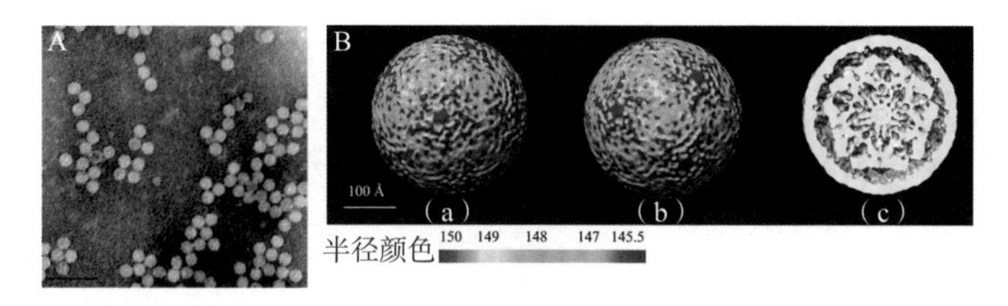

图4-4　传染性软化病病毒的超微结构（Xie等，2009）

注：A. 样品经过 2 % 磷钨酸（pH 6.7）负染色的照片，标尺为 120 nm。B.BmIFV 衣壳三维重构的密度图。（a）从 5° 对称轴处观察的粒子；（b）从 3° 对称轴处观察的粒子；（c）BmIFV 衣壳的截面图。BmIFV 衣壳为单层衣壳，无孔洞贯穿。所有结构的渲染和三维显示均使用 Chimera 程序完成。分辨率为 18Å，密度阈值为 2.96。

败血性细菌　家蚕的败血性细菌不是指某一种特定的细菌，因此并非狭义的昆虫病原微生物。能引起家蚕败血症的细菌种类很多，以能产生卵磷脂酶的细菌为多见，包括链球菌、葡萄球菌，以及俗称的大杆菌、小杆菌等。但不同的细菌致病力不同，引起败血症的病征、病程有一定的差异。

可引起家蚕败血症的常见细菌有芽孢杆菌科芽孢杆菌属的黑胸败血菌（*Bacillus* sp.）、肠杆菌科沙雷氏菌属的黏质沙雷菌（*Serratia marcescens* Bizio；也称灵菌）、弧菌科气单胞菌属的青头败血菌（*Aeromonas* sp.）等（图4-5）。

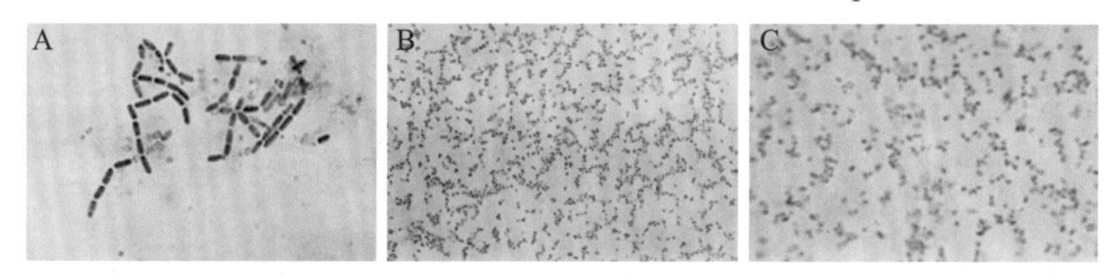

图4-5　家蚕败血性细菌（1000倍，金伟）

注：A. 黑胸败血菌；B. 黏质沙雷氏菌；C. 青头败血菌。

黑胸败血菌（*Bacillus* sp.）大小为3 μm×（1.0 ～ 1.5）μm，菌体常两个或多个相连；形成偏端芽孢，周生鞭毛（图4-5A），革兰氏染色阳性，菌落灰白色，大多数有褶皱。

黏质沙雷氏菌（*Serratia marcescens* Bizio）大小为（0.6 ～ 1.0）μm×0.5 μm，菌体为短杆状、两端钝圆（图4-5B）；不形成芽孢，周生鞭毛，革兰氏染色阴性，菌落为半透明，产灵菌素呈玫瑰色，色素产生情况与培养条件或寄生状态有关。

青头败血菌（*Aeromonas* sp.）大小为（1～1.5）μm×（0.5～0.7）μm，菌体两端钝圆、单个；不形成芽孢（图4-5C），极生单鞭毛，革兰氏染色阴性，菌落为白色半透明。

苏芸金杆菌　苏芸金杆菌（*Bacillus thuringiensis* Berliner）为芽孢杆菌科芽孢杆菌属细菌；早期从具有猝倒病症的家蚕分离，因而在产业上常被称为猝倒杆菌（*Bacillus* sotto）。苏芸金芽孢杆菌有营养体、孢子囊及芽孢等几种形态，能产生 α、β、γ-外毒素及 δ-内毒素等多种毒素。

营养体为杆状，端部圆形，大小为（2.2～4.0）μm×（1.0～1.3）μm；周生鞭毛，鞭毛有特异抗原性，可作为血清型分类的依据；以二裂法繁殖，往往多个菌体连成链状（图4-6A）；革兰氏染色阳性。在平面培养基上形成圆形菌落，边缘整齐，乳白色，有光泽。

孢子囊是营养体生长到一定时间后，受营养或环境因素的影响而产生的。其后在孢子囊的一端形成芽孢，芽孢是菌体的休眠阶段，呈圆筒形或卵圆形，大小为1.5 μm×1.0 μm，有折光性，不易着色，能抵抗不良环境；在另一端形成蛋白结晶，叫伴孢晶体（即 δ-内毒素）。伴孢晶体和芽孢成熟后，孢子囊溶解而将它们释放出来（图4-6）。

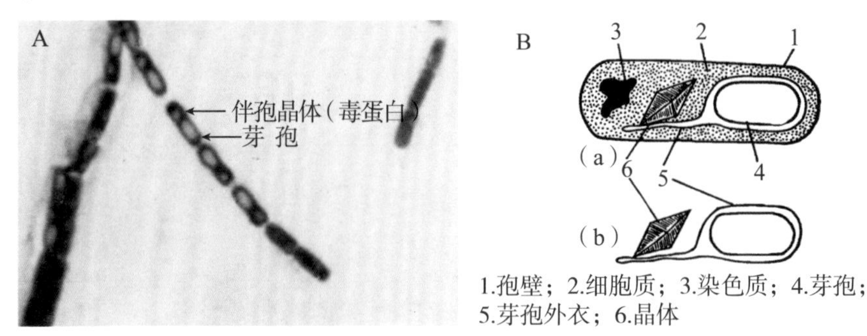

图4-6　苏芸金杆菌孢子囊

注：A. 孢子囊结晶紫染色（1000 倍，金伟）。B. 孢子囊模式图。（a）孢子囊；（b）游离的芽孢及晶体。

肠球菌　肠球菌（enterococci）对家蚕是一种潜在性病原微生物，即在一般情况下，对家蚕不会造成危害或致病，但当家蚕体质下降或抗性减弱时，可在消化道内大量繁殖而危害家蚕。

对家蚕有致病性的肠球菌属（*Enterococcus*）细菌有粪肠球菌（*Ent. faecalis*）、屎肠球菌（*Ent.faecium*）和两者的中间型等分离菌株。随着细菌分类学的发展，肠球菌的分类命名发生较大的变化，部分家蚕来源的粪肠球菌和屎肠球菌分离菌株被鉴定为蒙氏肠球菌（*Ent. mundtii*）（费晨等，2006；Fei等，2006）。肠球菌属细菌菌体为球形，直径为0.7 ～ 0.9 μm（图4-7）；在肉汁培养液中常多个相连或成链状和双球状，在蚕的消化管中常2 ～ 3个相连；革兰氏染色阳性；兼性厌氧；能在碱性（pH 11.0）溶液中生长，在繁殖的同时大量分泌有机酸。肠球菌的许多菌种对青霉素（penicillin）、万古霉素（vancomycin）和第三代头孢烯（cephem）系列抗生素等具有抗药性。

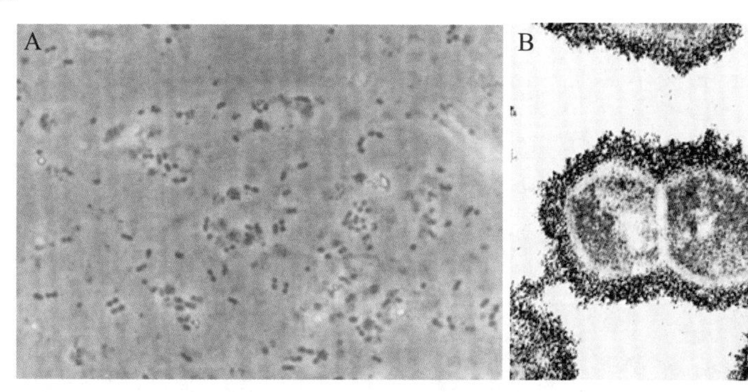

图4-7　肠球菌

注：A. 病蚕消化液检测（1000 倍，金伟）；B. 透射电镜观察。

白僵菌　白僵菌归属半知菌亚门（Deuteromycotina）、丝孢纲（Hyphomycetes）、丝孢目（Hyphomycetales）、丛梗孢科（Moniliaceae）、白僵菌属（*Beauveria*）。白僵菌属的多数菌种对家蚕有致病性，但致病性强弱有差异。危害家蚕的白僵菌主要为球孢白僵菌 [*B. bassiana*（Bals.）Vuill.]和卵孢白僵菌 [*B. tenella*（Delacr.）Siem；常称布氏白僵菌，*B. brongniartii*（Sacc.）Petch；或称纤细白僵菌]。

白僵菌的生长发育周期有分生孢子、营养菌丝和气生菌丝3个主要阶段。分生孢子发芽后形成发芽管，侵入寄主（家蚕等）或培养基（或有机质）而成为营养菌丝；营养菌丝周边营养耗尽后穿出表面形成气生菌丝，由气生菌丝分化为分生孢子梗和小梗，最后形成新的分生孢子，完成一个生长发育周期。球孢白僵菌和卵孢白僵菌在生长发育周期各阶段的形态特征略有差异。

白僵菌的分生孢子为单细胞，表面光滑，无色。球孢白僵菌的分生孢子多数球形或近球形，少数为卵圆形，大小一般为（2.5 ～ 4.5）μm×（2.3 ～ 4.0）μm。根据球孢白僵菌菌株的不同，大量分生孢子集积时呈白色或淡黄色。卵孢白僵菌的分生孢子大多数为卵圆形，个别近球形（约2%），大小为（2.8 ～ 4.2）μm×（2.4 ～ 2.8）μm，分生孢子集积呈淡黄色。

芽管侵入蚕体或培养基（或有机质）后进一步生长伸长，芽管内的细胞核继续分裂而成为多核细胞的菌丝，其宽度为2.3 ～ 3.6 μm，具有隔膜，能产生分枝。菌丝在蚕体内或培养基（或有机质）上不断地吸收养分以进行生长和分枝，故称为营养菌丝。营养菌丝可在先端或两侧分化形成圆筒形或卵圆筒形的芽生孢子（曾叫短菌丝或圆筒形孢子，图4-8A）。营养菌丝生长到一定阶段后（往往是营养物基本耗尽之际），发育形成和产生气生菌丝。气生菌丝具有隔膜，能分枝生长。

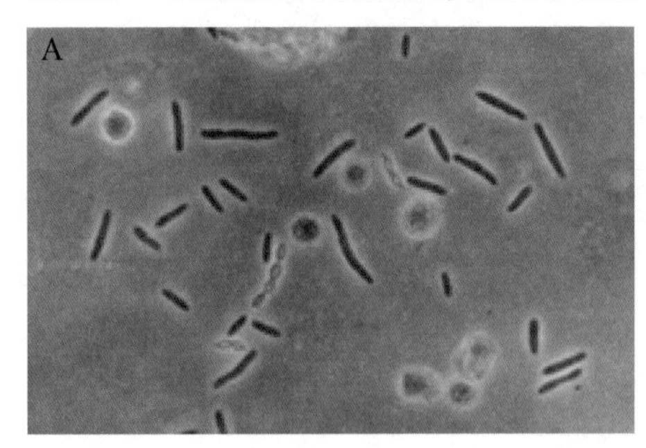

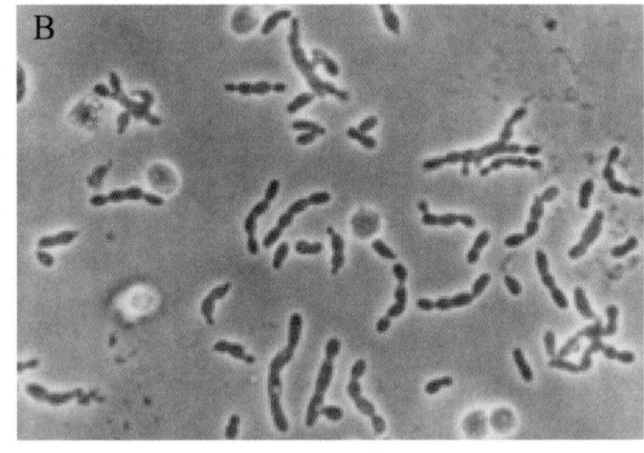

图4-8　白僵菌和绿僵菌病蚕血液镜检图（40×15倍相差镜检测，金伟）

注：A. 白僵菌芽生孢子和家蚕血球细胞；B. 绿僵菌芽生孢子和家蚕血球细胞

球孢白僵菌的气生菌丝稍长，部分在条件适合时也呈束状，初为白色，至后期渐呈淡黄色，条件适宜时可很快形成分生孢子。在膨大的柄细胞处常簇生分生孢子梗，且分生孢子梗多与气生菌丝成直角分叉对生或散生。分生孢子梗呈瓶形，大小为（15.5 ～ 25.5）μm×（1.5 ～ 3.0）μm，基部呈球形至梭形膨大，上部变细抽长，成“之”字形弯曲，每一弯曲处延伸为一极短的小梗，每一小梗上着生一个分生孢子。成簇的分生孢子梗上分生孢子集积而呈葡萄状（图4-9A）。卵孢白僵菌的气生菌丝短而纤细，常呈菌丝束生长，无明显膨大的柄细胞；分生孢子梗纤细，很少成簇生长，基部略粗，上部对生或轮生小梗，先端也变细成小梗，在小梗上着生分生孢子（图4-9B）。

白僵菌的分生孢子成熟后，脱落、飞散。

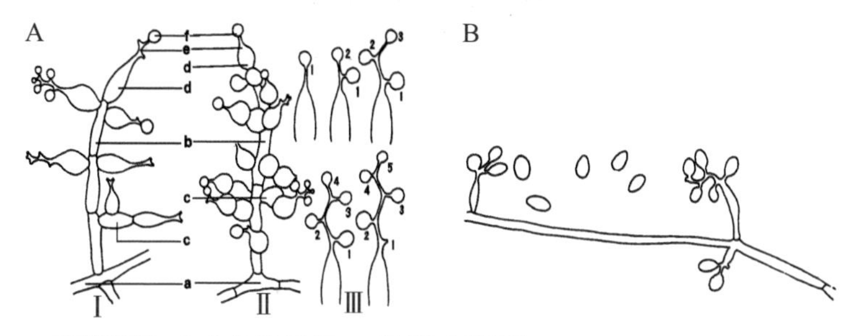

a.营养菌丝；b.分生孢子梗；c.泡囊-柄细胞；
d-e.产孢细胞（d.基部，e.颈部）；f.分生孢子

图4-9　白僵菌分生孢子着生状态

注：A. 球孢白僵菌（*B.bassiana*）。Ⅰ和Ⅱ为产孢结构；Ⅲ为产孢细胞的产孢轴发育过程，示轴式延长及产孢（数字示产孢顺序）（MacLeod，1954）。B. 卵孢白僵菌（*B.brongniartii*）（Brady，1979）。

绿僵菌　绿僵菌属半知菌亚门、丝孢纲、丝孢目、野村菌属（*Nomuraea*），学名为莱氏野村菌 [*Nomuraea rileyi*（Farlow）Samson]。

莱氏野村菌和白僵菌一样，其生长发育阶段也有分生孢子、营养菌丝及气生菌丝等3个发育阶段。

分生孢子呈卵圆形，一端稍尖，一端略钝，大小为（3.0 ～ 4.0）μm×（2.5 ～ 3.0）μm，表面光滑，淡绿色，大量孢子积集时呈鲜绿色。营养菌丝

呈丝状，细长，宽为2.5 ～ 3.4 μm，有隔膜，无色。营养菌丝可在先端或两侧分化 形成豆荚状的芽生孢子（图4-8B）。气生菌丝可形成分生孢子梗，分生孢子梗上轮生数个到数十个瓢形小梗，小梗双列或单列，每个小梗顶端串生一个到数个分生孢子（图4-10）。

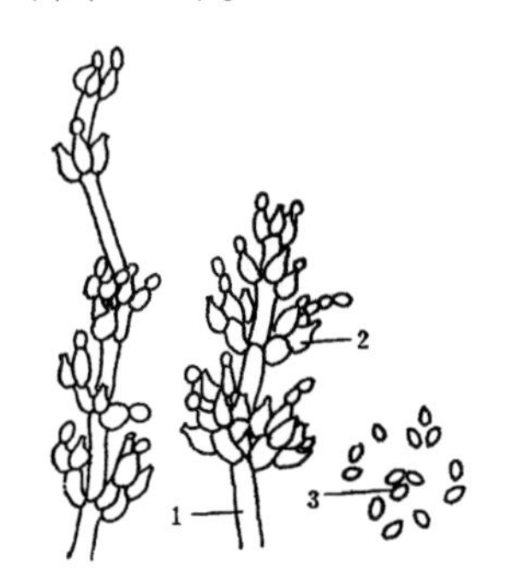

1.分生孢子梗；2.小梗；3.分生孢子

图4-10　莱氏野村菌的形态

曲霉菌　曲霉菌属半知菌亚门、丝孢纲、丝孢目、曲霉属（*Aspergillus*）。

黄曲霉群的黄曲霉（*A. flavus* Link）、寄生曲霉（*A. parasiticus* Speare）、溜曲霉（*A.tamarii* Kita）、米曲霉（*A.oryzae* Cohn）和棕曲霉群的赭曲霉（*A.ochraceus* Wilhelm）等对蚕有致病性。但其中黄曲霉和米曲霉对蚕的危害较为普遍。

曲霉菌和白僵菌类似，其生长发育阶段也有分生孢子、营养菌丝及气生菌丝等3个发育阶段。

曲霉菌的分生孢子呈球形或卵圆形，表面光滑或粗糙，直径为3 ～ 7 μm。营养菌丝具隔膜，分支多，无色或微黄色，但不产生芽生孢子。气生菌丝呈白色绒毛状，并在厚壁而膨大的菌丝上生出直立的分生孢子梗。分生孢子梗顶端膨大呈球形或卵圆形，称顶囊，顶囊上放射状（或辐射状）生出1 ～ 2列棍棒状小梗。小梗顶部形成串状的分生孢子，完成一个生活周期（图4-11）。

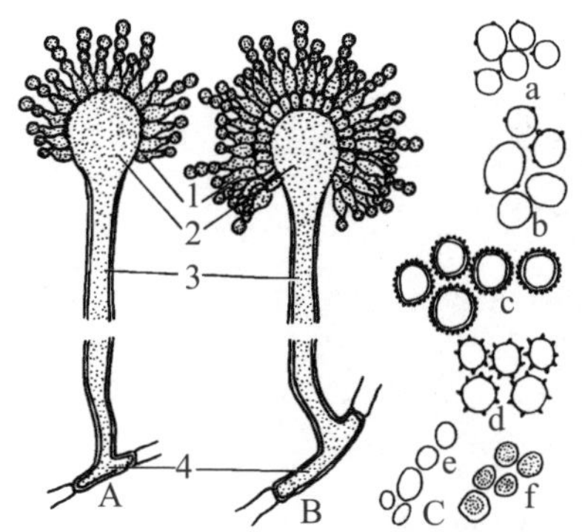

1.小梗（初生和次生）; 2.泡囊（顶囊）; 3.分生孢子梗; 4.足细胞。a.黄曲霉; b.米曲霉; c.溜曲霉; d.黑曲霉（*A.niger*）; e.白曲霉（*A.candidus*）; f.赭曲霉。

图4-11　曲霉（蒲蛰龙和李增智，1996）

注：A.小梗单层。B.小梗双层；C.不同种曲霉的分生孢子。

分生孢子初时呈浅黄色，逐渐加深，终成固有色，如黄绿色、深绿色、黄褐色、褐色或棕色等，因菌种不同而有差别。

其他真菌　可寄生家蚕的其他真菌有黄僵菌（与球孢白僵菌同种）、黑僵菌（*Metarhizium anisopliae*，金龟子绿僵菌）、灰僵菌（*Paecilomyces farinosus*，粉拟青霉菌）、赤僵菌（*Paecilomyces fumosoroseus*）、草僵菌（*Hirsutella patouillard*）和半裸虫生镰刀霉（*Fusarium semitectum*）等。

家蚕微粒子虫　家蚕微粒子虫属微孢子虫门（Microspora）、双单倍期纲（Dihaplophasea）、离异双单倍期目（Dissociodihaplophasida）、微孢子虫总科（Nosematoidea）、微孢子虫科（Nosematidae）、微孢子虫属（*Nosema*），学名为家蚕微粒子虫（*Nosema bombycis* Naegeli）。NCBI将微粒子虫定位为：细胞型生物体（cellar origanisms）、真核生物（eukaryote）、菌物（fungus）、微孢子虫（microsporidia）（鲁兴萌和周华初，2007）。

家蚕微粒子虫的生活史包括孢子发芽（germination）、裂殖生殖（schizogony）和孢子发生（sporogony）3个阶段。

家蚕微粒子虫孢子一般为卵圆形（2.9～4.1）μm×（1.7～2.1）μm，由于寄生发育阶段和寄生部位的不同其大小略有差异。孢子由孢子壁（spore wall）、极质体（polaroplast）、极丝（polar filament，PF）、孢原质

（sporoplasm）和后极泡（posterior vacuole，PV）等组成（图4-12）。

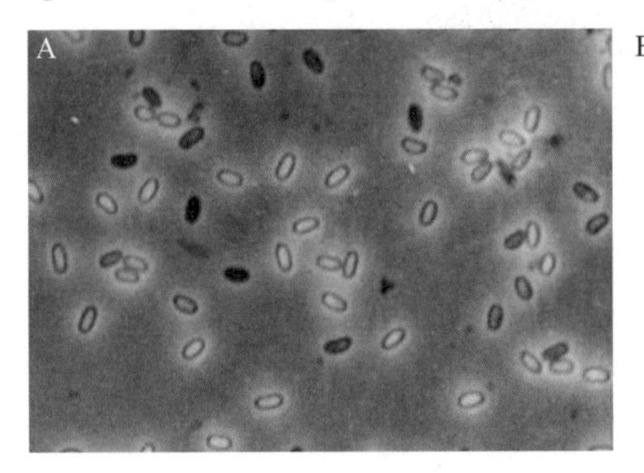

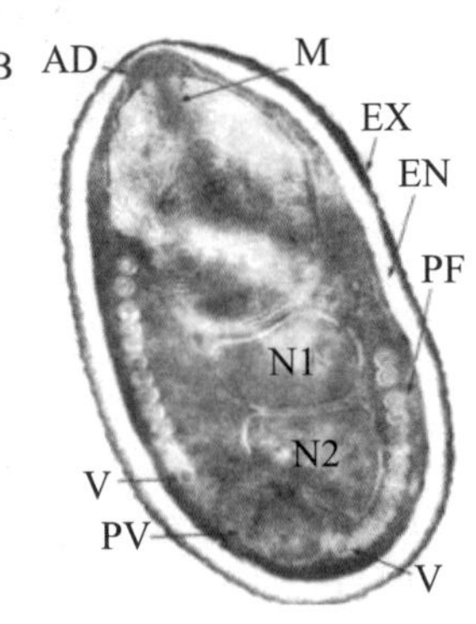

图4-12　家蚕粒子虫孢子

注：A. 位相差显微镜下的微粒子虫孢子（640 倍，金伟）；B. 为透射电子显微镜下的超微结构图（Sato 等，1982）。EX，外壁；EN，内壁；AD，固定板；M，极丝柄；PF，极丝；N，细胞核；PV，后极泡；V，囊泡。

孢子壁由蛋白性的外壁（exine，EX）、几丁质的内壁（endosporium，EN）和原生质膜（plasm membrane，或 cytoplasmic membrane，CM）构成，位于中间的内壁较厚。

孢子长轴的一端孢子壁较薄，在此部位内侧有一锚状结构，被称为极帽（polar cap），上为固定板（anchoring disc，AD），下为极丝柄（manubroid，M）。M连着的 PF在孢子中心直行至孢子长轴方向1/3的部位后，以49° 的倾斜角贴着 CM的内侧，盘绕孢原质12圈，后端与孢原质相连。

极丝芯状，由四层同心圆的管状物构成；芯的中心部分电子透明度高，由16个小颗粒体组成的亚结构管状物呈半透明，与极质体的膜结构同质；圆心内侧两层和外侧两层之间为电子致密层。

以极帽为前端，孢原质的前部是由平滑的薄膜层叠成的极质体。极质体可分为不同形态的前后部分（紧密和疏松叠成的两种形态）。

孢原质的后部有沿孢子短轴方向稍伸长的两个核，糙面内质网（rough endoplasmic reticulum，RER），由两层或两层以上膜围成的后极泡（PV），以及在 PV内或附近的囊泡（vesicle，V）等。

裂殖生殖期也称营养生殖期（vegetative stage）。孢子发芽后经历细胞构造分化、膜形成和细胞核融合而形成芽体（sporoplasm）。芽体为球形，直径为0.5 ～ 1.5 μm。芽体通过吸收寄主细胞的营养，体积不断增大，形状变成不规则形，单核的细胞开始分裂，产生裂殖体（schizont）。裂殖体以细胞核反复的二分裂（binary fission）形成新的裂殖体。当细胞质的分裂在细胞核的分裂之后时，产生多核变形体（plasmodium）；当细胞质与细胞核同时分裂时，产生成对的裂殖体；而当细胞质的分裂慢于细胞核的分裂时，出现一串相连的裂殖体。

单核裂殖体细胞膜的变厚是孢子形成期开始的标志，此时细胞为纺锤形，也称母孢子（sporont）。母孢子细胞核的二均分裂形成2个双核的孢子母细胞（sporoblast）。孢子母细胞进一步发育，出现细胞膜的肥厚化和与寄主细胞的界面分离，内质网、高尔基体、膜系统和极丝等器官的分化和形成，最后产生一个孢子。

新形成的孢子有两种：长极丝孢子（long polar tube type spore，LT）和短极丝孢子（short polar tube type spore，ST）。前者形状为卵圆形，孢子壁厚，极丝圈数为12圈；后者形状为洋梨形，内部有双核和发达的内质网，极丝圈数为4 ～ 6圈，内壁较薄。

其他原生动物　其他原生动物主要是指从家蚕体内分离到的微孢子虫（多种）、变形虫、锥虫和球虫等。

从家蚕体内已分离到多种微孢子虫。内网虫属微孢子虫（*Endoreticulatus* sp.），孢子卵圆形，大小为（2.26 ± 0.21）μm ×（1.19 ± 0.18）μm，可形成包囊体（内含8、16、32等不同数量的孢子）（黄少康等，2004）；变形孢虫属微孢子虫（*Vairimorpha* sp.），孢子长卵圆形，大小为（3.9 ± 0.25）μm ×（1.7 ± 0.15）μm，可形成包囊体，孢子双核，极丝平均11圈；具褶孢虫属微孢子虫（*Pleistophora* sp.），孢子小卵圆形，大小为（0.8 ～ 1.1）μm ×（1.8 ～ 2.0）μm；泰罗汉孢虫属微孢子虫（*Thelohania* sp.），孢子卵圆形，大小为（3.0 ～ 3.7）μm ×（1.5 ～ 2.0）μm，可形成包囊体（内含8个孢子）。

虽然学者曾从野外昆虫分离得到大量的微孢子虫（这些微孢子虫在形态、血清学或感染性等方面与家蚕微粒子虫有所不同），但因多数缺乏生活史、核相变化等系统的研究而无法确定其种属分类。

4.1.1.2 非传染性寄生生物

对家蚕造成危害的非传染性寄生生物有家蚕追寄蝇（*Exorista sorbillans* Wiedemann）、球腹蒲螨（*Pyemotes ventricosus* Newport，异名虱状蒲螨）、响蛆蝇、寄生蜂、蚂蚁、黄蜂，及属蛛形纲的其他蜱螨类。非传染性寄生生物由于没有传染特性而不会出现明显的大面积危害现象，但由于其具有较为广泛的寄主域而在某些特定区域造成病害的流行。此外，非传染性生物对家蚕的危害（包括桑毛虫和刺毛虫毒毛的蛰伤，蚂蚁、老鼠和蜥蜴等的捕食/咬食等机械性或其有毒物质对家蚕的危害）与养蚕周边生态环境有密切关系。

4.1.2 化学因素的种类与特征

化学因素主要为有毒化学物质对家蚕的影响，对养蚕造成危害的有毒化学物质主要是农药和厂矿企业“三废”，这些有毒化学物质可以直接或通过空气与家蚕接触而危害家蚕，也可以通过污染桑园（或桑叶）、蚕室和蚕具等间接危害家蚕。

化学因素对家蚕的危害（毒性）主要取决于有毒化学物质的化学性质和进入蚕体的剂量，以及家蚕所处状态（发育阶段、环境条件和品种抗性等）。

化学因素进入蚕体的主要途径：口腔、气门和体壁。在实际生产中，以有毒化学物质通过污染桑叶，在家蚕食下桑叶（或饲料）后造成危害的情况最为常见。

4.1.2.1 农药

农药有杀虫剂、杀螨剂（或杀虫杀螨剂）、杀菌剂、除草剂、杀鼠剂等，其中对养蚕造成严重影响的主要为杀虫剂和杀螨剂。

拟除虫菊酯类杀虫杀螨剂 主要包括氯氰菊酯、溴氰菊酯、氟氯氰菊酯、氯氟氰菊酯、氰戊菊酯、醚菊酯等。

氯氰菊酯（cypermethrin，灭百可）化学名称为（*RS*）-α-氰基-3-苯氧基苄基（*SR*）-3-（2,2-二氯二乙烯基）-2,2-二甲基环丙烷羧酸酯。而高效氯氰菊酯（beta-cypermethrin）化学名称为2,2-二甲基-3-（2,2-二氯乙烯基）环丙烷羧酸-α-氰基-（3-苯氧基）-苄酯。两者都难溶于水，易溶于酮类、醇类和芳烃类；在醇类、中性或弱酸性条件下稳定，遇碱易分解；对光、热稳定；大鼠急性经口 LD_{50}分别为250 ～ 4150 mg/kg和649 mg/kg。

溴氰菊酯（deltamethrin，敌杀死）化学名称为（*S*）-α-氰基-3-苯氧基苄基（+）-3-（2,2-二溴乙烯基）-2,2-二甲基环丙烷羧酸酯。微溶于水，易溶于有机溶剂；在酸性条件下比碱性条件下更稳定；暴露于空气中非常稳定；大鼠急性经口 LD_{50}为5000 mg/kg。

氟氯氰菊酯（cyfluthrin，百树菊酯）化学名称为（*RS*）-α-氰基-3-苯氧基苄基-3-（2-氯-3,3,3-三氟-1-丙烯基）-2,2-二甲基环丙烷羧酸酯。微溶于水，易溶于有机溶剂；室温稳定；大鼠急性经口 LD_{50}为500 mg/kg；其高效异构体拆分后的产物为高效氟氯氰菊酯（beta-cyfluthrin，保得）。高效氟氯氰菊酯，又称乙体氟氯氰菊酯，化学名称为氰基-（4-氟-3-苯氧苄基）-甲基-（2,2-二氯乙烯基）-2,2-二甲基环丙烷羧酸酯。

氯氟氰菊酯（cyhalothrin）化学名称为（*IR*）-顺式-（*Z*）-2,2-二甲基-3-（2-氯-3,3,3-三氟-1-丙烯基）环丙烷羧酸-（*S*）-α-氰基-3-苯氧基苄酯/（*IS*）-顺式-（*Z*）-2,2-二甲基-3-（2-氯-3,3,3-三氟-1-丙稀基）环丙烷羧酸-（*R*）-α-氰基-3-苯氧基苄酯（1:1的混合物）。大鼠急性经口 LD_{50}为166 mg/kg。高效氯氟氰菊酯（lambda-cyhalothrin，功夫）化学名称为3-（2-氯-3,3,3-三氟丙烯基）-2,2-二甲基环丙烷羧酸-α-氰基-3-苯氧苄基酯。两者都难溶于水，溶于丙酮等有机溶剂；光稳定。

氰戊菊酯（fenvalerate，杀灭菊酯）化学名称为（*RS*）-α-氰基-3-苯氧基苄基（*RS*）-2-（4-氯苯基）-3-甲基丁酸酯。*S*-氰戊菊酯（esfenvalerate，来福灵）化学名称为（*S*）-α-氰基-3-苯氧基苄基（*S*）-2-（4-氯苯基）-3-甲基丁酸酯。两者都难溶于水，溶于二甲苯和丙酮等有机溶剂；酸、光、热稳定，遇碱易分解；大鼠急性经口 LD_{50}分别为451 mg/kg和75 ～ 458 mg/kg。

醚菊酯（etofenprox，多来宝）化学名称为2-4-乙氧基苯基-2-甲基丙基-3-

苯氧基苄基醚。结构中无菊酸，但空间结构和拟除虫菊酯类有相似之处而归入此类。难溶于水，易溶于氯仿和丙酮等有机溶剂；酸、碱和光稳定；大鼠急性经口 LD_{50}为21440 ～ 42880 mg/kg。

拟除虫菊酯类杀虫杀螨剂对家蚕剧毒，而且在污染桑叶上的残留时间超过桑叶生长期，是多数蚕区在蚕期严禁使用的农药。

沙蚕毒素类杀虫剂 主要包括杀虫双、杀虫单、杀螟丹、杀虫环及杀虫磺等。

杀虫双（bisultap）和杀虫单（monosultap）的化学名称分别为2-*N*,*N*-二甲氨基-1,3-双（硫代磺酸钠基）丙烷和2-*N*,*N*-二甲氨基-1-硫代磺酸钠基丙烷。两者均易溶于水，可溶于95%热乙醇和无水乙醇等有机溶剂，微溶于丙酮及部分有机溶剂；在中性及偏碱条件下稳定，在酸性下会分解，在常温下亦稳定；大鼠经口 LD_{50}为451 mg/kg。

杀螟丹（cartap，巴丹）的化学名称为1,3-二（氨基甲酰硫）-2-二甲氨基丙烷-盐酸盐。水溶性很好，难溶于除醇类以外的有机溶剂；在酸性条件下稳定，碱性条件下不稳定；大鼠急性经口 LD_{50}为250 mg/kg。

杀虫环（thiocyclam，硫环杀、易卫杀）主要由*N*,*N*-二甲基-1,2,3-三硫杂环己-5-胺及其草酸盐组成。微溶于水，可溶于甲苯等溶剂。

杀虫磺（bensultap）的化学名称为*S*,*S*-[2-（二甲胺基）三亚甲基]双硫代苯磺酸酯。

沙蚕毒素类杀虫剂对家蚕剧毒，而且在污染桑叶上的残留时间超过桑叶生长期，是多数蚕区蚕期严禁使用的农药。

阿维菌素类杀虫杀螨剂 主要有阿维菌素（avermectin，齐螨素）和甲氨基阿维菌素苯甲酸盐（emamectin benzoate，埃玛菌素、甲维盐）。

阿维菌素为十六元大环内酯化合物，由链霉菌中灰色链霉菌（*Streptomyces avermitilis*）发酵产生；遇光易分解；大鼠经口 LD_{50}为1470 mg/kg。

甲氨基阿维菌素苯甲酸盐是从发酵产品阿维菌素 B_1开始合成的一种新型高效半合成抗生素杀虫剂；溶于丙酮和甲醇，微溶于水；遇光极易分解。

阿维菌素类杀虫杀螨剂对家蚕剧毒，而且在污染桑叶上的残留时间很长，是多数蚕区蚕期严禁使用的农药。

氯化烟酰类杀虫剂 常见的有吡虫啉（imidacloprid，咪蚜胺）、啶虫脒（acetamiprid，吡虫清）和噻虫嗪（thiamethoxam，阿克泰）等。

吡虫啉的化学名称为1-（6-氯-3-吡啶基甲基）-*N*-硝基亚咪唑烷-2-基胺，属硝基亚甲基类内吸杀虫剂。难溶于水，易溶于二氯甲烷；pH 5～11稳定；大鼠急性经口 LD_{50}为1260 mg/kg。

啶虫脒的化学名称为*N*-（*N*-氰基-乙亚胺基）-*N*-甲基-2-氯吡啶-5-甲胺，属硝基亚甲基杂环类化合物。难溶于水，可溶于大多数极性有机溶剂；在中性或偏酸性介质中稳定；大鼠急性经口 LD_{50}为146～217 mg/kg。

噻虫嗪的化学名称为3-（2-氯-1,3-噻唑-5-基甲基）-5-甲基-1,3,5-噁二嗪-4-基叉（硝基）胺。大鼠急性经口 LD_{50}为1563 mg/kg。

氯化烟酰类杀虫剂对家蚕剧毒，而且在污染桑叶上的残留时间很长，是多数蚕区蚕期严禁使用的农药。

保幼激素与蜕皮激素类杀虫剂 主要有吡丙醚（pyriproxyfen，蚊蝇醚）、烯虫酯（methoprene，可保持）、抑食肼（虫死净）和虫酰肼（tebufenozide，米满）等。

吡丙醚的化学名称为4-苯氧苯基（*RS*）-2-（2-吡啶基氧）丙基醚。属保幼激素类杀虫剂；易溶于己烷、甲醇和二甲苯；大鼠急性经口 LD_{50}＞5000 mg/kg。

烯虫酯的化学名称为（*E*,*E*）-（*RS*）-11-甲氧基-3,7,11-三甲基十二碳-2,4-二烯酸异丙酯。属保幼激素类杀虫剂；大鼠急性经口 LD_{50}＞34600 mg/kg。

抑食肼的化学名称为*N*-苯甲酰基-*N′*基苯甲酰肼。属蜕皮激素类杀虫剂；难溶于水；遇碱易分解；大鼠急性经口 LD_{50}为271 mg/kg。

虫酰肼的化学名称为*N*-叔丁基-*N*-（4-乙基苯甲酰基）-3,5-二甲基苯甲酰肼。属蜕皮激素类杀虫剂；难溶于水；遇碱易分解；大鼠急性经口 LD_{50}为5000 mg/kg。

其他同系列的蜕皮激素类杀虫剂还有甲氧虫酰肼 [methoxyfenozide，*N*-叔丁基-*N′*-（3-甲基-2-甲苯甲酰基）-3,5-二甲基苯甲酰肼]、氯虫酰肼（halofenozide）和呋喃虫酰肼 [福先，*N*-（2,3-7-氢-2,7-二甲基-苯并呋喃-6-

甲酰基)-N'-特丁基-N'-(3,5-二甲基苯甲酰基肼]等。

苯甲酰苯脲类和嗪类杀虫杀螨剂 主要有除虫脲(diflubenzuron,灭幼脲1号)、氟啶脲(chlorfluazuron,定虫隆或抑太保)、氟铃脲(hexaflumuron,盖虫散)、氟虫脲(flufenoxuron,卡死克)、丁醚脲(diafenthiuron,宝路或杀虫隆)、噻嗪酮(buprofezin,优乐得或扑虱灵)、灭蝇胺(cyromazine,斑蝇敌)和虱螨脲(lufenuron)等。

除虫脲的化学名称为1-(4-氯苯基)-3-(2,6-二氟苯甲酰基)脲。不溶于水,难溶于大多数有机溶剂;对光、热比较稳定,遇碱易分解,在酸性和中性介质中稳定;对甲壳类和家蚕有较大的毒性,对人畜和环境中其他生物安全,属低毒无公害农药,大鼠急性经口 LD_{50}为4640 mg/kg。

氟啶脲的化学名称为1-[3,5-二氯-4-(3-氯-5-三氟甲基-2-吡啶氧基)苯基]-3-(2,6-二氟苯甲酰基)脲。不溶于水,难溶于大多数有机溶剂;对光、热比较稳定;大鼠急性经口 LD_{50}为8500 mg/kg。

氟铃脲的化学名称为1-[3,5-二氯-4-(1,1,2,2-四氟乙氧基)苯基]-3-(2,6-二氟苯甲酰基)脲。大鼠急性经口 LD_{50}为5000 mg/kg。对鱼类和家蚕的毒性较大。

氟虫脲的化学名称为1-[4-(2-氯-α,α,α-三氟-对甲苯氧基)-2-氟苯甲酰]脲。不溶于水,可溶于丙酮;自然光照下稳定;大鼠急性经口 LD_{50}为3000 mg/kg。

丁醚脲的化学名称为1-特丁基-3-(2,6-二异丙基-4-苯氧基苯基)硫脲。难溶于水,溶于丙酮等有机溶剂;在光、空气和水中稳定;大鼠急性经口 LD_{50}为2068 mg/kg。

噻嗪酮的化学名称为2-叔丁基亚氨基-3-异丙基-5-苯基-3,4,5,6-四氢-2H-1,3,5-噻二嗪-4-酮。微溶于水,易溶于丙酮等有机溶剂;对酸和碱稳定,对光和热稳定;大鼠急性经口 LD_{50}为2198 mg/kg。

灭蝇胺的化学名称为N-环丙基-1,3,5-三嗪-2,4,6-三胺。在pH 5～9时,水解不明显;大鼠急性经口 LD_{50}为3387 mg/kg。

虱螨脲的化学名称为(RS)-1-[2,5-二氯-4-(1,1,2,3,3,3-六氟丙氧基)苯基]-3-(2,6-二氟苯甲酰基)脲。在空气、光照下稳定。

有些苯甲酰苯脲类和嗪类杀虫杀螨剂常飞机喷洒用药，可大面积引起家蚕中毒。

有机磷类杀虫剂　主要有敌百虫（trichlorphon）、敌敌畏（dichlorvos）、辛硫磷（phoxim，倍腈松、肟硫磷、腈肟磷）、马拉硫磷（malathion，马拉松）、乐果（dimethoate）、乙酰甲胺磷（acephate，杀虫磷）、毒死蜱（chlorpyrifos，氯砒硫磷、乐斯本）、甲基嘧啶磷（pirimiphos-methyl，安得利）和三唑磷（triazophos，特立克）等。

敌百虫的化学名称为 *O,O*-二甲基-(2,2,2-三氯-1-羟基乙基）膦酸酯。能溶于水和有机溶剂，性质较稳定，但遇碱则水解成敌敌畏；大鼠急性经口 LD_{50}为560～630 mg/kg。敌百虫遇碱性药物可分解出毒性更强的敌敌畏，且分解过程随碱性的增强和温度的升高而加速。

敌敌畏的化学名称为 *O,O*-二甲基-*O*-(2,2-二氯乙烯基）磷酸酯。能溶于有机溶剂，能与大多数有机溶剂和气溶胶推进剂混溶；挥发性大；易水解，遇碱分解更快；大鼠急性经口 LD_{50}为56～80 mg/kg。

辛硫磷的化学名称为 *O,O*-二乙基-*O*-（苯乙腈酮肟）硫代磷酸酯。不溶于水，溶于丙酮、芳烃等化合物；遇碱易分解，在环境中易降解；大鼠（雄）急性经口 LD_{50}为2170 mg/kg。

马拉硫磷的化学名称为 *O,O*-二甲基-*S*-[1,2-二（乙氧基羰基）乙基]二硫代磷酸酯。不稳定，在 pH 5.0以下有活性，pH 7.0以上容易水解失效，pH 12以上迅速分解，遇铁、铝、金属时分解加速；对光稳定，但对热稳定性稍差。大鼠（雄）急性经口 LD_{50}为1634 mg/kg。

乐果的化学名称为 *O,O*-二甲基-*S*-（*N*-甲基氨基甲酰甲基）二硫代磷酸酯。在酸性溶液中较稳定，在碱性溶液中迅速水解；微溶于水，可溶于大多数有机溶剂；大鼠（雄）急性经口 LD_{50}为320～380 mg/kg。

乙酰甲胺磷的化学名称为 *O*-甲基-*S*-甲基-*N*-乙酰基-硫代磷酰胺。易溶于水、甲醇、乙醇、丙酮等极性溶剂和二氯甲烷、二氯乙烷等卤代烃类；在碱性介质中易分解；大鼠急性经口 LD_{50}为945 mg/kg。

毒死蜱的化学名称为 *O,O*-二乙基-*O*-(3,5,6-三氯-2-吡啶基）硫代磷酸酯。难溶于水，溶于大多数有机溶剂；大鼠急性经口 LD_{50}为590 mg/kg。

甲基嘧啶磷的化学名称为 *O-O-* 二甲基 -*O-*(2- 二乙胺基 -6- 甲基嘧啶 -4- 基）-硫逐磷酸酯。易溶于大多数有机溶剂。可被强酸和碱水解，对光不稳定；大鼠（雌）急性经口 LD_{50}为2050 mg/kg。

三唑磷的化学名称为 *O,O-* 二乙基 -*O-*（1- 苯基 -1,2,4- 三唑 -3- 基）硫代磷酸酯。可溶于大多数有机溶剂。对光稳定，在酸、碱介质中水解；大鼠急性经口 LD_{50}为82 mg/kg。

氨基甲酸酯类杀虫杀螨剂 主要有茚虫威（indoxacarb，全垒打或安打）、异丙威（isoprocarb，叶蝉散）、灭多威（methomyl，万灵、灭多虫、甲氨叉威、乙肪威）、克百威（carbofuran，呋喃丹）和涕灭威（aldicarb，铁灭克）等。

茚虫威的化学名称为7- 氯 -2,3,4a,5- 四氢 -2-[甲氧基羰基（4- 三氟甲氧基苯基）氨基甲酰基] 茚并（1,2-e）（1,3,4-）噁二嗪 -4a- 羧酸甲酯。30% 茚虫威水分散粒剂大鼠急性经口 LD_{50}为1867 mg/kg。

异丙威的化学名称为2- 异丙基苯基甲基氨基甲酸酯。在酸性条件下稳定，在碱性条件下不稳定；属中等毒性杀虫剂。

灭多威的化学名称为1-（甲硫基）亚乙基氨基甲氨基甲酸酯。能溶于水、丙酮等有机溶剂，在水溶液中较稳定，在土壤中易分解。

克百威的化学名称为2,3- 二氢 -2,2- 二甲基 -7- 苯并呋喃基甲氨基甲酸酯。25℃时水中溶解度为700 mg/L，可溶于苯等多种有机溶剂；遇碱不稳定；大鼠急性经口 LD_{50}为8 ～ 14 mg/kg。

涕灭威的化学名称为（*EZ*）-2- 甲基 -2-（甲硫基）丙醛基 -*O-* 甲基氨基甲酰基肟。25℃时水中溶解度为0.6%，可溶于丙酮、苯、四氯化碳等大多数有机溶剂；原药大鼠经口 LD_{50}为0.9mg/kg。

硫双威的化学名称为3,7,9,13- 四甲基 -5,11- 二氧杂 -2,8,14- 三硫杂 -4,7,9,12- 四氮杂十五烷 -3,12- 二烯 -6-10- 二酮。难溶于水，能溶于丙酮等有机溶剂；常温下稳定，在弱酸和弱碱性介质中迅速水解；大鼠急性经口 LD_{50}为66 mg/kg。

吡咯（吡唑）类杀虫杀螨剂 主要有虫螨腈（chlorfenapyr，溴虫腈、除尽）、氟虫腈（fipronil，锐劲特）和丁烯氟虫腈（瑞得金）等。

虫螨腈的化学名称为4- 溴 -2-（4- 氯苯基）-1- 乙氧基甲基 -5- 三氟甲基

吡咯-3-腈。可溶于丙酮；大鼠急性经口 LD_{50}为626 mg/kg。

氟虫腈的化学名称为（*RS*）-5-氨基-1-（2,6-二氯-4-三氟甲苯基）-4-三氟甲基亚磺酰基吡唑-3-腈。在 pH 5 ～ 7的水中稳定，在 pH 9时缓慢水解，在太阳光照下缓慢降解，但在水溶液中经光照可快速分解；大鼠急性经口 LD_{50}为97 mg/kg。

丁烯氟虫腈的化学名称为5-甲代烯丙基氨基-3-氰基-1-（2,6-二氯-4-三氟甲基苯基）-4-三氟甲基亚磺酸酰基砒唑。大鼠急性经口 LD_{50}为4640 mg/kg。

吡蚜酮　吡蚜酮（pymetrozine，吡嗪酮）的化学名称为4,5-二氢-6-甲基-4-（3-吡啶亚甲基氨基）-1,2,4-3（2H）-酮。对光、热稳定，弱酸弱碱条件下稳定；大鼠急性经口 LD_{50}为1710 mg/kg。

双甲脒：双甲脒（amitraz，螨克）为甲醚类杀虫杀螨剂，与其同类的杀虫脒（chlordimeform，杀螨醚）因对高等动物的致癌作用而被停产禁用。

4.1.2.2　厂矿企业“三废”

厂矿企业“三废”（废气、废水和废渣）等污染物排放到环境后，其数量超过环境自净能力所造成的环境理化和生物学性状的有害变化，即环境污染。随着污染物排放的急剧增加，环境污染不断加重，环境逐渐恶化。环境污染导致农业生产的减产或绝产，使农产品安全无法保障。环境污染造成的温室效应、酸雨、大气臭氧层减薄，以及生物多样性减少等更为深远的生态学影响正在被大众所关注。随着人类对自身所处生态环境的逐渐重视，养蚕环境也将得以改善。

厂矿企业“三废”可通过直接接触家蚕引起养蚕中毒，也可通过污染桑园（污染水灌溉桑园、污染物污染桑叶）的桑叶再经家蚕食下后引起养蚕中毒。厂矿企业“三废”引起的养蚕中毒以废气危害为多，废气包括气体状污染物和排气相随的粉尘排放。废气或粉尘通过有组织或无组织的形式排放。有害气体可通过桑叶的呼吸作用进入桑叶，有害粉尘随排气过程坠落于桑叶后渗透进入桑叶或黏附于桑叶，家蚕食下这些有害桑叶而中毒。20世纪80年代发现的氟化物中毒就是一种典型的案例，有害的氟化氢气体与氟化物粉尘污染桑叶而引起养蚕中毒。

可引起家蚕中毒的有毒化学物质已有报道的除氟化物外，还有二氧化硫、氯化物和碘化物等，而未经报道的有毒化学物质或可能对家蚕造成危害的化学因素则更多，可谓“无穷无尽”。

4.1.3 物理和生态因素的特征

其他致病因素还有物理和生态因素。物理因素主要是指机械性损伤，以及电离辐射等射线影响。生态因素主要包括：家蚕饲料（桑叶和土壤，或人工饲料质量）、养蚕环境（温湿度控制及大气候影响等）和家蚕自身体质（抗病或抗逆性）。

在养蚕生产中，收蚁、给桑、扩座、除沙、手工挑熟蚕上蔟、采茧和雌雄鉴别等饲养操作过程的粗放常导致家蚕机械性损伤，饲养密度过高等也会造成家蚕因相互间胸足、腹足的抓扒而创伤。

养蚕具有严格的饲养标准，其中对家蚕不同生长发育阶段需要喂饲桑叶（或人工饲料）的质和量、温度和湿度等都有明确的要求，饲养过程中过度偏离标准往往导致家蚕抗病和抗逆性的下降。

物理因素和生态因素虽然是间接的致病因素，但在特定情况下也可成为病害流行和暴发的重要诱因或主要因素。此外，影响广泛性和不确定性也是其明显的特征。

4.2 传染性病原微生物对家蚕的作用

不同致病因素对家蚕的作用不同，这种不同包括进入蚕体的途径，靶标细胞或组织器官，病原微生物的繁殖或其他致病因素的消减，致病过程的生理生化或分子生物学机制，致病过程中的病征（sign）或症状（symptom）、病变（lesion）和病程（pathogenesis），以及病原微生物的排出等方面。当然，不同致病因素作用于家蚕后，也存在部分相同或相似之处。不同致病因素作用于家蚕后对养蚕的危害也不尽相同。

4.2.1　家蚕血液型脓病病毒

家蚕血液型脓病病毒（BmNPV）有多角体态病毒粒子（PDV或OV）和细胞释放型病毒粒子（CRV或BV），PDV通过家蚕食桑被摄入消化道后发生感染和致病（经口感染，或称食下感染），CRV通过家蚕创口进入血淋巴（hemolymph）后发生感染和致病（经创感染，wound infection）。前者是养蚕生产中较为普遍的情况，后者往往发生在养蚕中个体发病而未及时剔除时，就个体而言CRV进入蚕体后发病相对更快。

家蚕血液型脓病病毒多角体（BmNPB）随食桑或饲料过程进入消化道后，在强碱性消化液的作用下多角体被溶解和释放出PDV；PDV穿过围食膜（peritrophic membrance）进入消化管上皮细胞层，或透过消化管上皮细胞层的细胞间隙或细胞质直接进入血淋巴；病毒随血液循环入侵血细胞、脂肪体细胞、气管上皮细胞、体壁真皮细胞、丝腺细胞、生殖细胞和消化管。由于主要病变或致病靶组织为血淋巴，所以BmNPV引起的病害称血液型脓病。蚕农根据主要病变组织和病征（流出血液）称之为“水白肚”。

BmNPV病毒通过吸附（attachment）、融合（fusion）、脱壳（uncoating）和进入（entry）等过程进入细胞并进行繁殖，在细胞核内繁殖形成新的BmNPV和BmNPB；随着BmNPB的大量增加，细胞核膨大，细胞增大，或组织出现局部肿胀的病变（如气管上皮细胞层的肿胀）；细胞核和细胞过度膨大后发生破裂，从细胞内释放出大量病毒，感染更多细胞，甚至导致组织器官破裂，向血淋巴释放大量的BmNPB、CRV、细胞核和细胞器的碎片等。

病毒的感染和繁殖导致家蚕正常代谢和生理功能的异常，并在外观上表现出病征。由于BmNPV感染剂量、感染家蚕时期和环境的不同，家蚕在不同生长发育时期表现的病征也不尽相同，主要有不眠蚕、起节蚕、高节蚕、脓蚕、焦脚蚕和黑褐色大病斑蚕等，而“体色乳白、体躯肿胀、狂躁爬行、体壁易破”是其典型病征（有此病征必然有该致病因素的存在）（图2-2、图3-14和图3-17C）。

血细胞、脂肪体细胞、气管上皮细胞、体壁真皮细胞、丝腺细胞或生殖细胞的大量破裂，导致血淋巴呈乳白色。体壁真皮细胞的破裂使家蚕体壁易破，体壁破裂后大量的BmNPB和CRV排出体外，成为蚕座内和养蚕环境的重要污染源。

4.2.2 家蚕中肠型脓病病毒

家蚕中肠型脓病病毒（BmCPV）主要通过食下感染。家蚕中肠型脓病多角体（BmCPB）随食桑进入消化道后，在强碱性消化液的作用下被溶解并释放出病毒粒子；病毒粒子穿过围食膜进入消化管上皮细胞层，一般先入侵中肠后端上皮细胞的圆筒形细胞。由于BmCPV仅入侵和感染中肠组织，所以BmCPV引起的病害也称中肠型脓病。蚕农根据主要病变组织和病征称之为“干白肚”。

病毒通过吸附后释放髓核物质进入细胞并进行繁殖，BmCPV在细胞质内繁殖形成新的BmCPV和BmCPB；随着BmCPB的大量增加，细胞膨大和破裂；BmCPV在中肠后端细胞增殖的同时，逐渐向前端扩散。

病毒的感染和繁殖对家蚕主要为消化系统正常代谢和生理功能的影响，其致病作用相对BmNPV较小。家蚕外观上表现的病征由于BmCPV感染剂量、感染家蚕时期和环境的不同而不尽相同。首先出现的病征是由感染个体发育迟缓而导致的群体发育不齐，其后感染个体出现空头，体躯瘦小软化，起蚕体色转青缓慢，严重时排稀粪或排出带有乳白色的蚕粪。解剖病蚕中肠，可见后端呈乳白色横皱，或整个中肠呈乳白色横皱，该病变为家蚕中肠型脓病的典型病变（有此病变必然有该致病因素的存在）。相关病征和典型病变可参见图2-3A、图2-4、图3-9A和图3-11。

中肠感染后，随着感染细胞的破裂，大量BmCPV、BmCPB、细胞核及细胞器碎片释放到肠腔，随排粪排出体外，污染蚕座及养蚕环境。

4.2.3 家蚕浓核病病毒

家蚕浓核病病毒（BmDNV）通过食桑被食下后，入侵家蚕中肠上皮细胞的圆筒形细胞。BmDNV在圆筒形细胞的细胞核内增殖，导致细胞核肥大；病毒增殖到一定程度后细胞主要表现为萎缩（组织病理学中的球状体）和脱落。

病毒感染和繁殖的靶组织为中肠，其对家蚕主要为消化系统生理功能的影响，致病作用相对 BmCPV 更小。家蚕浓核病病蚕早期病征类似质型多角体病，主要表现为：群体发育不齐，空头，体躯瘦小软化，起蚕体色转青缓慢，或排出念珠状蚕粪等。主要病变为中肠空虚、食下的桑叶碎片极少、肠液多为黄绿色。

中肠感染后，随着感染细胞的脱落，大量 BmDNV 随之进入肠腔和随排粪排出体外，污染蚕座及养蚕环境。

4.2.4　家蚕传染性软化病病毒

家蚕传染性软化病病毒（BmIFV）通过食桑被食下后，入侵家蚕中肠上皮细胞的杯形细胞。BmIFV较多地从中肠先端的杯形细胞入侵，随病毒的增殖，细胞萎缩和球状化，并发生脱落。中肠病变从其先端可扩散到整个中肠。

病毒感染和繁殖的靶组织为中肠，其对家蚕主要为消化系统生理功能的影响，致病作用相对 BmCPV 更小，与 BmDNV 十分相似。家蚕病征主要表现为：群体发育不齐，空头，体躯瘦小软化，起蚕体色转青缓慢，或排出念珠状蚕粪。主要病变为中肠空虚、食下的桑叶碎片极少、肠液多为黄褐色（图4-13）。

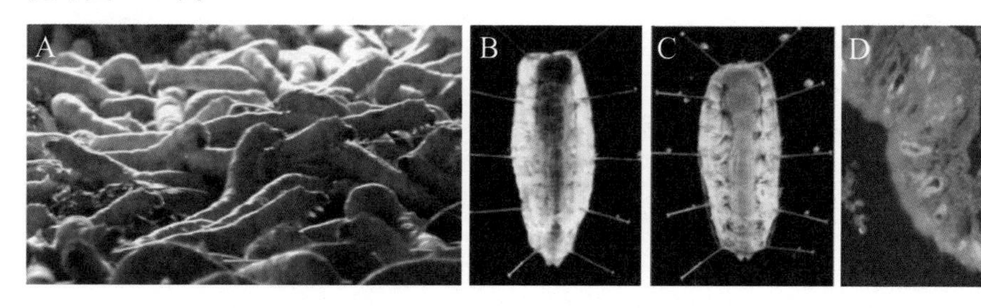

图4-13　家蚕病毒性软化病主要病征和病变

注：A. 空头症状；B. 健康家蚕中肠解剖（金伟）；C. 病蚕中肠解剖（金伟）；D. 感染 BmIFV 中肠荧光切片（金伟），翠绿荧光为感染细胞。

中肠感染后，随着感染细胞的脱落，大量 BmIFV 随之进入肠腔和随排粪排出体外，污染蚕座和养蚕环境。

4.2.5 败血性细菌

败血性细菌主要通过创口进入家蚕血淋巴后急速增殖。在细菌增殖破坏血液功能的同时，部分菌株还可分泌对蚕有毒的物质，在病征中表现类似中毒症状的同时加快感染个体的死亡。

由于可引起家蚕细菌性败血症的细菌种类繁多，不同细菌引起的家蚕细菌性败血症的病征不完全一致。常见的病征：感染后停止食桑，体躯挺伸，行动呆滞或静伏于蚕座；胸部膨大，腹部各环节间收缩，少量吐液，排软粪或念珠状粪，或排黑褐色污液，痉挛侧倒而死等。初死时，有短暂的尸僵现象，胸部膨大，头尾翘起，腹部向腹面弯曲，胸脚伸直，腹脚后倾，各环节由于紧缩而中央稍鼓起，其体色与正常蚕无明显差异等。死亡数小时后，尸体逐渐软化，体壁松弛，体躯伸展，体色异常；继而全身柔软扁瘪，组织器官解离液化、腐败发臭，仅剩几丁质外皮，稍经振动则流出恶臭污液。细菌性败血症在死亡前一般较难辨别。

生产上常见的有黑胸败血症（在胸部背面或腹部第1～3环节出现黑绿色尸斑，尸斑很快扩展至前半身，甚至全身变黑）、灵菌败血症（在体壁出现褐色小圆斑，随着组织器官的解离、液化而渐变成嫣红色，最后流出红色的污液）和青头败血症（死后不久，胸部背面出现绿色半透明的块状尸斑）（图3-15）。

灵菌也可经食下后透过中肠进入血淋巴而使家蚕发病，该种情况称为继发性灵菌败血症，在病征和病程等方面与上述细菌性败血症有明显的不同，在生产上发生较少，危害相对较小。

4.2.6 苏云金杆菌及毒蛋白

细菌性中毒症也称之为猝倒病。本病是家蚕食下苏芸金杆菌及其变种所产生的毒素（毒蛋白）而引起的，毒素进入消化道后，被碱性消化液分解为有毒小肽，影响中肠上皮细胞和神经系统。该病以大蚕期发生为多，有急性和慢性中毒两种。

家蚕在食下大量毒素后，数十分钟乃至数小时内中毒死亡。前期症状往往不易被察觉，中毒家蚕表现为突然停止食桑，前半身抬起，胸部略膨胀，呈苦闷状，有痉挛性颤动并伴有吐液，全身麻痹而突然猝死，猝倒病的名称即由此而来。初死时体色尚无变化，手触尸体有硬块，后部空虚，有轻度尸僵现象，头部缩入呈勾嘴状，多数第1～2腹节略伸长。

家蚕食下亚致死剂量毒素时，不出现急性中毒。初期表现为食欲减退，体色较暗，后肠以下空虚，排不正形粪，有时排出红褐色污液。濒死时，体色暗黄，间有吐液，肌肉松弛、麻痹，背管搏动缓慢，匍匐于桑叶面上，手触蚕体柔软，倒卧而死。本病蚕的尸体起初呈现水渍状病斑，渐次变褐而腐烂，流出黑褐色污液。蚕食下临界亚致死剂量毒素时，也会表现中毒症状：突然停止食桑，有轻微的痉挛性颤动，上半身空虚，行动呆滞，但经过一段时间病理反应后，可恢复食桑，体色也会渐次恢复正常，但此后体躯瘦长，发育明显比正常蚕慢，入眠及上蔟均比正常蚕推迟1～3天，但最终蚕体发育和茧质与正常蚕无大差异。

4.2.7 肠球菌

家蚕在高温多湿、有害物质作用、催青和饲养技术严重不当的情况下，体质明显下降，继而发生细菌性肠道病。家蚕体质下降后，对肠球菌急剧增殖具有抑制作用的有机酸和抗肠球菌蛋白等减少，消化液 pH降低，消化道内其他被强碱性所抑制的细菌大量增殖而致病。病原菌及随之大量增殖的其他细菌对家蚕的致病作用，主要是对家蚕消化和吸收功能的影响。

由于消化道内微生物种群的不同，家蚕病征的差异也较大。但由于其消化和吸收功能的受损，家蚕一般表现为食欲减退、举动不活泼、身体瘦小、生长缓慢、发育不齐等慢性症状。常见病征有“起缩”“空头”和“下痢”。

4.2.8 白僵菌

白僵菌分生孢子黏附于家蚕体壁后，在适宜的温湿度（26℃，RH≥80%）条件下，分生孢子发芽，伸出芽管并穿过体壁（经皮感染，或称接触传染，

percutaneous infection），进入血淋巴后成为营养菌丝；环境温度越高，营养菌丝生长速度越快；营养菌丝大量生长，呈分枝状，并有单细胞的营养菌丝脱落，成为芽生孢子（或称短菌丝、节孢子。图4-8A）；芽生孢子随血液循环遍布家蚕全身，同时芽生孢子生长成为营养菌丝；家蚕死亡后营养菌丝耗尽蚕体内养分而穿出体表，形成气生菌丝和长出分生孢子。

白僵菌营养菌丝在家蚕血液大量繁殖的过程中，消耗蚕体营养，在影响家蚕血液正常功能的同时，影响浸润于血淋巴各种器官的生理功能。此外，部分白僵菌还可分泌白僵菌素等对家蚕具有毒性的物质，导致家蚕出现“吐液”病征和加快死亡。

白僵菌感染初期家蚕可表现出体色变暗和行动迟钝等异常，但病征不明显。感染发病家蚕在死亡前，可出现油渍状或细小针点状病斑、排稀粪、少量吐液等病征；死亡初，头胸向前伸出，身体软化，或体色呈淡红色，血液呈黄白色浑浊状、在光照下可见闪光点；随着死亡时间的延长，尸体逐渐硬化，整个蚕体的体表都长出白色绒毛状气生菌丝；最后白色粉状分生孢子覆盖全身（图2-5和图3-16A—C）。

白僵菌分生孢子较易附着在家蚕体壁皱褶较多的部位，由于体壁对分生孢子的芽管伸长和穿入体壁具有一定的抵抗性，分生孢子一般在小蚕、起蚕和熟蚕等抗性相对较弱的时期，于节间膜等体壁较薄部位入侵。气生菌丝也首先从体壁较薄的节间膜等部位穿出，蛹期尤为明显。多数后期僵蛹仅环节间长有气生菌丝和分生孢子，环节的几丁质外壳部位不能长出气生菌丝；有时仅是蛹体干瘪硬化，而未长出气生菌丝。此外，在夏秋蚕期，由于家蚕消化道内细菌较多，白僵菌感染后家蚕体质下降，消化道内细菌大量繁殖。在白僵菌与细菌共同作用加快家蚕死亡的同时，两者的繁殖竞争在家蚕死亡后表现的特征与上述的全身硬化不同，白僵菌优势生长的部位硬化并长出气生菌丝和分生孢子，而其他部位则呈腐烂状。

4.2.9 绿僵菌

绿僵菌在入侵、繁殖、致病和病征等方面与白僵菌类似。在入侵方面，绿僵菌分生孢子入侵的能力略低于白僵菌，入侵的适宜温度为24℃；营养菌丝在血淋巴中繁殖形成的短菌丝为豆荚状（图4-8B），未发现有毒物质的产生；在病征方面，绿僵病家蚕有时可出现“云纹状”黑褐色病斑，尸体或硬化部位长出绿色粉状分生孢子（图3-16D—F）。

绿僵菌和灰僵菌等对家蚕入侵能力相对较弱的真菌，分生孢子进入家蚕体壁后由于体壁血细胞和多酚氧化酶等防御功能的作用容易形成病斑，真菌仅停留于体壁，从而造成家蚕蜕皮困难，即出现半蜕皮蚕，或蜕皮中家蚕体壁爆裂流出血液（氧化而成黑褐色）等病征。

4.2.10　曲霉菌

曲霉菌与上述两种真菌病相似，但也有明显不同之处。分生孢子入侵家蚕体壁的能力较前述两种真菌都低，一般在1龄期或2～3龄的胸部皱褶处，或大蚕的尾部环节附着入侵，也可从消化道的后部发芽生长。分生孢子入侵体壁的适宜温湿度为29℃和 RH≥80%。营养菌丝在血淋巴中不产生短菌丝，但可分泌黄曲霉素等对蚕体有毒的成分。

小蚕期曲霉菌感染较难发现，经验丰富者可较早地发现蚕座内家蚕头数的不足，从而从蚕座的底层发现死亡家蚕，或“霉花”状死蚕；较早发现的死蚕放置高温多湿环境中1-2天就会变成“霉花”（图3-16G）。

在2～3龄蚕期，由于家蚕胸部皱褶容易附着孢子，体壁又相对较薄，曲霉菌较易从此入侵，但其入侵能力相对较弱，分生孢子入侵体壁后仅局限于体壁形成褐色病斑，从而导致家蚕在蜕皮时出现病斑处爆裂、流出血液的病征；大蚕期感染，在入侵处可出现病斑，部分菌丝进入血淋巴后，病死蚕出现局部硬化，但由于该菌不产生短菌丝，病蚕无全身硬化的病征，其他部位呈腐烂状；家蚕死亡后在病斑处可长出气生菌丝及黄褐色分生孢子，分生孢子因曲霉菌种类的不同而有差异。熟蚕期也是一个较易感染曲霉菌的时期，该时期感染蚕多数成为僵蛹，尸体成为干瘪的蛹（全身硬化），部分可在节间膜处长出气生菌丝和分生孢子。

曲霉菌分生孢子如从家蚕消化道后部发芽，则病蚕往往出现“粪结”

病征，即在尾部环节出现手触硬块，排粪困难或排不出（图3-16J）；家蚕死亡后，从肛门处长出气生菌丝和分生孢子。

4.2.11 家蚕微粒子虫

家蚕微粒子病（pebrine disease）是家蚕微粒子虫通过食下或胚种两个途径感染家蚕后发生的病害。

微粒子虫孢子通过胚胎脐孔或家蚕摄食（桑叶或人工饲料）感染家蚕后，在消化液的碱性及其他因子的影响下发芽和弹出极丝，并通过极丝使孢原质透过家蚕围食膜而直接注入中肠上皮细胞，或形成芽体后被家蚕中肠上皮细胞吞噬而进入细胞内。

家蚕微粒子虫的孢原质进入中肠上皮细胞，经过裂殖繁殖和孢子形成阶段后产生长极丝孢子和短极丝孢子，在此增殖过程中主要消耗宿主（家蚕）细胞的营养，尚未发现有毒物质的产生。长极丝孢子作为休眠态的孢子在细胞内不再发芽和进行新的繁殖周期。短极丝孢子在宿主细胞内可继续发芽，在细胞内繁殖或入侵周边细胞进行繁殖。由此，家蚕微粒子虫从中肠上皮细胞扩散到肌肉、血细胞、中肠上皮细胞周边细胞和组织器官。血细胞的感染和血细胞在体腔内的循环，以及微粒子虫孢子在其中的繁殖和不断发芽，使微粒子虫感染遍及器官上皮细胞、体壁上皮细胞和生殖细胞等全部组织器官的细胞。

家蚕生殖细胞和器官的感染可导致蚕卵内带有家蚕微粒子虫。家蚕微粒子虫在蚕卵内部位不同，对蚕卵的生长发育的影响和致病作用不同。如图4-14所示，只有当卵母细胞未被微粒子虫感染，滋养细胞被感染，且滋养细胞中的微粒子虫通过脐孔进入成长期（反转期）胚胎而导致胚胎被感染时，胚胎才可能孵化和发育成幼虫，即发生事实上的胚种感染，且可能严重影响蚕茧生产。由于家蚕胚胎发育到成长期后，微粒子虫通过脐孔进入家蚕消化道而发生细胞入侵和感染，因此，其感染个体和在个体内的传播过程与食下感染相似，但在感染时间上更早。

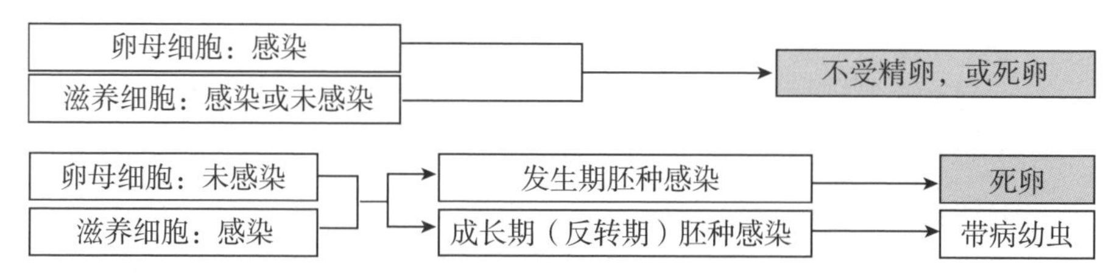

图4-14 家蚕微粒子病胚种感染

家蚕微粒子虫感染的家蚕因感染时期和感染剂量的不同，表现出不同的病征，发育缓慢是其共同特征。在群体上往往表现为发育不齐。因群体中经卵传染个体较少和该病具有慢性病的特征，在养蚕生产中一般较难发现病蚕。

幼虫期主要病征 早期感染（经卵感染或孵化即可食下感染）幼虫主要表现为发育缓慢，疏毛迟缓或不疏毛，体色深暗，迟眠或不眠；2龄以后家蚕表现除迟眠或不眠外，还有体壁缩皱、黑褐色斑点（“胡椒蚕”英文病名的由来），体色呈锈色，蜕皮困难或半蜕皮等（图3-10C上、图3-10D和E）；熟蚕常为结茧不正型，或不结茧。

蛹期主要病征 蛹体表面光泽偏暗，反应迟钝，腹部松弛，甚至可从环节间透视到体内蚕卵，或出现黑褐色病斑（图3-10C中）；轻者可羽化，但往往迟于正常蚕蛹，重者不能正常羽化（难于脱去蛹壳的半脱壳蛾），或成为死笼。

蛾期主要病征 “污渍蛾”（因羽化困难，体液外流或蛾尿乱排而身体沾有氧化的血液或蛾尿）羽化后不能正常展翅（俗称“拳翅蛾”）或展翅不良，翅脉出现水泡状或黑褐色斑点，鳞毛大量脱落（“秃蛾”），环节间松弛并可透见体内蚕卵（“大肚蛾”，见图3-10F和G），交配能力不足或产卵能力下降（产卵数明显不足，或不受精蚕卵较多）。

卵期主要病征 卵形不规则、大小不一、排列不整齐（健康的母蛾一般以蛾圈圆心为中心，由外向内产蚕卵，蚕卵稍大一端向外，较小一端在圆心侧），产附差而容易脱落，常产叠卵，以及产卵数少、不受精卵和死卵数量多等（图3-10B）。

家蚕微粒子虫感染家蚕各种细胞的基本特征是细胞肿胀和呈乳白色或淡黄色。由于结构或感染时间上的差别，不同组织或器官的细胞会表现出不同的病变。如幼虫期家蚕的血液呈混浊状（程度上低于白僵病和绿僵病），全身遍布黑褐色小圆点（胡椒状病斑），丝腺、气管、肌肉和马氏管等出现乳白色脓疱（局部肿胀）等，其中丝腺的病征为典型病变（图3-10A）。

由于家蚕微粒子虫对家蚕是全身性的感染（可感染所有组织器官的细胞），微粒子虫孢子在细胞中繁殖后，导致细胞破裂，释放微粒子虫孢子，因此在病蚕的排泄物（蚕粪、蛾尿）、脱落物（蜕皮、鳞毛、卵壳、蛹壳）和血液中都有微粒子虫孢子。

4.2.12 其他微孢子虫

其他微孢子虫主要感染家蚕的消化道和肌肉，也会出现发育缓慢的病征和肿胀的病变。多数缺乏胚种传染性或传染性较低而对养蚕生产影响较小。

不同病原微生物对家蚕的作用不同，在病程上的不同（表4-1），与诊断中病害种类的确定和发病原因的分析密切相关；在外观病征或病变上的不同，与诊断中病害种类的确定有关；在感染途径和靶组织上的不同，与诊断中检测技术、取样靶向，以及养蚕中如何防止感染和减少污染扩散等病害防控技术中采取的针对性措施有关。但不同病原微生物感染家蚕的剂量不同（生产中常见的不确定因素）对病程有明显影响，此外不同蚕品种、家蚕发育阶段和气候等也会有其特定的影响。因此，在生产实践中的养蚕病害诊断，必须进行综合和系统的分析。

在生产中，不仅病原微生物对家蚕的致病性有其独特性，蚕品种、饲养流程的标准化程度和气候等都会影响病原微生物的作用结果，农药对家蚕的作用和毒性也类似。

表4-1　不同家蚕病害的感染途径、靶组织和病程

病害种类	感染途径	靶组织	病程 / 天
血液型脓病	食下、创伤	血细胞、脂肪体细胞、气管上皮细、体壁真皮细胞、丝腺细胞、生殖细胞，或中肠上皮细胞	3 ～ 7
中肠型脓病	食下	中肠上皮细胞	4 ～ 12
浓核病	食下	中肠上皮细胞	5 ～ 12
传染性软化病	食下	中肠上皮细胞	5 ～ 12
细菌性败血症	创伤	血淋巴	1
细菌性中毒症	食下	神经系统、中肠上皮细胞	即刻～ 7
细菌性肠道病	食下	消化液	/
白僵病	经皮、创伤	血液	3 ～ 5
绿僵病	经皮、创伤	血液	3 ～ 7
曲霉病	经皮、创伤	血液	2 ～ 9
微粒子病	食下、胚种	中肠上皮细胞、血细胞、脂肪体细胞、气管上皮细胞、体壁真皮细胞、肌纤维细胞、丝腺细胞、生殖细胞等。	5 ～ 15

4.3　农药对家蚕的作用

农药可通过家蚕的口腔、气门和体壁进入蚕体而对家蚕造成危害，但较为常见的是通过口腔，即通过食桑（或饲料）而中毒。不同农药对家蚕的毒害作用不同，家蚕表现的症状也不同，但不同的农药也可使家蚕出现类似的症状。农药有杀虫剂、杀螨剂、杀菌剂、除草剂、杀鼠剂等，其中对养蚕造成严重影响的主要为杀虫剂和杀螨剂。

4.3.1　拟除虫菊酯类杀虫杀螨剂

拟除虫菊酯类杀虫杀螨剂以触杀和胃毒发挥作用，不具有内吸性，主要作用于昆虫外周和中央神经系统。在初期，此类杀虫杀螨剂对神经轴突具

有闭锁作用（blocking action），引起神经系统钠离子通道的极度放大，从而使神经系统兴奋过度；通过刺激神经细胞引起重复放电（discharge），从而导致昆虫麻痹。在毒性特点方面，拟除虫菊酯类具有较低温度下毒性更大的负温度依赖性、极好的击倒作用（knock-down）和选择性毒性等。

氯氰菊酯（灭百可） 氯氰菊酯或高效氯氰菊酯主要用于防治农作物上发生的鳞翅目害虫，也用于防治公共卫生和畜牧业中的多种害虫，如蝇、蟑螂、蚊、蚤、虱、臭虫，以及动物体外寄生虫（如蜱，螨）等。

溴氰菊酯（敌杀死） 溴氰菊酯主要用于防治农业害虫，一般以乳油兑水喷雾，用于棉花、蔬菜、果树、茶树、油料作物、烟草、甘蔗、旱粮、林木、花卉等作物，防治各种蚜虫、棉铃虫、棉红铃虫、菜青虫、小菜蛾、斜纹夜蛾、甜菜夜蛾、黄条跳甲、桃小食心虫、梨小食心虫、桃蛀螟、柑橘潜叶蛾、茶尺蠖、茶毛虫、刺蛾、茶细蛾、大豆食心虫、豆荚螟、豆野螟、豆天蛾、芝麻天蛾、芝麻螟、菜粉蝶、斑粉蝶、烟青虫、甘蔗螟虫、麦田黏虫、林木的毛虫、刺蛾等，一般亩用量为0.5 ～ 1.0 g有效成分。对钻蛀性害虫应在幼虫蛀入植物之前施药。防治仓库害虫主要采用乳油兑水喷雾，一般对原粮、种子的防虫消毒持效期为半年左右。严禁在商品粮仓和商品粮上使用。对空仓、器材、运输工具、包装材料的防虫消毒，一般采用喷雾法。防治卫生害虫，主要以可湿性粉剂兑水做滞留喷洒，或涂刷处理卫生害虫活动和栖息场所的表面。对蟑螂还可配制毒饵诱杀。防治卫生害虫不得用乳油。

氟氯氰菊酯（百树菊酯）或高效氟氯氰菊酯（保得） 氟氯氰菊酯或高效氟氯氰菊酯具有触杀和胃毒作用，持效期长。主要用途：适用于棉花、果树、蔬菜、茶树、烟草、大豆等植物的杀虫。能有效地防治禾谷类作物、棉花、果树和蔬菜上的鞘翅目、半翅目、同翅目和鳞翅目害虫，如棉铃虫、棉红铃虫、烟芽夜蛾、棉铃象甲、苜蓿叶象甲、菜粉蝶、尺蠖、苹果蠹蛾、菜青虫、小苹蛾、美洲黏虫、马铃薯甲虫、蚜虫、玉米螟、地老虎等害虫，剂量为0.0125 ～ 0.05 kg/km^2（以有效成分计）。目前已作为禁用渔药，禁止在水生动物防病中使用。

氯氟氰菊酯或高效氯氟氰菊酯（功夫） 氯氟氰菊酯或高效氯氟氰菊酯（功夫）为高效、广谱、速效拟除虫菊酯类杀虫、杀螨剂，以触杀和胃毒作用为主，无内吸作用。对鳞翅目、鞘翅目和半翅目等多种害虫和其他害虫（如叶螨、锈螨、瘿螨、跗线螨等）有良好效果，在虫、螨并发时可以兼治，可防治棉红铃虫、棉铃虫、菜青虫、菜缢管蚜、茶尺蠖、茶毛虫、茶橙瘿螨、叶瘿螨、柑橘叶蛾、橘蚜、柑橘叶螨、锈螨、桃小食心虫及梨小食心虫等，也可用来防治多种地表和公共卫生害虫。如防治棉红铃虫、棉铃虫，在第二、三代卵盛期，用2.5%乳油1000 ～ 2000倍液喷雾，兼治红蜘蛛、造桥虫、棉盲蝽；防治菜青虫、菜蚜，分别以6 ～ 10 mg/L、6.25 ～ 12.5mg/L浓度喷雾；防治柑橘潜叶蛾，以4.2 ～ 6.2 mg/L浓度喷雾。

氰戊菊酯（杀灭菊酯）或*S*-氰戊菊酯（来福灵）　氰戊菊酯或*S*-氰戊菊酯对天敌无选择性，以触杀和胃毒作用为主，无内吸和熏蒸作用。常用剂型为20%氰戊菊酯乳油。杀灭鳞翅目幼虫效果良好，对同翅目、直翅目、半翅目等害虫也有较好的效果，但对螨无效。适用于棉花、果树、蔬菜、大豆、小麦等作物。

醚菊酯（多来宝）　醚菊酯适用于水稻、蔬菜、棉花等作物的害虫防治，对同翅目飞虱科有特效，同时对鳞翅目、半翅目、直翅目、鞘翅目、双翅目和等翅目等多种害虫也有很好的效果。由于对水稻稻飞虱的防治效果显著，因此醚菊酯也是国家禁止高毒类农药在水稻上应用后的指定产品。

该类农药对蚕有强烈的触杀和胃毒作用，并具有一定的拒食作用。该类农药中毒蚕的症状大致相同。中毒初期，蚕头、胸略举，胸部膨大，尾部缩小，继而痉挛，头胸及尾部向背面弯曲，几乎可以互碰；不定期表现乱爬现象，腹足失去把持力，常在叶面上翻滚仰卧；临死前口吐肠液，蚕体缩小，蚕体胸腹部弯曲似螺旋状，蜷曲而死（图3-19A—D）。

4.3.2　沙蚕毒素类杀虫剂

沙蚕毒素（nereistoxin）类杀虫剂是一种弱的胆碱酯酶（AChE）抑制剂，主要通过对烟碱型乙酰胆碱受体（AChR）的竞争性占领，而使乙酰胆碱（ACh）不能与 AChR结合，阻断神经节正常的胆碱能突触传递。是一种非箭毒型阻断剂（nondopolarizing）。这种对 AChR竞争性抑制的杀虫基础是沙蚕毒素与其他神经毒剂的区别所在，其极易渗入昆虫中枢神经节，进入神经细胞间的突触部位，是使昆虫快速表现出呆滞不动、麻痹和软化的主要因素。

杀虫双和杀虫单　杀虫双和杀虫单是神经毒剂，具有胃毒、触杀和内吸作用，对水稻螟虫、稻纵卷叶螟有特效，对许多果蔬鳞翅目害虫（柑橘潜叶蛾、菜青虫、小菜蛾、茶尺蠖和茶细蛾等）有较好防治效果，也是防治蔬菜黄曲条跳甲的有效药剂。昆虫接触和取食药剂后反应迟钝、行动缓慢、失去侵害作物的能力、停止发育、虫体软化、瘫痪，直至死亡。

蚕区周边作物和林木喷雾使用后，或进入水体，或随植物蒸腾作用进入空气，极易污染桑叶，导致家蚕中毒。在蚕区一般禁止使用该农药。

该农药家蚕中毒后表现为麻痹瘫痪症状，静伏蚕座，不食不动，体色不变，但背脉管仍有搏动，不吐液，逐渐死亡；轻度中毒则出现不蜕皮、半蜕皮、蜕皮出血、不结茧等现象；尸体干瘪不腐烂。上蔟期吐平板丝而不结茧是其特征性症状，轻者虽不结茧但仍可化蛹。

杀螟丹（巴丹）　杀螟丹具有内吸作用，胃毒作用强，同时具有触杀和一定拒食、杀卵等作用。对害虫击倒快，残效期长，杀虫广谱。主要用于防治鳞翅目、鞘翅目、半翅目、双翅目等多种害虫和线虫，对捕食性螨类影响较小。

杀虫环（硫环杀、易卫杀）　杀虫环具有胃毒、触杀、内吸作用，能向顶传导，防治鳞翅目和鞘翅目害虫的持效期为7～14天，也可防治寄生线虫（如水稻白尖线虫），对一些作物的锈病和白穗病也有一定防治效果。主要用于防治三化螟、稻纵卷叶螟、二化螟、水稻蓟马、叶蝉、稻瘿蚊、飞虱、桃蚜、苹果蚜、苹果红蜘蛛、梨星毛虫、柑橘潜叶蛾、蔬菜害虫等。杀虫磺与其类似。

沙蚕毒素类杀虫剂对家蚕剧毒，属蚕区严禁使用的农药。病征可参见图2-11、图3-21E和F。

4.3.3　阿维菌素类杀虫杀螨剂

阿维菌素类杀虫杀螨剂对螨类和昆虫具有胃毒和触杀作用。主要干扰神经生理活动，通过谷氨酸门控 Cl^- 通道加强 Cl^- 的传导性，刺激 γ-氨基丁酸（GABA）或谷氨酸受体大量释放 GABA，而 GABA 对节肢动物的神经传导有抑制作用。成螨、若螨和昆虫幼虫与阿维菌素类药剂接触后即出现麻痹和瘫痪症状，不活动、不取食，2 ～ 4天后死亡。

阿维菌素（齐螨素）　阿维菌素因不引起昆虫的迅速脱水，所以致死作用较慢（击倒能力不强）。对捕食性和寄生性天敌虽有直接杀伤作用，但因植物表面残留少，对益虫的损伤小。对根节线虫作用明显。喷施叶表面可迅速分解消散，渗入植物薄壁组织内的活性成分可较长时间存在于组织中并具有传导作用，对害螨和植物组织内取食危害的昆虫有长残效期。主要用于防治家禽、家畜体内外寄生虫和农作物害虫，如寄生红虫、双翅目、鞘翅目、鳞翅目和有害螨等。

甲氨基阿维菌素（埃玛菌素）　甲氨基阿维菌素杀虫活性较阿维菌素提高1 ～ 3个数量级，对鳞翅目昆虫的幼虫和其他许多害虫及螨类的活性极高，在非常低的剂量（0.084 ～ 2 g/km^2）下具有很好的效果，有利于害虫的综合防治。另外，甲氨基阿维菌素扩大了杀虫谱，降低了对人畜的毒性。对红带卷叶蛾、烟蚜夜蛾、棉铃虫、烟草天蛾、小菜蛾黏虫、甜菜夜蛾、草地贪夜蛾、纷纹夜蛾、甘蓝银纹夜蛾、菜粉蝶、菜心螟、甘蓝横条螟、番茄天蛾、马铃薯甲虫、墨西哥瓢虫等鳞翅目、双翅目、蓟马类害虫有超高效。

阿维菌素类杀虫杀螨剂对家蚕毒性较大，在桑叶内残留时间较长，部分蚕区已禁止使用。阿维菌素类杀虫杀螨剂中毒家蚕的症状参见图3-21A—D、图3-25、图3-26、图3-28、图3-29和图3-30。

4.3.4　氯化烟酰类杀虫剂

氯化烟酰类杀虫剂主要作用于烟碱乙酰胆碱酯酶受体，干扰害虫运动神经系统而发挥致死作用。此类农药在植物中具有内吸性渗透作用或传导作用，植株部分用药即可达到全株有效的目的。

吡虫啉（咪蚜胺、一遍净、蚜虱净、大功臣、康复多、必林等）　吡虫啉具有触杀、胃毒和内吸多重作用。它是烟碱乙酰胆碱酯酶受体的作用体，能干扰害虫运动神经系统，导致化学信号传递失灵。主要用于防治刺吸式口器害虫，如蚜虫、飞虱、粉虱、叶蝉、蓟马；对鞘翅目、双翅目和鳞翅目的某些害虫，如稻象甲、稻负泥虫、稻螟虫、潜叶蛾等也有效。但对线虫和红蜘蛛无效。可用于水稻、小麦、玉米、棉花、马铃薯、蔬菜、甜菜、果树等作物。由于它优良的内吸性，特别适用于种子处理且适合以撒颗粒剂方式施药。

吡虫啉以33 mg/mL的浓度喷施桑园，残毒期为15天以上。中毒的家蚕往往头尾翘起，胸部膨大，吐液，下痢，脱肛，体躯扭曲呈“S”形并缩短。中毒重者死亡；轻者即使出现头尾翘起，胸部膨大，吐液，体躯扭曲呈“S”形并缩短等症状，如及时饲以良叶也能逐渐苏醒。轻度中毒蚕在就眠时表现为体躯绵软，头胸平伏，或类似烟草中毒的症状，与普通叶饲育的就眠蚕（体躯较硬实、健壮）显著不同，另外还表现出发育不齐，食桑不旺，眠起不齐等症状（图3-20A）。

啶虫脒（吡虫清） 啶虫脒具有触杀、胃毒和较强的渗透作用。主要作用于昆虫神经系统突触部位的烟碱乙酰胆碱受体，干扰昆虫神经系统的刺激传导，引起神经系统通路阻塞，造成神经递质乙酰胆碱在突触部位的积累，从而导致昆虫麻痹，最终死亡。

噻虫嗪（阿克泰） 噻虫嗪具有胃毒、触杀及内吸活性，用于叶面喷雾及土壤灌根处理。其施药后迅速被内吸，并传导到植株各部位，对刺吸式害虫（如蚜虫、飞虱、叶蝉、粉虱等）有良好的防效。对鞘翅目、双翅目、鳞翅目，尤其是同翅目害虫有高活性，可有效防治金龟子幼虫、马铃薯甲虫、线虫、地面甲虫、潜叶蛾等各种害虫及对多种类型化学农药产生抗性的害虫。与吡虫啉、啶虫脒、烯啶虫胺无交互抗性。既可用于茎叶处理、种子处理，也可用于土壤处理。适用于稻类、甜菜、油菜、马铃薯、棉花、菜豆、果树、花生、向日葵、大豆、烟草和柑橘等作物。

啶虫脒和噻虫嗪家蚕中毒的症状参见图3-20B和C。

氯化烟酰类杀虫剂对家蚕毒性较大，在桑树或桑叶内残留时间较长，部分蚕区已禁止使用。

4.3.5 保幼激素与蜕皮激素类杀虫剂

保幼激素类杀虫剂——吡丙醚和烯虫酯可直接作用于基因，不需要通过细胞的第二信使传递。通过阻止昆虫发育、抑制变态发生而达到防治目的。

蜕皮激素类杀虫剂——抑食肼和虫酰肼等为非甾族类蜕皮激素类化合物，可直接作用于靶标组织并诱导其产生大量蜕皮激素，导致昆虫内分泌平衡失调情况下的蜕皮而死亡。

吡丙醚（蚊蝇醚、灭幼宝）　吡丙醚具有胃毒、触杀和内吸作用。对烟粉虱、介壳虫、小菜蛾、甜菜夜蛾、斜纹夜蛾、梨黄木虱、蓟马等有良好的防治效果，同时本品对苍蝇、蚊虫等卫生害虫具有很好的防治效果。具有抑制蚊、蝇幼虫化蛹和羽化作用。蚊、蝇幼虫接触该药剂，基本上都在蛹期死亡，不能羽化。

烯虫酯（可保持）　烯虫酯具有胃毒和触杀作用。对鳞翅目、双翅目、鞘翅目、同翅目的多种昆虫有效，用于防治蚊、蝇等卫生害虫，及烟草螟蛾等贮藏期害虫。

抑食肼（虫死净）　抑食肼以胃毒为主，兼具触杀和内吸作用。对鳞翅目、鞘翅目、双翅目幼虫具有抑制进食、加速蜕皮和减少产卵的作用。适用于蔬菜上菜青虫、斜纹夜蛾、小菜蛾等多种害虫的防治，可高效防治二化螟、苹果蠹蛾、舞毒蛾、卷叶蛾和马铃薯甲虫，对水稻稻纵卷叶螟、稻黏虫也有很好的效果。

虫酰肼（米满）　虫酰肼具有胃毒和触杀作用。对所有鳞翅目幼虫均有效，对棉铃虫、菜青虫、小菜蛾、甜菜夜蛾等抗性害虫有特效。有极强的杀卵活性。主要用于防治柑橘、棉花、观赏作物、马铃薯、大豆、烟草、果树和蔬菜上的蚜科、叶蝉科、鳞翅目、斑潜蝇属、叶螨科、缨翅目、根疣线虫属、鳞翅目幼虫等害虫（如梨小食心虫、葡萄小卷蛾、甜菜夜蛾）。

保幼激素与蜕皮激素类杀虫剂是目前农药发展的重要方向之一，其使用量正在不断扩大，对家蚕的毒性尚不明了，但由于该类农药引起的家蚕中毒往往在上蔟期间表现（不结茧），对蚕农的经济损失和情绪影响较大。

4.3.6　苯甲酰苯脲类和嗪类杀虫杀螨剂

苯甲酰苯脲类和嗪类杀虫杀螨剂的杀虫机制和其他杀虫剂截然不同，

既不是神经毒剂，也不是胆碱酯酶抑制剂。主要作用是抑制昆虫表皮的几丁质合成，同时对脂肪体、咽侧体等内分泌和腺体有损伤破坏作用。可影响昆虫卵的孵化、幼虫蜕皮，导致蛹发育畸形，成虫羽化受阻，妨碍昆虫的顺利蜕皮、变态。

除虫脲（灭幼脲1号、敌灭灵）　除虫脲主要用于防治林木的松毛虫、天幕毛虫、尺蠖、美国白蛾和舞毒蛾，果树的金纹细蛾、桃小食心虫和潜叶蛾，其他农作物的黏虫、棉铃虫、菜青虫、卷叶螟、夜蛾和巢蛾等。

氟啶脲（定虫隆或抑太保）　氟啶脲具有胃毒和触杀的作用特点。药效高，但作用速度较慢，对鳞翅目、鞘翅目、直翅目、膜翅目、双翅目等活性高，一般在低龄幼虫期使用。对蚜虫、叶蝉、飞虱无效。

氟铃脲（盖虫散）　氟铃脲具有很高的杀虫和杀卵活性，主要用于防治棉铃虫。对金纹细蛾、桃潜蛾、卷叶蛾、刺蛾、桃蛀螟、柑橘潜叶蛾等有良好效果。主要用于棉花、马铃薯及果树上多种鞘翅目、双翅目、同翅目和鳞翅目昆虫的防治。

氟虫脲（卡死克）　氟虫脲具有胃毒和触杀的作用特点，兼具杀虫和杀螨作用，有很好的叶面滞留性，尤其对幼螨和若螨具有高活性。广泛用于柑橘、棉花、葡萄、大豆、果树、玉米和咖啡等作物，对食植性螨类（刺瘿螨、短须螨、全爪螨、锈螨、红叶螨等）和许多其他害虫的防治有很好的持效作用，对捕食性螨和昆虫安全。

丁醚脲（宝路或杀虫隆）　丁醚脲具有触杀、胃毒、内吸和熏蒸作用，且具有一定的杀卵效果。低毒，但对鱼、蜜蜂高毒。主要通过干扰神经系统的能量代谢，破坏昆虫和螨类神经系统的基本功能，并抑制几丁质合成。在紫外光下，转变为具有杀虫活性的物质，对蔬菜上已产生严重抗药性的害虫具有较强的活性。可防治多种作物和观赏植物上的蚜虫、粉虱、叶蝉、夜蛾科害虫及害螨。主要以可湿性粉剂配成药液喷雾使用，防治蔬菜小菜蛾、菜青虫和棉花红蜘蛛。

噻嗪酮（优乐得或扑虱灵）　噻嗪酮具有触杀、胃毒作用，渗透性强，是杀幼虫活性的杀虫剂。它是一种杂环类昆虫几丁质合成抑制剂，抑制昆虫新生表皮的形成，干扰昆虫的正常生长发育，引起害虫死亡。不杀成虫，但可减少产卵并阻碍卵孵化。对鞘翅目、部分同翅目以及蜱螨目具有持效性。可有效地防治水稻上的大叶蝉科和飞虱科，马铃薯上的大叶蝉科，柑橘、棉花和蔬菜上的粉虱科，柑橘上的蚧科、盾蚧料和粉蚧科等害虫。

灭蝇胺（斑蝇敌）　灭蝇胺具有内吸、触杀和胃毒作用，强的内吸传导作用是其明显特点。对双翅目幼虫有特殊活性，可以诱使双翅目幼虫和蛹在形态上发生畸变，成虫羽化不全或受抑制。用于控制动物厩舍内的苍蝇以及防治黄瓜、茄子、四季豆、叶菜类和花卉上的美洲斑潜蝇等农业害虫。

虱螨脲　虱螨脲主要用于防治棉花、玉米、蔬菜、果树上鳞翅目等害虫的幼虫；也可作为卫生用药；还可用于防治动物（如牛等）的害虫。对果树的食叶毛虫有出色的防治效果，对蓟马、锈螨、白粉虱有独特的杀灭机制，适于防治对合成除虫菊酯和有机磷类农药产生抗性的害虫。药剂的持效期长，有利于减少打药次数；对作物安全，玉米、蔬菜、柑橘、棉花、马铃薯、葡萄、大豆等作物均可使用，适用于综合虫害治理。药剂不会引起刺吸式口器害虫再猖獗，对益虫的成虫和捕食性蜘蛛作用温和。药效持久，耐雨水冲刷，对有益的节肢动物成虫具有选择性。有杀卵功能，可杀灭新产虫卵，施药后2～3天见效。对蜜蜂和大黄蜂低毒，蜜蜂采蜜期间可以使用。相对有机磷、氨基甲酸酯类农药更安全，可作为良好的混配剂使用。低计量使用，仍然对毛虫、花蓟马幼虫有良好防效；可阻止病毒传播。药剂有选择性、长持性，对后期土豆蛀茎虫有良好的防治效果。

4.3.7　有机磷类杀虫剂

有机磷类杀虫剂能抑制乙酰胆碱酯酶（AChE）的活性，使释放到神经突触处的乙酰胆碱大量积累，阻断神经的正常传导，引起昆虫死亡。

敌百虫　敌百虫具有胃毒和触杀作用。对半翅目蝽类具有特效，对菜青虫、黏虫和茶毛虫等的胃毒作用突出。用麦糠8 kg、90%晶体敌百虫0.5 kg，混合拌制成毒饵，撒施在苗床上，可诱杀蝼蛄及地老虎幼虫等。将90%晶体敌百虫稀释成1000倍液，可喷杀尺蠖、天蛾、卷叶蛾、粉虱、叶蜂、草地螟、大象甲、茉莉叶螟、潜叶蝇、毒蛾、刺蛾、灯蛾、黏虫、桑毛虫、凤蝶、天牛等低龄幼虫。用90%晶体敌百虫的1000倍液浇灌花木根部,可防治蛴螬、夜蛾、白囊袋蛾等。低浓度敌百虫加入饲料,也可杀死牛、马、猪、羊等家畜的肠道寄生虫。

敌敌畏　敌敌畏具有触杀、胃毒和熏蒸作用。触杀作用比敌百虫效果好,对害虫击倒力强且快。可用于防治菜青虫、甘蓝夜蛾、菜叶蜂、菜蚜、菜螟、斜纹夜蛾、二十八星瓢虫、烟青虫、褐飞虱、粉虱、棉铃虫、小菜蛾、灯蛾、红蜘蛛、蚜虫、小地老虎、黄守瓜、黄曲条跳虫甲、白粉虱和豆野螟等害虫。

辛硫磷　辛硫磷以触杀和胃毒作用为主,击倒力强,无内吸作用,对磷翅目幼虫很有效。在田间因对光不稳定,很快分解,所以残留期短,残留危险小;但该药施入土中,残留期很长,适用于防治地下害虫。对危害花生、小麦、水稻、棉花、玉米、果树、蔬菜、桑、茶等作物的多种鳞翅目害虫的幼虫有良好的防治效果,对虫卵也有一定的杀伤作用。也适用于防治仓库和卫生害虫。

马拉硫磷　马拉硫磷具有良好的触杀、胃毒作用,且具有一定的熏蒸作用,无内吸作用。进入虫体后氧化成马拉氧磷,从而更能发挥毒杀作用。主要用于防治麦类作物的黏虫、蚜虫、麦叶蜂,豆类作物的大豆食心虫、大豆造桥虫、豌豆象、豌豆长管蚜、黄条跳甲,水稻的稻叶蝉、稻飞虱,棉花的棉叶跳虫、盲蝽象,果树的各种刺蛾、巢蛾、粉介壳虫、蚜虫,茶树的茶象甲、长白蚧、龟甲蚧、茶绵蚧等,蔬菜的菜青虫、菜蚜、黄条跳甲等,林木的尺蠖、松毛虫、杨毒蛾等。

乐果　乐果是内吸性有机磷类杀虫杀螨剂。杀虫范围广,对害虫和螨类有强烈的触杀作用和一定的胃毒作用。在昆虫体内能氧化成活性更高的氧乐果。主要用于防治棉花的棉蚜、棉蓟马、棉叶蝉、蚜虫和红蜘蛛,水稻的灰飞虱、白背飞虱、褐飞虱、叶蝉、蓟马,蔬菜的菜蚜、茄子红蜘蛛、葱蓟马、豌豆潜叶蝇,烟草的烟蚜虫、烟蓟马、烟青虫,果树的苹果叶蝉、梨星毛虫、木虱,柑橘的红蜡介、柑橘广翅蜡蝉,茶树的茶橙瘿螨、茶绿叶蝉,花卉的瘿螨、木虱、实蝇等。

乙酰甲胺磷　乙酰甲胺磷为内吸杀虫剂，具有胃毒和触杀作用，并可杀卵，有一定的熏蒸作用，是缓效型杀虫剂，适用于蔬菜、茶树、烟草、果树、棉花、水稻、小麦、油菜等作物，防治多种咀嚼式、刺吸式口器害虫和害螨，以及卫生害虫。

毒死蜱　毒死蜱具有胃毒、触杀、熏蒸三重作用，对水稻、小麦、棉花、果树、蔬菜、茶树上多种咀嚼式和刺吸式口器害虫均具有较好防治效果。

甲基嘧啶磷　甲基嘧啶磷具有胃毒和熏蒸作用。对储粮甲虫、象鼻虫、米象、锯谷盗、拟锯谷盗、谷蠹、粉斑螟、蛾类和螨类均有良好的药效，也可防治仓库害虫、家庭及公共卫生害虫（蚊、蝇）。

三唑磷　三唑磷具有强烈的触杀和胃毒作用，杀虫效果好，杀卵作用明显，渗透性较强，无内吸作用。主要用于防治果树、棉花、粮食类作物上的鳞翅目害虫、害螨、蝇类幼虫及地下害虫等。

有机磷类杀虫剂是主要的一类桑园治虫用药，有关家蚕有机磷类农药中毒症状参见图3-19E—G。

4.3.8　氨基甲酸酯类杀虫杀螨剂

氨基甲酸酯类杀虫杀螨剂主要通过阻断昆虫神经细胞内的钠离子通道，使神经细胞丧失功能。

茚虫威（全垒打或安打）　茚虫威具有触杀和胃毒作用。主要用于防治甘蓝、花椰类、芥蓝、番茄、辣椒、黄瓜、小胡瓜、茄子、莴苣、苹果、梨、桃、杏、棉花、马铃薯、葡萄等作物上的甜菜夜蛾、小菜蛾、菜青虫、斜纹夜蛾、甘蓝夜蛾、棉铃虫、烟青虫、卷叶蛾类、苹果蠹蛾、叶蝉、金刚钻、马铃薯甲虫等。

异丙威（叶蝉散）　异丙威具有较强的触杀作用，击倒力强，药效迅速，但残效期较短。主要通过抑制乙酰胆碱酯酶，致使昆虫麻痹而死亡。主要用于防治水稻的飞虱、叶蝉；甘蔗的甘蔗飞虱；柑橘的潜叶蛾，以及蓟马和蚂蟥等。

灭多威（万灵）　灭多威是一种内吸性广谱杀虫剂，具有触杀、胃毒作用。主要用于棉花、烟草、果树、蔬菜上蚜虫、蛾、地老虎等害虫的防治。家蚕中毒症状参见图3-20D。

克百威（呋喃丹、虫螨威） 克百威具有触杀和胃毒作用。它与胆碱酯酶结合不可逆，因此毒性甚高。能被植物根部吸收，并输送到植物各器官，以叶缘最多。主要用于水稻、棉花、烟草、甘蔗和大豆等作物上多种害虫（如稻螟、稻飞虱、稻蓟马、稻叶蝉、稻瘿蚊、棉蚜、蓟马、地老虎、棉线虫、烟草夜蛾、烟蚜、烟草根结线虫、烟草潜叶蛾、小地老虎、蝼蛄、蔗螟、金针虫、甘蔗蓟马、甘蔗线虫等）的防治，也可专门作种子处理剂使用。禁止用于蔬菜、果树、茶叶等直接食用的作物。

涕灭威 涕灭威具有触杀、胃毒、内吸作用。施于土壤后，能很快被植物根部吸收，并传导到地上各部位，特效期较长。主要用于防治棉蚜、棉盲蝽象、棉叶蜂、棉红蜘蛛、棉铃象甲、粉虱、蓟马和线虫等棉花害虫。

硫双威 硫双威主要是胃毒作用，几乎没有触杀作用，无熏蒸和内吸作用，有较强的选择性。主要用于防治鳞翅目害虫，并有杀卵作用，也可用于防治鞘翅目、双翅目及膜翅目害虫，对棉蚜、叶蝉、蓟马和螨类无效。

4.3.9 吡咯（吡唑）类杀虫杀螨剂

吡咯（吡唑）类杀虫杀螨剂主要作用于昆虫能量代谢相关的通路而导致死亡，具有胃毒、触杀、熏蒸和内吸等多种作用方式。

虫螨腈（溴虫腈、除尽） 虫螨腈具有胃毒及触杀作用。叶面渗透性强，有一定的内吸作用，且具有杀虫谱广、防效高、持效长、安全的特点，可以控制抗性害虫。可作用于昆虫体内细胞的线粒体膜，是优良的氧化磷酸化解偶联剂。虫螨腈通过干扰质子浓度，使其透过线粒体膜受阻，抑制二磷酸腺苷（ADP）向三磷酸腺苷（ATP；三磷酸腺苷贮存是细胞维持生命机能所必需的能量）的转化，从而导致细胞破坏，最终死亡。主要用于防治小菜蛾、菜青虫、甜菜夜蛾、斜纹夜蛾、菜螟、菜蚜、斑潜蝇、蓟马等多种蔬菜害虫。

氟虫腈（锐劲特）　氟虫腈具有触杀、胃毒和中度内吸作用。它通过抑制 GABA-Cl^-通道导致害虫死亡。主要用于防治蚜虫、叶蝉、鳞翅目幼虫、蝇类和鞘翅目等害虫，如马铃薯叶甲、小菜蛾、粉纹菜蛾、墨西哥棉铃象甲、花蓟马、螟虫、褐飞虱、根叶甲、金针虫和地老虎等。

丁烯氟虫腈（瑞得金）具有触杀、胃毒及弱内吸作用。对菜青虫、小菜蛾、螟虫、黏虫、褐飞虱和叶甲等具有较好的防治效果，对鱼类的毒性较低。

4.3.10　吡蚜酮

吡蚜酮（吡嗪酮）为吡啶类杀虫剂，具有触杀作用，同时还有内吸活性。既能在植物木质部输导，也能在韧皮部输导，因此，既可用作叶面喷雾，也可用于土壤处理。由于其良好的输导特性，在茎叶喷雾后，新长出的枝叶也可以得到有效保护。蚜虫或飞虱一接触到吡蚜酮几乎立即产生口针阻塞效应，立刻停止取食，并最终饥饿而死，而且此过程是不可逆转的，所以吡蚜酮是一种非杀生性杀虫剂。主要用于蔬菜、小麦、水稻、棉花和果树上，防治蚜虫科、飞虱科、粉虱科、叶蝉科等多种害虫（如甘蓝蚜、棉蚜、麦蚜、桃蚜、小绿斑叶蝉、灰飞虱、甘薯粉虱及温室粉虱等）。

吡蚜酮家蚕中毒症状参见图3-21G。

4.3.11　其他农药

化学农药是一个不断发展的领域，上述农药部分已被禁止或在部分农作上被禁止。基于了解其一般性应用和对害虫（或家蚕）可能的作用，有利于养蚕病害的诊断，有必要简要描述。此外，旧的农药未被禁止或淘汰，新农药又在不断出现的现象，也要求诊断者必须不断获取和更新资讯。在农药中，除化学农药外还有微生物农药，目前实际生产中也会因苏云金杆菌、白僵菌等微生物农药的使用出现家蚕发病的情况。微生物农药对家蚕的危害作用与其本身是家蚕病原微生物有关。

4.4 厂矿企业“三废”对家蚕的作用

厂矿企业“三废”的种类无穷无尽，主要通过污染桑树（桑叶），并在桑树（桑叶）上不断积累，使取食的家蚕中毒。由于家蚕对污染气体的敏感性相对较低，“三废”污染空气后直接导致家蚕中毒的情况较少发生。采用燃煤进行养蚕加温时，往往因某些燃煤中含有对家蚕有害的化学成分而引起养蚕中毒，小蚕期较为常见，但随着电器加温的普及逐渐减少。

厂矿企业“三废”对家蚕的危害具有无限可能性和不确定性的特征，虽然曾有二氧化硫、氯化物、碘化物、氮化物、煤气和重金属等引起家蚕中毒的记载或报道，但“三废”具体如何对家蚕产生作用的调查或研究很少。唯有曾经在相当长时期内对养蚕造成严重影响的氟化物被较为深入研究过。

氟化物的种类较多，不同氟化物对家蚕的毒性也不同。添食实验表明：AlF_3、CaF_2、MgF_2几乎对蚕无毒；各种氟化物对蚕的 LD_{50}如下：BaF_2、$(NH_4)_4SiF_6$为10 mg/kg以下，KF、K_2SiF_6、NaF、Na_2SiF_6、NH_4F为15 mg/kg以下，$Al_2(SiF_6)_3$、CaF_2、$MgSiF_6$为30 mg/kg以下。氟化物对蚕的毒理作用：在蚕体内，氟化物与蚕的组织、器官及细胞相互作用，引发一系列生物物理或生物化学反应，最终导致效应器官表现出中毒症状。氟化物的任何生物效应与氟的化学特征是密切相关的，主要表现在以下几个方面。

对细胞的损伤　氟化物对细胞的损伤主要表现为细胞的结构与功能的改变。氟化物作用于细胞膜，导致膜结构与功能的改变，从而影响质膜对离子的通透性，抑制质膜上 ATP酶的活性。氟化物通过膜内侧的腺苷酸环化酶影响3′,5′-环磷酸腺苷，使腺苷酸环化酶和3′, 5′-环磷酸腺苷的含量同步增高或减少，从而诱导线粒体和完整细胞能量活动发生组织学和功能性的变化，破坏线粒体的完整性，降低 ADP和 ATP的水平。蚕体组织中 ATP酶主要分布在圆筒状细胞的微绒毛和肠壁肌的肌质膜上，以及部分细胞质膜上。氟不仅能抑制 ATP酶的活性，而且可引起 ATP酶亚细胞分布的改变。蚕食下氟化物以后，首先中肠的基底膜被破坏，引起中肠组织中溶酶体的增多；随着氟浓度的增高，中肠组织的破坏加重，中肠壁细胞出现大量空泡，线粒体内脊肿胀甚至破裂，内质网成小泡状，细胞核扭曲变形，核质浓缩；最终中肠组织全面瓦解，细胞失去生命功能，血液中血球的数量也明显降低。

损伤生物大分子　氟化物可以与生物大分子共价结合，导致生物大分子的化学性损伤，从而影响生物大分子的功能，引起一系列的毒性反应。氟化物与蛋白质中酪氨酸的酚羟基形成氢键，破坏正常的蛋白质空间结构；与核酸的共价结合造成DNA或RNA的化学损伤；破坏胶原纤维的规则性。

抑制酶的活性　氟在生物体内能与所有的金属离子构成复合物，在体内可强烈抑制需Mg^{2+}或Mn^{2+}的酶。在磷酸存在条件下，氟与磷酸结合，形成氟磷酸离子后与Mg^{2+}结合，从而导致需Mg^{2+}作为辅助因子的烯醇化酶活性受到抑制，糖酵解途径被阻断。氟可以取代其他配位体（如OH^-），致使酶与底物错位，最终使酶失去活性。家蚕氟化物中毒后，中肠碱性磷酸酶、酸性磷酸酶、ATP酶、糖原磷酸化酶、琥珀酸脱氢酶、细胞色素氧化酶、烯醇化酶等多种酶的活性受到抑制。

影响金属离子的代谢　氟化物可以影响Ca、Mg、Fe、Zn等元素的代谢。家蚕氟中毒后，血淋巴、中肠中Ca、Mg、Fe浓度降低。蚕血淋巴中，Ca的浓度随桑叶中氟浓度的增加而减少，其幅度与家蚕的抗氟性有关。Ca可稳定生物体内蛋白质的构象，是多种酶的激活剂，Ca浓度的下降严重影响Ca参与的一系列生化过程。Mn是精氨酸、丙酮酸羧化酶的辅基，氟中毒蚕血液中Mn含量的下降，将影响与之有关的生化过程。

氟化物引起的蚕中毒因桑叶中氟化物的浓度、家蚕的品种及龄期不同而异，一般桑叶中的含氟量（干物计）在35～50 mg/kg就会对蚕有害，且蚕表现出中毒症状。《蚕桑区桑叶氟化物含量控制标准》（DB33/392-2003）规定：小蚕期氟化物含量≤30 mg/kg（春季）和≤40 mg/kg（夏秋季），大蚕期≤45mg/kg（春季）和≤70 mg/kg（夏秋季）。小蚕中毒，首先表现出食欲减退，眠性推迟，龄期经过延长，群体发育显著不齐；继而体躯瘦小，体壁多皱，体色略呈锈色，胸部萎缩，空头空身，在眠前蚕体节隆起，产生黑色环斑（虎斑蚕，图3-12）。大蚕中毒，群体发育差异较小，但中毒蚕有的节间膜隆起，形似竹节，且节间膜上出现由黑点连成的环状轮斑，有的腹部各环节出现成片状粗糙的黑褐色病斑，病斑易破，但血色正常。中毒蚕排粪困难或排念珠状粪，有的第5腹节以后呈半透明，扩展到全身透明，吐液而死。尸体多呈黑褐色，不易腐烂，生产上称为“六不”蚕。

氟化物引起的家蚕中毒一般为慢性中毒，如在短期内食下被氟化物严重污染的桑叶时，也会发生急性中毒，家蚕表现为快速降低食量和死亡。

4.5 非传染性寄生生物、物理和生态因素的作用

4.5.1 非传染性寄生生物

非传染性寄生生物的作用与具有传染性的病原微生物的作用不同，不一定需要特定的排出途径，或者说对家蚕的危害仅限于直接作用的个体，不存在该因素在群体中的蔓延和扩散，不会对群体造成危害。

4.5.1.1 蝇蛆对家蚕的作用

家蚕追寄蝇（*Exorista sorbillans*）寄生家蚕引起的病害被称为蝇蛆病。家蚕追寄蝇归属昆虫纲、双翅目、环裂亚目、寄生蝇科、追寄生蝇属。家蚕追寄蝇的蛹越冬后随气温的回升而羽化穿出土壤，展翅后可栖息于桑园、草丛、竹林和树林之中，以植物的花蜜等为食饵。雌蝇性成熟后与雄蝇交配，交配后的雌蝇根据蚕体散发的气味，接近蚕体并寻找适合的产卵位置（一般产于蚕体环节间、胸足或腹足等皱褶较多部位），迅速产卵后离去和寻找新的产卵场所和位置。一只雌蝇一般可产10～200多颗卵，一条家蚕可被附着多颗蝇卵。

附着在蚕体表面的蝇卵在25℃下约36h后孵化。幼蛆用口钩挫开家蚕体壁钻入蚕体体腔，吸食体腔中的营养。幼蛆以脂肪体为主要营养而生长，所以在家蚕4龄或4龄以前钻入蚕体的幼蛆生长较慢，直到5龄期才快速生长；5龄期钻入蚕体者生长发育较快。不论何时寄生，多数家蚕在5龄期表现病征或死亡。部分被寄生家蚕虽然在发育进程上受到影响，但仍可营茧或化蛹，但营茧后家蚕会在化蛹前或化蛹后死亡，成为死笼茧。蝇蛆在蚕茧内化蛹，或在蚕茧上钻一小孔，爬出蚕茧后试图寻找土壤并钻入其中化蛹

（向地性），使蚕茧成为蛆孔茧。

家蚕血淋巴和酚氧化酶系统可对侵入蚕体的幼蛆进行抵抗，大量血细胞在幼蛆躯体周边聚集和氧化，从而形成黑褐色包囊物（鞘套），而蛆体前端因头部的运动难于形成包囊物。病蚕外观上出现的黑褐色羊角状病斑近体壁处较大、颜色较深，远离体壁处较小、颜色较浅（蛆体为锥形，头部位于锥尖）（图3-17A）。

4.5.1.2　蒲螨对家蚕的作用

球腹蒲螨（*Pyemotes ventricosus*）寄生家蚕引起的病害被称为蒲螨病或壁虱病。球腹蒲螨归属蛛形纲、蜱螨亚纲、真螨目、辐螨亚目、蒲螨科、蒲螨属。球腹蒲螨（图4-15A和 B）的喜好寄主为棉铃虫（*Helicoverpa armigera* Hübner）（图4-15E）及其他鳞翅目、鞘翅目和膜翅目等昆虫，也可寄生小蚕期或嫩蛹期的家蚕，但在寄生家蚕时难以完成世代。在山区养蚕较易发生一些其他蜱螨寄生家蚕引起的危害。

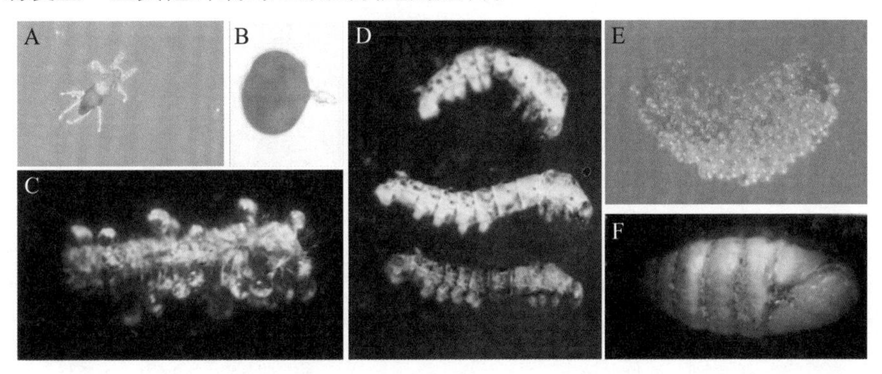

图4-15　球腹蒲螨及其寄生棉铃虫、家蚕幼虫和蛹（金伟）

注：A. 雄螨；B. 大肚雌螨；C. 大肚雌螨在小蚕体表；D. 雌螨危害家蚕后家蚕症状；E. 叮满大肚雌螨的棉铃虫；F. 家蚕蛹环节间的雌螨及病斑。

球腹蒲螨雌雄交配后，雌螨用针状螯肢刺入蚕体吸食营养，吸食后的雌螨腹部迅速膨大（图4-15B）。在吸食同时，蒲螨释放对家蚕有毒的物质，从而导致家蚕死亡。

小蚕期球腹蒲螨寄生后，家蚕病势较急，立刻停止食桑，并出现痉挛、吐液和胸部膨大等中毒症状（图4-15C和D）。大蚕期球腹蒲螨寄生后，家蚕可出现起缩、脱肛和蚕体缩小，眠中不蜕皮或半蜕皮后死亡，或在环节间等体壁较薄处出现黑褐色病斑，或在尾部环节出现红褐色或黑褐色污液。蛹期寄生后，往往蛹体环节间出现黑褐色病斑，或见大肚雌螨，或蛹体体色暗淡后死亡但不腐烂（图4-15F）。蛾期寄生可引起蚕蛾的狂躁行为。

4.5.1.3 昆虫毒毛对家蚕的作用

桑毛虫和刺蛾等野外昆虫的毒毛随桑叶进入蚕座后，可螫伤蚕体而引起螫伤症。毒毛对家蚕的危害因毒毛的毒性和数量而异；家蚕被毒毛螫伤后出现中毒症状和黑褐色病斑，中毒程度、病斑多少和大小因毒毛而异（图3-17B）。

4.5.2 物理因素

不论是机械性损伤还是物理射线的影响，物理因素对家蚕的致病作用都是触发性的，其强度决定了对家蚕的损伤程度。物理因素中的机械性损伤可以直接导致家蚕死亡，但更多不易被注意的是肉眼难于发现的轻微创伤。轻微创伤在直接导致家蚕体质或抗病性下降外，更为重要的是为细菌等病原微生物提供了通过创伤进入蚕体的途径，成为蚕病流行或暴发的主要流行因子。

4.5.3 生态因素

生态因素包括家蚕的主体因素、饲料因素和家蚕所处的环境因素等，生态因素对家蚕的作用一般都为间接作用，非极端情况下不会导致家蚕的死亡，主要是通过影响家蚕生理功能而引起其抗性的下降。

4.5.3.1 蚕品种间抗性的差异

家蚕的抗性包括两个方面：①对病原微生物的抵抗能力，又称抗病性，该特性是相对病原微生物对家蚕的“致病性”而存在的一个概念。一般多化性蚕品种较强，二化性品种次之，一化性品种较弱。②对不良养蚕环境条件的抗性，也被称为抗逆性（或称强健性）。一般而言，热带系统和中国系统较强，日本系统次之，欧洲系统较弱。通过品种的选育可以获得抗逆性较强的蚕品种，如东34、浙农一号等。

家蚕对病原微生物和环境因子（化学、物理和生态等）的抗性与品种等有关，家蚕不同品种间对不同病原微生物和环境因子（化学、物理和生态等）的抗性存在明显的差距。家蚕的抗性是一种遗传性状，受遗传基因控制，家蚕遗传性状的不同是家蚕品种间抗性差异的基础。家蚕对不同病原微生物的抗性机制也存在明显的不同。相同蚕品种的不同发育阶段和雌雄个体间也存在着明显的差异。在不同龄期中，小蚕期较弱，大蚕期较强；在同一龄期中，起蚕最弱，将眠蚕次之，盛食蚕较强；同一品种中，一般雌蚕较弱，雄蚕较强。相同蚕品种的不同个体间，对某些病原微生物的抗性也存在很大的不同，家蚕饲养群体中往往部分个体首先被感染和发病，这除与感染剂量和饲养体质的随机性有关外，与其遗传抗性也有关。

家蚕对不同病原微生物的抗性主要表现在4个方面。①体壁的防御功能，包括表皮层的屏障作用、脂肪酸的抗菌作用和真菌蛋白酶抑制剂的抑菌作用等；②消化管的防御功能，包括围食膜、抗菌物质（有机酸等非特异性抗菌物质和特异性高分子抗菌物质）和抗病毒物质（如红色荧光蛋白、酯酶-1、丝氨酸蛋白酶-2）等；③细胞性防御功能，包括血球的吞噬和包囊作用；④体液性防御功能，包括酚氧化酶系统、抗菌肽或抗菌蛋白、凝集素、溶菌酶和类免疫球蛋白等。家蚕不同品种间抗性的差异主要因这些防御功能及细胞内防御功能（如细胞凋亡、Toll样蛋白等）的不同而不同。

4.5.3.2　不同饲料质量和喂饲量的影响

家蚕从饲料（桑叶或人工饲料）中摄取所需的营养，饲料的质量不仅影响家蚕的基本营养要求和蚕茧重量，而且影响家蚕体质（健康度或抗病性）。桑叶的质量涉及桑园所处地理位置、桑品种、桑园管理、桑叶采摘-运输-贮存等；人工饲料则涉及配方和保鲜技术等。因此，饲料质量直接影响家蚕体质。

不同桑品种、不同季节的同一桑品种和不同叶位、肥培管理状况、桑叶的采-运-贮和给桑过程等都会影响桑叶的质量。例如，桑园偏施氮肥或过度密植会使桑叶蛋白质含量下降、游离氨基酸及酰胺增加、糖分含量减少和淀粉含量明显下降等，桑叶的营养价值降低；日照不足或偏嫩的桑叶在蛋白质和碳水化合物含量明显不足的同时，水分和有机酸含量的大大增加，特别是草酸含量的增加对蚕的危害更大；桑叶采-运-贮和给桑等一系列采后作业过程，都要求尽可能保持桑叶原有的品质，这些过程中一些技术措施的失当会使叶质下降，从而影响蚕的体质。

运输和贮存的失当还会导致桑叶叶面病原微生物的大量繁殖，给蚕饲以虫口叶、农药附着叶、高氟化物含量叶和泥叶等还会将其他致病因素引入蚕体。

4.5.3.3 温湿度和气流的影响

家蚕的生长发育过程与温度、湿度和气流等环境因素都有密切的关系，如这些环境因素偏离了家蚕对生态条件的要求，不但会引起蚕体的生理障碍，影响其经济性状，而且会造成蚕体抗病力的下降。

家蚕是变温动物，体温随外界温度的变化而变化。家蚕的致死温度是50℃，10℃以下则停止发育。蚕体对温度的耐受力因龄期不同而有变化。小蚕期对高温的耐受力较强，以后渐次减弱，5龄期最弱。偏离蚕体适温（过高或过低）会造成蚕体内部分酶活力的过高或过低，以及破坏各种酶活力的平衡，引起代谢的失调、生理功能的低下和体质的下降。

蚕体水分主要通过食桑而摄入，体内水分的平衡主要通过呼吸和排泄。蚕体内水分过少时，体液含水率降低，渗透压升高，妨碍物质代谢的进行；蚕体内水分过多时，因大量排尿而使体内无机盐类含量明显减少，体液渗透压下降，pH降低。蚕体水分的失调将造成蚕体弱小和虚弱，容易诱发蚕病。蚕体对湿度的耐受力也因龄期不同而有变化，在小蚕期，对湿度的耐受力较大；在大蚕期，相对较弱。同在30℃下绝食，大蚕在多湿状态下，容易发生死亡；小蚕则在干燥时容易死亡。另一方面，湿度通过影响桑叶的凋萎速度而影响蚕体的水分摄入。

家蚕的饲育过程中需要新鲜的空气。不良的蚕室加温方式产生的一些气体（如一氧化碳和二氧化硫等）、挥发性农药和工厂有害废气等对家蚕都有危害甚至致死作用。适当的蚕室气流可以排除蚕座内产生的一些不良气体。蚕室的气流还可通过影响温度和湿度而影响蚕体的生理状况和家蚕的抗病力。

第五章　养蚕流行病学基础

养蚕流行病学（silkworm epidemiology）是研究病害发生、分布规律及影响因素，探讨发病因素，阐明流行规律，制订预防和控制病害的对策和措施的学科。养蚕流行病学是以家蚕饲养群体为研究对象，对致病因素的来源，致病因素如何进入家蚕饲养群体，致病因素如何在饲养群体或饲养区域内扩散，以及病害发生对饲养群体和区域内养蚕的影响等问题的研究，并为病害的防控提供有效的依据。养蚕流行病学的知识和理论是养蚕病害诊断中信息收集、系统分析和主要因素确定的基础，也是防控技术方案提出的依据。

家蚕致病因素可分为生物、化学、物理和生态因素。根据致病因素在群体内或群体间的传染性，致病因素又可分为传染性和非传染性。传染性致病因素主要为家蚕病原微生物。在某一特定时间内或发生区域范围中，同一种家蚕病害受害的家蚕数量是养蚕流行病学中关注的基本度量，也是养蚕病害诊断中的重要参数，可用现患率（prevalence rate）进行描述。现患率既适用于传染性致病因素引起的病害，也适用于非传染性致病因素引起的病害。在家蚕发生病害后，从养蚕病害诊断到提出技术措施的时间非常短暂，养蚕病害诊断更多的是现场的即刻调查，采用现患率也更为适合。在多数情况下，从致病到发病间的时间较短，致病家蚕的结局多数为死亡，所以也可用发病率（incidence rate）进行描述。感染率（infection rate）仅适合于传染性的病害。

不同致病因素都有其自身的特点和危害家蚕饲养群体的路径。在多数情况下，病原微生物（生物因素）和有害物质（化学因素）直接作用于家蚕和有明显的路径，而非病原微生物的生物、物理和生态因素也可以直接作用于家蚕甚至致死，但就病害发生或大规模流行而言，一般表现为间接作用。

家蚕病原微生物在养蚕环境中的存在或进入家蚕饲养群体的路径具有隐蔽性，不同病原微生物的隐蔽性存在明显差异，在病害发生初期往往被忽视或难于发现，在病害发生过程中现患率有明显的不断扩大倾向。非传染性致病因素主要是指不具传染性的寄生生物（生物因素）、化学、物理和生态因素，其中化学因素的微量中毒（或称慢性中毒）也有隐蔽性的特点，但不存在现患率明显扩大的倾向；化学因素急性中毒更多地表现为短期内暴发。

在养蚕生产中，可引起养蚕病害较大规模流行的是生物和化学因素，在生物因素中病原微生物为主要致病因素。物理因素主要是养蚕作业过程中，人为操作或器具缺陷等导致的机械力对家蚕的直接作用，如创伤等。生态因素主要包括蚕品种（遗传性体质或抗性）、饲料、养蚕技术和养蚕环境（温湿度、气流和光线等）。

5.1　生物因素对家蚕饲养群体的危害与病害流行

生物因素可分为传染性病原微生物和非传染性寄生生物，传染性病原微生物是家蚕群体发生病害流行的主要生物因素；非传染性寄生生物除重大技术失误外，一般情况下不会导致家蚕群体或养蚕的大规模病害流行。

5.1.1　传染性病原微生物的来源

传染性病原微生物（病原体）的存在是传染性家蚕病害发生的必要条件。家蚕传染性病原微生物可以在广泛的自然环境中存在，但传染性病原微生物的寄生性（专性寄生和兼性寄生）不同，其来源有较大的差异。

专性寄生的传染性病原微生物主要有血液型脓病多角体病毒、中肠型脓病多角体病毒、浓核病病毒、传染性软化病病毒和家蚕微粒子虫等。这些专性寄生的传染性病原微生物主要在家蚕，以及养蚕生态中的其他野外昆虫（如野蚕、桑毛虫、桑尺蠖和桑螟等），特别是鳞翅目昆虫中寄生（交叉感染）和繁殖。在自然状态下，寄主越多，寄生物也越多。因此，家蚕饲养数量越多或饲养频率越高，或野外昆虫越多，养蚕生态环境中的专性寄生传染性病原微生物越多。

兼性寄生的传染性病原微生物主要有细菌和真菌。它们不仅可以在家蚕和其他昆虫中营寄生生活，也可以在许多有机物中营腐生生活。如真菌中的球孢白僵菌可寄生于鳞翅目、鞘翅目、同翅目、膜翅目、直翅目及蜱螨等生物，在15个目700多种昆虫及蜱螨中可分离到白僵菌；而曲霉菌则不仅在蚕粪、残桑、稻草、竹木器具及已经死亡的家蚕或野外昆虫尸体上滋生繁殖，还可在粮食类、油料类、肉类和饲料等有机物上生长繁殖。从养蚕环境中分离的细菌，有50%可导致家蚕的细菌性败血症；肠球菌、乳酸杆菌和芽孢杆菌等在土壤、水体和空气中都是广泛存在的细菌。因此，兼性寄生的传染性病原微生物较之专性寄生的病原微生物的来源更为广泛。养蚕数量和频率的增加，也是细菌和真菌中对家蚕具有致病性的菌种（包括致病力）富集的过程。

因此，养蚕过程也是家蚕传染性病原微生物增加的过程，若这种增加过程没有得到有效的人为控制，则往往成为病害流行的主要原因。新蚕区或新蚕室往往不会发生传染性病害流行，就是一个典型的经验事例。

家蚕传染性病原微生物寄生家蚕或野外昆虫后，经过大量的繁殖而导致其死亡。因此，病死的家蚕或野外昆虫是病原微生物最为密集的场所。但从家蚕或野外昆虫被病原微生物寄生到死亡期间，往往已有病原微生物的排出。不同病原微生物对家蚕或野外昆虫的寄生特点不同（组织侵染特异性和致病力），有病家蚕或野外昆虫排放病原微生物的时间、形式和途径也不同（表5-1）。

表5-1　病原微生物在不同病蚕个体排出物中的存在

病原微生物	蚕粪	消化液	体液	蜕皮壳	鳞毛	卵
血液型脓病病毒（多角体）	−	−	+	−	−	−
中肠型脓病病毒（多角体）	+	+	−	−	−	−
浓核病病毒	+	+	−	−	−	−
传染性软化病病毒	+	+	−	−	−	−
真菌病（僵病）分生孢子	−	−	−	+	−	−
败血性细菌	−	−	+	−	−	−
肠道病病菌	+	+	−	−	−	−
家蚕微粒子病原虫孢子	+	+	+	+	+	+

注：标记“+”为有该种病原微生物的存在；标记“−”为没有该种病原微生物的存在。

5.1.2　传染性病原微生物的环境稳定性

家蚕的各种传染性病原微生物与任何生物一样，都有尽可能长时间地维持其生命力（或称致病力）的特性。不同的传染性病原微生物，以其生活周期中特定阶段的特定形态适应环境，在环境中保持良好的稳定性。例如，BmNPV和BmCPV有两种形态，其中多角体病毒（多角体内的病毒，OV）比游离的病毒（没有多角体蛋白包埋的病毒，BV）能存活更长的时间；可引起家蚕细菌性中毒症的苏芸金杆菌和一些引起败血症的细菌，其细菌芽孢比营养体（繁殖体）能存活更长的时间；真菌（僵病）的分生孢子比营养菌丝或气生菌丝能存活更长的时间，曲霉菌等在竹木器具内的真菌营养菌丝也有很强的生存能力；微粒子虫的孢子较裂殖体或母孢子等具有更强的生命力，等等。

传染性病原微生物的生命力与其所处的环境密切相关。血液型脓病的多角体病毒在室温下保存时生命力会逐渐下降，但经2～3年后仍对家蚕有致病力；如在4℃条件下保存，经20年后还保持致病力。中肠型脓病的多角体病毒在室内条件下可生存3～4年，0℃条件下经数年致病力不变。真菌

（僵病）的分生孢子在室内条件下可存活2年，曲霉菌的分生孢子更长。微粒子虫的孢子在阴暗潮湿处保存2年仍有致病力，但在干燥的环境中很容易死亡。

家蚕不同的病原微生物及其不同的生长发育阶段，对环境的物理或化学因素的抵抗性存在较大的差异（表5-2和表5-3）。

表5-2　病原微生物对物理因素的抵抗力

病原微生物	湿热（蒸煮，蒸气）	干热	日光
血液型脓病多角体病毒	100℃，3 min	100℃，45 min	40℃，20 h
中肠型脓病多角体病毒	100℃，3 min	100℃，30 min	44℃，10 h
			36℃，29 h
浓核病病毒	100℃，3 min		40℃，4 h
白僵菌分生孢子	100℃，5 min	90℃，1 h	32 ～ 38℃，3 ～ 5 h
	62℃，30 min		
曲霉菌分生孢子	110℃，5 min	110℃，20 min	35℃，5 ～ 6 h
	62℃，30 min		
猝倒菌芽孢	100℃，30 min	100℃，40 min	45.7℃，28 h
微粒子虫孢子	100℃，5 ～ 10 min		39 ～ 40℃，7 h

当存在于病死蚕的尸体、脓汁（病蚕血液）、蚕粪等有机物包埋（病源物）中时，家蚕传染性病原微生物的生命力比裸露的病原微生物更强，对各种消毒法（物理或化学消毒法）消毒的抵抗能力也大大增强，甚至无法用消毒的方法杀灭（表5-4）。这种情况在养蚕生产中也常有发生。因此，在养蚕消毒中要求蚕具和蚕室清洗干净，或尽可能使病原微生物从有机物的包埋中暴露出来，或者说蚕具和蚕室消毒前的清洁工作是保证消毒效果的基础。

家蚕许多传染性病原微生物被一些家畜、家禽、鱼和鸟类等动物食下后，排泄出的病原体对家蚕仍有致病力。如将患有病毒病或微粒子病等蚕病的病蚕或蚕沙用作猪、羊、鸡和鸭等家畜家禽的饲料，并将这些家畜家禽的排泄物作为肥料施入桑园，因其中的病原微生物经过这些家畜家禽的消化道，随粪排出后仍能使家蚕致病而成为重要的污染源（浙江大学，2001）。

表5-3 病原微生物对常用消毒剂的抵抗力

病原体	漂白粉	消特灵	蚕用消毒净	优氯净	福尔马林	石灰
血液型脓病多角体病毒	有效氯0.3%，25℃，3 min	有效氯0.1%，辅剂0.04%，25℃，5 min	400倍稀释液，常温，15 min		2%甲醛溶液，25℃，15 min	1%，25℃，3 min
中肠型脓病多角体病毒	有效氯0.3%，20℃，3 min	有效氯0.2%，辅剂0.04%，25℃，5 min	400倍稀释液，常温，15 m	有效氯0.5%，石灰0.5%，常温，15～20 min	2%甲醛溶液，饱和石灰水，25℃，20 min	1%，23℃，3 min
浓核病病毒	有效氯0.3%，23℃，3 min				2%甲醛溶液，25℃，20 min	0.5%，23℃，3 min
猝倒菌芽孢	有效氯1%，20℃，30 min	有效氯0.06%，辅剂0.015%，25℃，5 min	1600倍稀释液，常温，15 min	有效氯0.8%，常温，5 min	2%甲醛溶液，25℃，40 min	
白僵菌分生孢子	有效氯0.2%，20℃，5 min	有效氯0.02%，辅剂0.005%，25℃，5 min	800倍稀释液，常温，15 min	有效氯0.8%，常温，5 min	1%甲醛溶液，20℃，7 min	
曲霉菌分生孢子	有效氯0.3%，常温，20～30 min	有效氯0.09%，辅剂0.03%，25℃，5 min	800倍稀释液，常温，15 min	有效氯0.8%，常温，5 min	1%甲醛溶液，24℃，20 min	
微粒子虫孢子	有效氯1%，25℃，30 min	有效氯0.001%，辅剂0.04%，25℃，5 min	1600倍稀释液，常温，5 min	有效氯0.6%，常温，30 min		

注：表内数据为不同科技人员用不同方法（悬浮试验或载体试验）得到的结果。消特灵数据为悬浮试验（单体法）的杀灭临界浓度（MSC）和杀灭临界时间（MST）。部分数据显示的是有些消毒剂对提纯病原体的杀灭能力，所用消毒剂并非实用浓度。

表5-4　含氯消毒剂对蚕粪中微粒子虫孢子的消毒效果（鲁兴萌等，1998）

消毒剂	消毒处理时间 /min	家蚕微粒子病感染率 /%	
		开放容器内	密闭容器内
漂白粉	20	92.5	77.5
	40	51.7	45.0
	60	5.3	0.0
消特灵	20	71.7	68.3
	40	30.0	25.0
	60	6.7	4.2
蚕用消毒净	20	76.7	47.5
	40	53.5	19.2
	60	15.8	5.0
对照（水）	60	100.0	100.0

注：3 种含氯消毒剂的使用浓度都是实用有效氯浓度，即漂白粉为 10000 mg/L、消特灵为 3000 mg/L，蚕用消毒净为 3000 mg/L。家蚕微粒子病感染率是指家蚕添食经消毒的蚕粪后的微粒子病感染率。蚕粪和消毒液的质量体积比为 1∶600。

5.1.3　传染性病原微生物进入家蚕饲养群体的路径

传染性病原微生物主要通过家蚕的摄食和接触家蚕进入饲养群体。污染桑叶或人工饲料是病原微生物进入家蚕群体的主要途径。来自桑园的桑叶，在自然环境中难免会有病原微生物的存在；桑园虫害大量发生，则桑叶被病原微生物污染的概率大大增加；桑叶采 - 运 - 储不当，则病原微生物大量繁殖，进入家蚕饲养群体的病原微生物数量大大增加。蚕具、蚕室和空气中传染性病原微生物的存在，不仅可通过污染桑叶或人工饲料进入家蚕饲养群体，而且可能直接作用于家蚕并导致其发病而进入家蚕饲养群体。此外，作业人员也可携带传染性病原微生物，通过直接接触家蚕，或接触蚕具等，导致病原微生物进入家蚕饲养群体。

用分层抽样和光学显微镜检测的方法，对蚕区不同养蚕技术水平农户养蚕生产环境中病原微生物（BmNPV或 BmCPV的多角体）分布进行调查，结果显示：不同环境样本中间的多角体检出率存在显著性差异，蚕沙坑样本显著高于其他来源样本（$p<0.05$），蚕室内地面样本显著高于蚕室窗台、蚕室前地面和蚕室墙壁样本（$p<0.05$），蚕室墙壁样本显著低于蚕沙坑、蚕室内地面和蚕室后地面样本（$p<0.05$）。此外，相同环境样本种类，不同养蚕户来源间的病原微生物检出率也存在显著性差异（$p<0.05$）；桑园害虫样本来源的病原微生物检出率显示了较高的数值，为12.50%～36.00%（图5-1）。该结果表明：养蚕过程中不同空间位置或场所传染性病原微生物存在数量差异（鲁兴萌等，2013）。

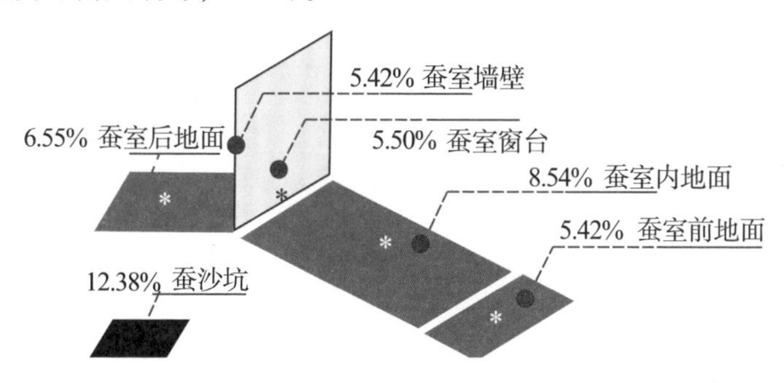

图5-1　养蚕环境样本的多角体检测结果示意图

注：* 表示不同农户样本来源间存在显著性差异。

不论是通过食物（桑叶或人工饲料），还是接触（蚕具、空气和作业等），传染性病原微生物进入家蚕饲养群体的数量越多，导致大规模养蚕病害发生的概率越大。

5.1.4　传染病的蚕座内传染与扩散

环境中的传染性病原微生物通过家蚕摄食行为或直接接触的形式进入家蚕饲养群体，首先入侵部分个体并导致其发病，发病个体不断排放新的病原微生物，进一步感染饲养群体中的其他健康个体（蚕座内感染），从而导致饲养群体的大规模病害发生。

5.1.4.1　病原微生物的感染途径

传染性病原微生物进入家蚕饲养群体都是从个体开始的，病原微生物侵入家蚕个体并使家蚕发病的方式和所经途径称为感染途径。病原微生物感染蚕体的途径有4种，即经口（食下）、创伤、经皮（接触）和胚种感染。家蚕主要传染性病害的病原微生物感染途径如表5-5和图5-2所示。病原微生物感染途径因病原微生物的种类而不同。有的只有一种感染途径，有的病原体有多种感染途径。

表5-5　各种蚕病的感染途径

感染途径	经口（食下）	创伤	经皮（接触）	经卵（胚种）
血液型脓病	+	+	–	–
中肠型脓病	+	+	–	–
浓核病	+	+	–	–
传染性软化病	+	+	–	–
细菌性肠道病	+	–	–	–
细菌性猝倒病（毒素）	+	–	–	–
细菌性败血症	–	+	–	–
微粒子病	+	+	–	+
真菌病（僵病）	–	+	+	–

注：“+”表示有该种感染途径，“–”表示没有该种感染途径。

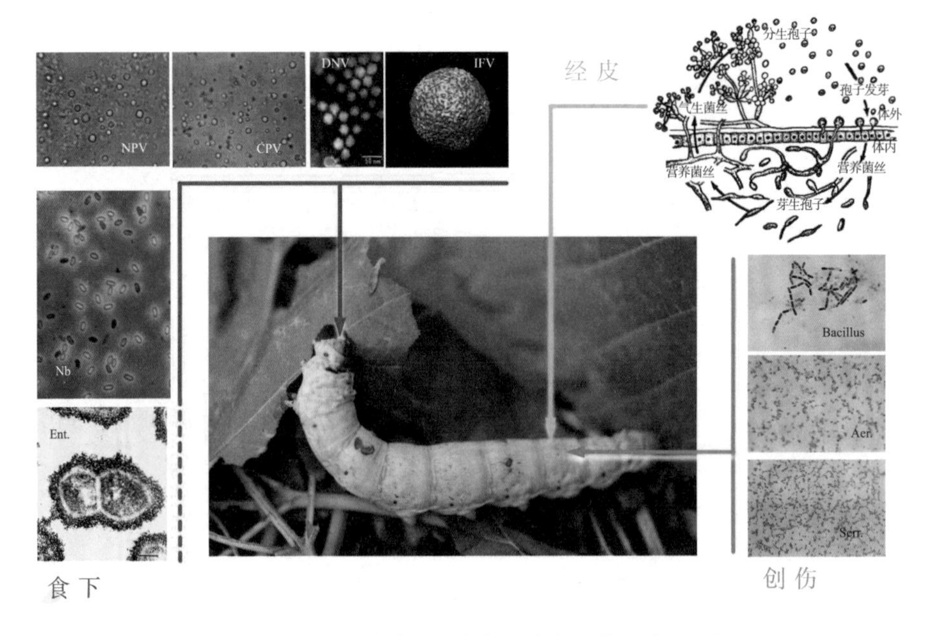

图5-2　主要传染性病原微生物感染家蚕的其中3种途径

经口（食下）感染　蚁蚕孵化时咬破被病原微生物污染的卵壳或家蚕幼虫食下被病原微生物污染的桑叶或人工饲料后，病原微生物进入蚕的消化道并引起家蚕的感染和发病的传染途径称经口（食下）感染。在生产中，因桑叶或人工饲料被病原微生物污染，家蚕将病原微生物随摄食摄入的情况较多。因此，经口传染也是生产中发生最多的一种感染途径。中肠型脓病多角体（或病毒）、血液型脓病多角体（或病毒）、BmDNV、BmIFV、肠球菌、猝倒菌毒素和微粒子虫孢子等病原微生物被家蚕食下后，都可引起家蚕的感染和发病。

创伤感染　病原微生物通过家蚕（幼虫、蛹和蛾）的创口侵入蚕体血腔并引起家蚕感染和发病的途径称创伤感染。家蚕的饲育过程中，给桑、除沙、扩座、匀座和上蔟，以及种茧育中的削茧和雌雄鉴别等技术处理的不当，都会造成蚕体的创伤。饲养密度的过于集中，往往使蚕与蚕之间胸足和腹足先端的锐利勾爪相互抓破体皮而造成创伤。创口的产生使本来不能通过体壁感染的病原微生物（如 BmNPV、败血性细菌和微粒子虫孢子等）从创口进入蚕体，引起蚕的感染和发病，而且从创口侵入蚕体的情况下蚕的发病率高，发病更快。

经皮（接触）感染　病原微生物通过家蚕的体壁侵入蚕体，引起家蚕感染和发病的途径称经皮（接触）感染。各种病原真菌的分生孢子散落在家蚕的体壁上，当环境温湿度适宜时，分生孢子就会发芽，并借助芽管伸长的机械作用力和外分泌酶的化学作用力，穿过体壁的几丁质外表层而侵入蚕体，引起家蚕的感染和发病。

经卵（胚种）感染　病原微生物通过家蚕的卵（或胚胎）而使次代家蚕感染和发病的途径称经卵（胚种）感染。感染微粒子病的母蛾所产下卵中的部分蚕卵（蚕种）带有微粒子虫，并有可能发育成蚁蚕，发生经卵感染（图4-14）。这些有病的蚁蚕在死亡前通过排粪、蜕皮等，持续将微粒子虫孢子排放于蚕座或环境中，引起蚕座内其他健康家蚕的食下感染，这种过程的不断循环发生，可造成严重的蚕座内传染和病害流行。至今确切发现具有经卵感染能力的家蚕病原微生物，仅有家蚕微粒子虫。

5.1.4.2 病原微生物的蚕座内感染和扩散

蚕座是最小的饲养单元空间，因饲养形式的不同，单元面积或结构的差异，故病害在其中的扩散规律有所不同。不同传染性病原微生物进入家蚕饲养群体并感染某些个体后，由于其对家蚕寄生组织特异性不同（表4-1）、感染途径（表5-5和图5-2）、致病性或病程（表4-1）和病原微生物排放途径的不同，其在家蚕饲养群体内扩散的规律也不同，在其他致病因素综合作用时扩散规律更为复杂。

家蚕饲养群体中的部分个体感染病原微生物后，往往在表现病征（症状）以前，在其所排泄的蚕粪、蜕皮壳和病蚕血液或尸体液化流出物等物体中，可能已含有大量新增殖的病原微生物，在表现出病征（症状）后情况往往更为严重。

带病个体在蚕座内的爬行，以及养蚕作业（扩座等眠起处理）中的人为移动，使家蚕在物理空间移动的同时，也将病原微生物携带或排放到其他场所。带病个体排放的病原微生物污染蚕座（相关的蚕具和蚕座内桑叶或人工饲料等），导致饲养群体中其他健康家蚕个体因食下这些被污染的桑叶或人工饲料，或直接接触到病原微生物而被感染。传染性病原真菌或细菌排放到蚕座环境后，在适宜的温湿度和有机物（病死蚕、蚕粪、桑叶或人工饲料，以及残余叶脉或枝条等）中还可继续大量繁殖，造成蚕座内传染性病原微生物的密度大幅增加和感染其他健康家蚕的概率大大提高。蚕座内的感染家蚕个体数的不断增加，即养蚕病害的迅速蔓延和流行。因此，蚕座内传染是病原微生物引起的养蚕病害扩散和流行的基础传播方式（图5-3）。

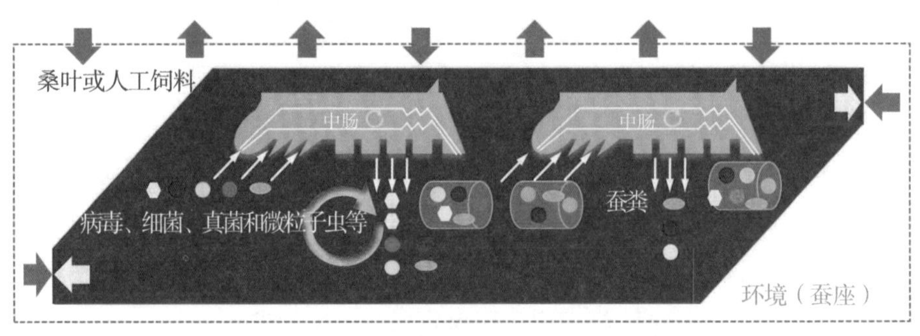

图5-3 蚕座内传染性病原微生物的扩散示意图

注：虚线为蚕座或饲养小环境；箭头为传染性病原微生物的移动方向。

病原微生物来源和致病机制的不同，饲养类型（种茧育和丝茧育、桑叶育和人工饲料育，以及低密度育和高密度育等）的不同，蚕座内家蚕病害的扩散特点和规律也不同。蚕座内病害的扩散状态，对养蚕区域内的养蚕病害扩散与流行有明显的影响。对蚕座内和区域内传染性病原微生物的有效控制（隔离和消毒）是养蚕病害控制，特别是大规模流行控制的基础要求。

家蚕因感染传染性病原微生物剂量、途径、龄期和个体差异等，病程（从感染到发病的时间）一般都有明显的差异。感染剂量越大，发病越快；感染剂量越小，发病越慢，但典型病征的表现更明显。食下感染（如多角体病毒）的发病相对较慢，创伤感染（如游离病毒和细菌）的发病相对较快。感染发生的蚕龄越小，发病越快；一般情况下，小蚕期的病程较短，大蚕期的病程较长。不同蚕品种的病程有差异，相同蚕品种的不同个体间也有差异。这些特点也是多数家蚕传染性病原微生物引起病害的共同特征，不同病害的差异主要在于病程和蚕座内感染扩散规律的不同。

家蚕血液型脓病　家蚕血液型脓病是BmNPV引起的一种病害，一般情况下，小蚕期的病程为3～4天，大蚕期的病程为4～8天，该病也被称为“亚急性病害”。在出现“体躯肿胀、体色乳白、狂躁爬行、体壁易破”的典型病征之前，感染个体极少向蚕座内排放游离病毒和多角体病毒（体壁破裂、流出血液是其主要的病毒排放方式）。由于其“狂躁爬行”和“体壁易破”的特点，在蚕座内的空间扩散能力大为增强，而且体壁破裂后流出的血液中带有大量的多角体和游离病毒。多角体被群体中其他健康家蚕食下后，形成新的增长循环；游离病毒则从创口进入健康家蚕后增殖，家蚕发病速度较食下感染更快。因此，该病在出现典型病症后，极易造成严重的群体内扩散，即蚕座内传染。在实际生产中，小蚕期发病较少，小蚕期发病原因多数为清洁消毒和饲养严重失当（案例2-8），或原蚕饲养平附蚕种卵面消毒不善（案例2-7和案例2-9）。该病害一般在入眠前、5龄起蚕和上蔟期易出现大规模的暴发，主要是群体中少量个体感染后，经过多轮的蚕座内感染和扩散，造成大量个体的感染；在家蚕抗性相对较弱的发育阶段集中暴发（案例2-2、案例2-3、案例2-4、案例2-5和案例2-6、）；在影响家蚕抗性的其他因素存在时更为严重（案例2-1）。

家蚕中肠型脓病 家蚕中肠型脓病是BmCPV引起的一种病害，家蚕感染BmCPV后，一般在5～12天后出现病征。在实际生产中，在家蚕出现明显病征以前，一般较难被发现。由于BmCPV或多角体主要通过蚕粪排出，其在饲养群体中扩散的时间很长，极易造成严重的蚕座内传染。发现明显感染个体时，往往群体中已有大量个体被感染。2龄起蚕1%病蚕混入率的发病率即可达29%，5%病蚕混入率的发病率为72%。

家蚕浓核病和传染性软化病 家蚕感染BmDNV和BmIFV后，一般在1周后出现病征，但病征不明显，确诊需要借助实验室的技术手段（如免疫学技术和PCR技术等）。两种病毒都侵染家蚕的中肠细胞并在其中增殖，BmDNV和BmIFV主要通过蚕粪排出。发现感染个体时，在饲养群体中已有很长的扩散时间，群体中已有大量个体已被感染，即极易发生群体内扩散（或蚕座内传染），类似于家蚕中肠型脓病。

细菌性败血症 引起家蚕细菌性败血症的细菌种类非常多，且为兼性寄生菌，这些细菌在自然环境和蚕座内普遍存在。常见的败血性细菌有黑胸败血菌（*Bacillus* sp.）、灵菌（*Serratia marcescens*，黏质沙雷氏菌）和青头败血菌（*Aeromonas* sp.）。个体从感染到发病死亡的时间约为1天，死亡后尸体很快就会腐烂，并流出带有大量病原微生物的污液，成为新的污染源或病害扩散源。一般情况下，该病在蚕座内的群体扩散或传染性相对不明显。病原微生物进入群体和在群体中的扩散，与蚕体是否出现创伤有首要关系。灵菌败血症的灵菌虽然可穿过家蚕中肠进入血液，引起继发性的灵菌败血症，但与病原微生物存在的多少相关性较小，而与家蚕自身体质更为相关。

细菌性中毒症 家蚕发生细菌性中毒症是食下苏云金杆菌（*Bacillus thuringiensis*）的毒素所致，家蚕在食下毒素的同时，往往也食下该菌（营养体或芽孢）。在生产中，该病害多为桑叶带入，即桑叶上野外昆虫发生该病，排放的大量毒素随桑叶进入蚕座，被部分家蚕食下而引起家蚕中毒，因此往往有发病中心（病蚕集中在某一区域）。如区域内使用苏云金杆菌生物农药，则家蚕发病情况类似于化学污染。健康家蚕对肠球菌以外的非抗强碱性细菌和真菌都有良好的抑制作用。苏云金杆菌进入健康家蚕消化道后，既不会感染中肠，也不会在其中繁殖，也没有明显的群体内扩散（蚕座传染等）现象。在家蚕体质较弱或抗性较低（如原蚕种）的情况下，家蚕食下较多苏云金杆菌后，细菌在家蚕后肠发生增殖，导致家蚕排粪不畅甚至粪结。

细菌性肠道病　引起家蚕细菌性肠道病的肠球菌广泛存在于自然环境（土壤、河流和桑叶等）中。肠球菌可以在健康家蚕中肠内存活或有限繁殖，健康家蚕的防御体系可有效控制其大量增殖。在家蚕体质虚弱时，该类细菌可以快速增殖并导致家蚕死亡。虽然感染家蚕在死亡前排出的蚕粪中含有大量的该类细菌，但健康家蚕即使大量食下该类细菌也不会发病，所以该病没有明显的群体内扩散（蚕座内传染）现象。

真菌病　引起家蚕真菌病的病原真菌有白僵菌、绿僵菌和曲霉菌等，不同真菌对家蚕的致病性有较大的差异。这些真菌普遍存在于自然环境中，且为兼性寄生菌。病原真菌（白僵菌、绿僵菌和曲霉菌等）的感染与家蚕的龄期（体壁的厚薄）、环境温湿度有密切关系，且不同病原真菌间有一定差异：白僵菌的入侵温度为26℃，绿僵菌为24℃，曲霉菌为30℃；入侵后，温度越高则发病越快；相对湿度（RH）一般要求在80%以上。真菌病感染个体的病程一般为1～10天，时间的差异主要与病原微生物种类、温度和龄期有关。家蚕死亡至形成分生孢子约2～3天。在分生孢子形成以前，病原真菌并不会造成明显的群体内扩散；但在形成分生孢子后，由于着生于病死蚕体表的分生孢子数量庞大，且重量轻，这些轻盈的分生孢子随气流四处飞散，不仅在蚕座和蚕室饲养群体内扩散，而且极易飞出蚕室，在区域内扩散。

家蚕微粒子病　家蚕微粒子虫（Nb）可通过胚种或食下感染，或者说较之其他家蚕病原微生物，家蚕微粒子虫能在更早的时期即发生感染。家蚕微粒子虫可感染家蚕所有细胞性组织与器官，即微粒子病是一种全身性感染的病害（表4-1）。由于家蚕微粒子虫在感染家蚕个体的蚕粪、蜕皮壳、鳞毛等都有存在，因此微粒子病是一种极易发生蚕座内传染和病原扩散的病害。此外，家蚕微粒子病是一种典型的隐性感染病害，病程很长，即使胚种感染的家蚕个体也可能完成其世代。不论是胚种感染途径还是食下感染途径感染的家蚕个体，在群体中未表现明显病症之前到死亡的过程中，持续排放微粒子虫，微粒子虫被其他健康个体再次食下而发生蚕座内感染（连续感染扩散模式，鲁兴萌等，2017），这种持续发生的感染甚至死亡是该病害具有重要危害性的根源。

在丝茧育饲养群体中，少量家蚕微粒子虫胚种感染个体的混入，由于其病程较长（典型隐性感染）和致病性较弱，对蚕茧产量不会造成明显的影响；但过量胚种感染个体的混入，可能对蚕茧产量造成明显影响，甚至导致全军覆没。这种感染扩散的控制，目前主要通过母蛾检验而实现，即通过确定风险阈值，对感染母蛾数量进行限制，从而达到丝茧育安全生产和杂交蚕种高效生产的双重目标。

在原种饲养群体中，胚种感染个体的混入，虽然不一定造成种茧的歉收，但因产卵后母蛾往往在母蛾检验中不能达到风险阈值的要求，蚕种被认定为不合格而销毁，即全军覆灭（案例3-1）。

不同传染性病原微生物的来源不同，对家蚕的感染特性（感染途径、病程和排放方式等）不同，决定了其在蚕座内的感染和扩散规律不同。图5-4显示了不同传染性病原微生物在蚕座内感染和扩散的规律。

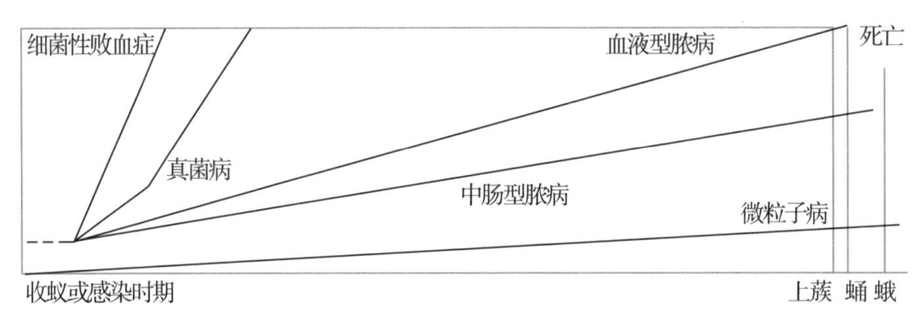

图5-4　蚕座内不同传染性病原微生物的感染和扩散规律示意图

细菌性败血症的病原具有十分广泛的来源，病程很短，病害种类的确定相对较为容易。一旦出现大量细菌性败血症的情况（或现场），饲养密度是否过高和1～2天内是否有粗暴操作，应该是病因调查的重点。

真菌病的病原同样具有十分广泛的来源。但在没有严重污染源或大的清洁消毒措施失当的情况下，大规模病害的发生一般表现为2段式，即在第一阶段部分健康群体被感染，又未在长出分生孢子前被移除，在蚕座内发生严重的再感染与扩散而进入发病更快的第二阶段（图中直线的斜率更大）。

在存在严重污染源，特别是外界输入性污染的情况下，病害则表现为与细菌性败血症类似的直线型感染与扩散，但较之细菌性败血症要慢一些。

家蚕血液型脓病、中肠型脓病和微粒子病的病原都是专性寄生的病原微生物，其来源主要来自养蚕，可以通过清洁消毒和桑园等周边植物的治虫工作控制。蚕座内一旦出现感染个体，3种病害的感染和扩散规律有较大的差别，感染和扩散的速度上，血液型脓病最快（与病程和病原排放方式有关），中肠型脓病其次，微粒子病最慢。血液型脓病感染家蚕仅有极少数个体可存活到蛾期，多数在蛹期或之前死亡，眠前和上蔟前易出现发病高峰。中肠型脓病的发病高峰常常出现在眠起后（转青缓慢）和上蔟过程中，少数存活到蛹期或蛾期。微粒子病蚕座内感染和扩散的过程较慢，感染个体多数可存活到蛾期；在较早龄期出现病蚕或出现大量病蚕（包括蛹和蛾）的情况下，蚕种是否存在大量胚种感染个体应该成为发病主因调查的重点。

因此，充分理解不同传染性病原微生物在蚕座内感染和扩散的规律，有利于诊断者在现场诊断中，根据养蚕病害发生过程的调查情况和病蚕的异常表征，确定病害发生的种类，为病害发生的主因分析和判断提供有效支持，也有利于病害防控措施的提出。

5.1.5　传染病的区域内扩散

蚕室是相对于蚕座更大的饲养空间结构或区域，蚕匾（框）育、台床育和地蚕育等的饲养形式不同，不仅其蚕座的面积不同，在蚕室内的空间结构也不同。例如，多层蚕座的情况下，蚕座的层数越多越容易发生上下层的病害扩散。因此，蚕室内作为小区域也存在着特定的病害感染和扩散规律。蚕室内小区域的病害感染和扩散规律，与蚕室结构的空间隔离状态有密切关系。

蚕室基本的功能结构主要包括储桑、调桑、给桑、饲养（包括扩座、眠起处理和除沙等）和上蔟等区域，以及各种蚕具、养蚕设备和设施等（图5-5）。各功能结构区域的隔离状态越好，病害扩散的发生概率越小。一般专业蚕种场都具有良好养蚕功能结构区域的隔离。在农村养蚕则情况非常复杂，不同养蚕地区其社会经济发展状态和农作习惯等的不同，养蚕功能结构区域的隔离状态有很大的差异。在有些农户家中，不仅养蚕功能结构区域间没有很好的隔离，养蚕还与人居混合进行，蚕室区域内扩散的控制十分困难；有些采用小蚕共育方式或商品化小蚕经营模式，大小蚕进行隔离饲养，则十分有利于控制病害的区域内扩散。工厂化养蚕可以做到养蚕功能结构区域的严格隔离，甚至采用药品生产质量管理规范（GMP）车间进行严格的隔离和净化。

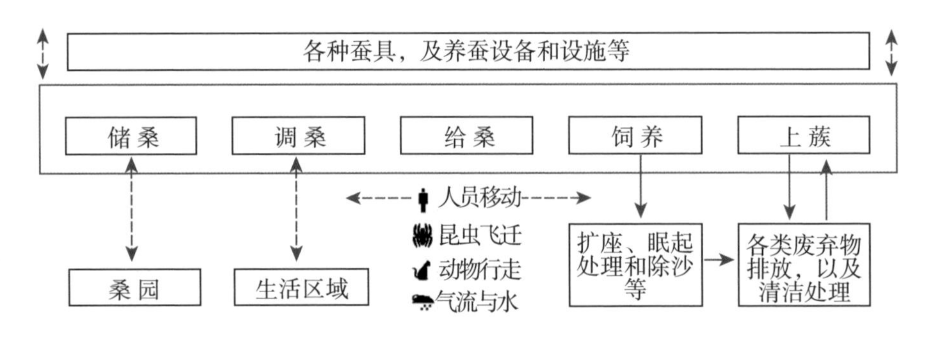

图5-5　蚕室内的功能区域和病原微生物扩散示意图

注：箭头为病原微生物人为和自然等扩散的方向。

任何严格的隔离措施都难于做到养蚕过程的绝对无病害，一旦发生个体的病害就会发生扩散。在蚕室区域内的扩散载体主要有人员、昆虫、动物、气流、水和蚕具等。这些载体的流动性越强，蚕室区域内的病害扩散越严重。蚕室结构、饲养方式和病害控制技术水平不同，蚕室空间的病原微生物分布也不同（图5-1）。

病原微生物或病源物（携带病原微生物的尘埃或有机物等）的扩散途径如图5-5的箭头所示。养蚕人员在进行除沙、扩座和匀座等操作中，手或身体就可能沾染上病原体，如不洗手就去切桑或给桑，就会造成病原微生物在蚕座内的进一步扩散。蚕沙落地后，随着养蚕人员的走动，病原微生物将会扩散到人所到之处，如进入贮桑室，病原微生物的扩散就更严重。在死水中洗涤蚕具，或蚕沙清除和搬运至蚕沙坑的过程中操作的失当，或处理不善等都会造成人为的病原微生物的扩散。病原微生物（或病源物）被扩散到蚕具、蚕室内（包括地面等）、蚕室周围和蚕沙坑等地方，存在于这些地方表层的病原微生物虽然在阳光等自然因子的作用下会失活，但也常常会在空气的流动、风力的吹动和雨水的冲刷等自然力的作用下进一步扩散。例如，真菌的分生孢子暴露于病源物的外部，数量多，重量轻，极易随风漂移扩散到较大的范围。家畜、家禽、宠物、飞鸟和其他昆虫吃下病死蚕或其蚕粪等以后，多数不会导致病原微生物死亡，而会随其排粪将病原微生物带到其所到之处。将以蚕沙为饲料的家畜家禽的粪便作为桑园有机肥，甚至采用抛施方式，病原微生物的扩散就更为直接和严重。养蚕防病技术（或规程）中提出的各种隔离或洁净技术要求，都是针对病原微生物或病源物的扩散。

一般而言，蚕座、蚕室地面、蔟室和蚕沙坑是病原体（病源物）分布最为集中的地方。蚕病首先发生于蚕座，病蚕的蚕粪、脓汁和脱落物等首先在蚕座内出现，除沙或病死蚕的坠地（如血液型脓病病蚕有乱爬的病征）使蚕室地面很容易被病原微生物（如 BmNPV）所污染。蚕沙坑是病原微生物（病源物）最为集中的地方。

从时间上来说，在一季养蚕中，随蚕的龄期增加或养蚕过程的延续，病害扩散，病蚕的数量增加，病原微生物的数量也随之增加，往往在上蔟期达到高峰。在一年的养蚕过程中，病原微生物的数量随养蚕次数的增加而增加。有效的病原微生物（病源物）污染控制和消毒措施，可以减少养蚕环境中病原微生物的数量，减轻对养蚕生产的影响，做到无病高产。环境样本病原微生物检出率的一般变化规律表明，随养蚕过程的进行，病原微生物数量逐渐上升，但人为的消毒或病原微生物扩散控制技术也是病原微生物数量控制重要的影响因素。图5-6显示，在家蚕饲养过程及上蔟后的病源物扩散管理方面，较高养蚕技术水平农户较较低养蚕技术水平农户具有更高的病原微生物控制和病害防治水准，在养蚕结束后病原微生物的检出率的差异更为明显。

蚕区由多个不同的蚕室或农户组成，在区域内的病害扩散不仅与养蚕技术有关，还与区域的地理气候等自然条件、养蚕习惯，以及周边农作结构（野外昆虫类别）等的不同等因素有关。在山区往往由于山林野外昆虫较易出现真菌病（僵病）和使用白僵菌等真菌农药，蚕区真菌分生孢子存在较多，加之昼夜温差和湿度较大等自然气候因素，养蚕容易流行真菌病（案例2-13）。个别蚕区习惯利用蚕沙喂饲湖羊，为避免湖羊出现腹泻等不良症状，在蚕体蚕座消毒中，不使用新鲜石灰粉，或将蚕沙晒干后过筛筛除石灰粉，这极易导致病原微生物的大规模扩散以及血液型脓病和中肠型脓病的暴发（案例2-2和案例2-10）。在全年饲养中，一旦早期蚕季出现某种传染性较强的病害，又未能及时采取强化清洁和消毒技术措施，极易导致病害的扩散和暴发（案例2-3）。

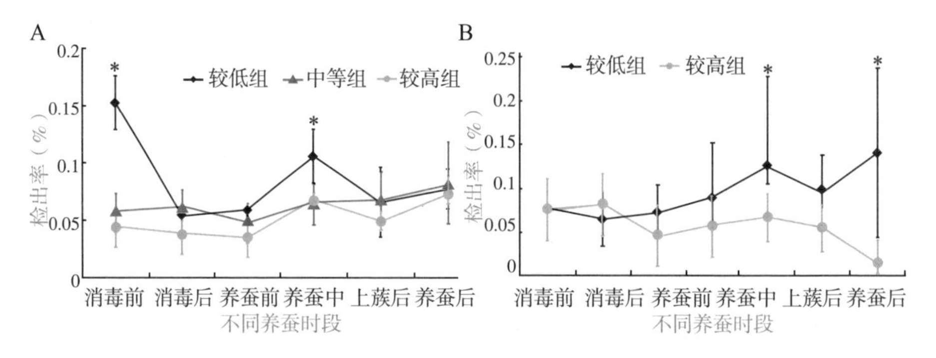

图5-6　不同时间段不同养蚕技术水平农户来源蚕室样本的病毒多角体检出率比较

注：* 表示不同水平分层农户样本来源间存在显著差异。A. 样本来自桐乡蚕区；B. 样本来自建德蚕区。

蚕种生产在原蚕区进行的情况下，由于其生产要求的不同，蚕区区域结构的复杂性更大。在空间或地域上相对隔离状态下饲养原蚕，如整个自然村或除饲养原蚕外周边没有养蚕，有利于病原微生物（特别是家蚕微粒子虫）和病害的防控；如在非原蚕饲养期间不养蚕，或饲养家蚕为母蛾全检未检出微粒子病的一代杂交蚕种，则对微粒子病的防控更为有利。如原蚕种和一代杂交蚕种在同一区域进行饲养（“插花”），则病害的扩散或防控十分困难；如一代杂交蚕种的收蚁时间早于原蚕种（“双插花”），则病害扩散防控更为困难。

不同传染性病原微生物，在区域内扩散的规律也有不同的特点。专性寄生病原微生物的来源、传染和扩散规律决定了其引起养蚕大规模病害的主要原因。养蚕病害的大规模发生往往是清洁消毒或桑园害虫治理的失当所致，但影响家蚕体质的生态及化学因素也会加剧病害发生程度。其中，由于家蚕微粒子病胚种来源和典型隐性感染的特性，该病害的大规模发生多数与蚕种严重感染家蚕微粒子虫有关。兼性寄生病原微生物的来源、传染和扩散规律决定了其大规模引发养蚕病害的主要特征为输入性和暴发性，病原性细菌和真菌难于在蚕座内得到较好的清除，外界则可以大量扩散进入。在山区养蚕，如树林昆虫大量发生真菌病，或蚕区蚕室周边大量废弃物（特别是养蚕发生过真菌病的废弃物）大量繁殖真菌，在有机物表面形成的大量轻盈的真菌分生孢子随风飘散而扩散进入蚕室和蚕座，则极易导致病害的大规模发生；在清洁消毒或蚕室温湿度控制失当的情况下，则必然导致病害的大规模发生。因此，真菌病也是一种具有明显区域内扩散性的病害。细菌性败血症的大规模发生，一定是由饲养操作的严重失当导致大量创伤家蚕所引起。

5.1.6 非传染性寄生生物的来源及影响

非传染性寄生生物对家蚕的危害主要包括：家蚕追寄蝇和球腹蒲螨等10多种蜱螨的寄生危害；桑毛虫和刺毛虫等毒毛黏附桑叶表面，并随采桑进入蚕座，刺伤家蚕体表及引起中毒；蚂蚁、老鼠、蜥蜴和蛙类等直接咬食家蚕等。

家蚕追寄蝇分布十分广泛，除寄生家蚕外，还可寄生柞蚕、蓖麻蚕、天蚕、樗蚕，以及松毛虫、桑毛虫和野蚕等多种鳞翅目昆虫。其世代数因气温和寄生环境等而异，在我国北方可为4代，而在华南可达到14代。以蛹的形式在土壤中越冬，翌年春季越冬蛹羽化并穿出土层，展翅飞到桑园、竹林、果林、甘蔗、花生及野生树林、灌木和草丛之中，以植物的花蜜汁液为食饵，取食1 ～ 2天后雌、雄性成熟并开始交配和寻找产卵场所。家蚕追寄蝇一般寄生于5龄家蚕，许多被寄生家蚕尚能吐丝营茧，售茧到烘茧期间幼蛆穿出蚕体（或蚕蛹）和茧壳。因此，蚕茧收购和烘茧场所也是追寄蝇高度密集的地方。

球腹蒲螨的寄主域较为广泛，可寄生于鳞翅目、鞘翅目和膜翅目等昆虫的幼虫、蛹和成虫，其中棉红铃虫是其最为喜好的寄主。世代数与温度和寄主有关，世代数可达18代，在13℃以下停止繁殖，以大肚雌螨越冬。其他一些蜱螨主要寄生在灌木、树林和草丛中的昆虫上。球腹蒲螨等蜱螨可随棉花、灌木和其他植物秸秆进入蚕室，或进入蚕匾缝隙等处躲藏。因此，棉区和蚕区的混合区域养蚕易发生蜱螨危害；山区养蚕也较易发生此种危害。

桑毛虫和刺毛虫等带有毒刺或毒毛的昆虫主要存在于桑园、绿化树木、树林和灌木等植物场所。

非传染性寄生生物是输入性的生物因素，其发生规模往往与输入量有关。

5.2 化学因素对家蚕饲养群体的危害与病害流行

5.2.1 化学因素的来源

化学因素（有毒化学物质）主要是农药和厂矿企业“三废”，个别废弃物的燃烧、家庭生活用品（如蚊香、香烟和油漆等）和桑园施用肥料（如个别复合肥或混有有毒化学物质的有机肥）等也会导致家蚕中毒。这些有毒物质可通过空气与家蚕直接接触并引起家蚕中毒，也可污染其他物品后通过这些物品与家蚕再接触而引起家蚕中毒，其中通过污染桑园（或桑叶）后被家蚕食下而引发中毒的情况较为常见。

农药的来源可分为内源性和外源性两类。内源性主要是指桑园用药、蚕室内储放农药或蚕室内使用含有农药成分的物品（如被农药污染的蚕具、使用蚊香和大量吸烟等）等。外源性主要是指桑园周边农作（包括森林、苗木栽培和动物养殖等）使用农药、蚕区建有农药生产或农药分装企业等，农药扩散后直接或间接接触家蚕。

厂矿企业“三废”的种类无穷无尽，在工业化进程快速推进，以及新材料、新工艺和新产品不断涌现的社会经济发展背景下，如未经严谨科学的环境评价而在蚕区或蚕区周边建设生产线或企业，必然会导致有毒化学物质的广泛存在。虽然并非所有的厂矿企业“三废”都是对家蚕有毒的物质，但许多“三废”即使符合现行的环保要求，也同样可能成为对家蚕有毒的物质

（现行环境评价虽然有要求对周边主要农作影响的评价，但慢性毒性的评价往往较为困难）。一些未经环境评价的企业或小作坊则更易成为有毒化学物质的广泛来源。厂矿企业“三废”有毒化学物质的数量则与企业（或生产线）的规模、企业与蚕区的距离或分布位置，以及排放的方式等有关。

5.2.2　有毒化学物质的环境残留及稳定性

化学因素（有毒化学物质）可以残留在蚕室蚕具、桑叶、土壤、水和空气之中，不同化学性质的有毒物质在不同场所中的残留时间不同。有毒化学物质的多次接触造成环境残留的积累，造成家蚕的累积性中毒，致病因素的确定更为困难，对养蚕的危害也更为严重。

虽然有些残留于蚕室蚕具的农药可以通过洗涤或冲洗消除，或用碱液分解，但有些难于消除。如菊酯类和有机氮农药施用于水稻后，其秸秆（稻草）中就会有残留，次年用该稻草作为蜈蚣蔟的材料，在即使采用仪器检测法也未能检出残留的情况下，仍经常会引发家蚕的中毒和不结茧（案例2-22）。

桑树虽然具有生物降解能力，但对许多有毒物质的降解能力十分有限。残留于桑叶内的氟化物在短期内的降解量十分有限；而菊酯类和有机氮类农药污染桑叶后，虽然会有部分被降解，但降解的时间往往超过桑叶的生长时间而被描述为“无限期残留”，即桑叶一旦被污染就不能使用。因此，在桑园农药使用方面，农药用于桑园后的安全间隔期长短是决定其限制性的主要因素。安全间隔期在30天或以上的农药，在养蚕期间应该禁止使用；安全间隔期在20～30天的农药，蚕期桑园应该禁止使用，蚕区农作应该慎用；安全间隔期在10～20天的农药，蚕期桑园应该慎用；安全间隔期在10天或以下的农药，蚕期桑园使用必须严格控制安全间隔期，同时充分考虑不同气候条件可能对安全间隔期的影响（当然是否在蚕区禁用，还与该农药的毒性有关）。有些有毒物质污染或残留于桑园土壤时，由于具有良好的内吸作用而被桑树吸收并传导到整个植株，如灭多威、吡虫啉和呋喃丹等。化肥或有机肥在被农药污染或本身含有农药的情况下，用于桑园或桑园内套种或间作农作物时，极易引起养蚕中毒。有些有毒化学物质在水体中往往可残留较长时间，使用被污染的水体进行蚕具洗涤或桑园灌溉则会造成二次污染与残留。有毒化学物质在空气中的残留与空气的流动性有关，自然或人为的空气流动都可加快空气中有毒化学物质残留的衰减。

5.2.3 有毒化学物质的进入路径

化学因素（有毒化学物质）进入家蚕饲养群体的路径，主要有“气”、“食”和“触”三大类。“气”的主要路径：有毒化学物质随空气流动与家蚕接触和具有熏蒸作用的有毒物质污染蚕室蚕具后与家蚕接触，通过家蚕的呼吸系统进入蚕体。“食”的主要路径：有毒化学物质直接污染桑叶，或污染土壤、水体和蚕具后二次污染桑叶（有毒化学物质可以通过直接接触进入桑叶，也可以通过桑树植株传导进入桑叶），家蚕在食桑过程中将其摄入蚕体，该种路径也是生产中最为常见的路径。“触”的路径是指有毒化学物质直接与家蚕接触（接触农药等有毒物质后再接触家蚕），通过家蚕体表进入蚕体的路径，该种路径在生产上较少发生。

5.2.4 有毒化学物质在家蚕饲养群体和区域内的扩散

化学因素（有毒化学物质）进入蚕体后不会进行繁殖和数量的增加，有毒化学物质在饲养群体和区域内的扩散，是指在未发现有毒化学物质来源或有毒化学物质对家蚕的危害之际，有毒化学物质或被有毒化学物质污染的桑叶、蚕室蚕具或空气持续作用于家蚕，或残留后影响下一季养蚕和造成养蚕受害的范围扩大的情况。

化学因素（有毒化学物质）的化学性质、排放方式和环境残留不同，在家蚕饲养群体和区域内的扩散方式也不同。化学因素的排放可分为有组织排放和无组织排放。有组织排放是指固定污染源通过较高的排气管（烟囱、风道和管道等）排放烟尘烟气，在较远处呈现圆形或扇形污染带，其距离与散落位置由排气管的高度和风向决定，但在细节上与桑园所处地理位置特征等也有相关性。无组织排放是指非密闭式生产工艺过程中，泄漏或较低排气管排放烟尘烟气。在无明显气流或季风的情况下，污染面呈现以污染源为中心由近及远的四周扩散状，污染距离一般不会太远，但在有毒化学物质在环境中残留时间较长情况下，可发生两次或多次迁移而扩散到较远的地方（案例3-2和案例3-3）。厂矿企业“三废”中因废气和粉尘污染桑园而导致有毒化学物质的扩散较为常见，废气和粉尘污染物的扩散方式存在较大差异。

5.2.4.1 废气的扩散与污染

废气扩散污染桑园，主要通过桑树的呼吸作用被吸入桑叶组织，从而导致家蚕食下有毒桑叶而中毒。因此，废气造成桑园污染引起的养蚕中毒的程度与废气的化学性质有关；而扩散和污染程度与桑叶在污染空气中暴露的时间有关，时间越长，桑叶中积累的有毒物质越多，对家蚕的危害越大，即叶位较低的桑叶或三眼叶往往毒性较大。

20世纪由氟化物污染造成的太湖流域大规模养蚕中毒主要是由砖瓦厂、发电厂和水泥厂等企业排放废气引起的一种慢性中毒。砖瓦厂的氟化物主要由砖坯在高温成型中挥发产生，废气排放有土窑和轮窑两种方式。前者只有无组织排放，造成污染的范围相对较小，但在其周边的浓度较高，极易污染桑园而引起养蚕的急性中毒，桑园污染程度与土窑的距离密切相关，即呈现以土窑为中心，由近到远，污染程度由高到低的明显梯度，风向对污染方向和污染距离也有明显影响；后者两种污染排放方式都有，有组织排放的污染范围和距离与烟囱的高度和风向有关，无组织排放的污染与前者相同。发电厂和水泥厂主要为有组织排放的污染。

5.2.4.2 粉尘污染物的扩散与污染

粉尘污染物的排放与废气类似，包括排气管的有组织排放和作业现场的无组织排放，但后者更为常见。粉尘污染物的无组织排放扩散距离较有组织排放更近，但与废气不同的是粉尘具有二次扩散污染的特点，即散落于桑叶表面的有毒粉尘被桑叶部分吸收而未吸收有毒的成分，因自然风力的作用向其他桑叶或场所扩散污染。因此，粉尘污染物的扩散距离与污染物在环境中的稳定性、污染物排放的时间长短和风力大小等有关，即稳定性越强和排放时间越长，污染越严重；风力越大，污染扩散的距离越远。被污染桑树的叶位毒性与扩散距离呈反比，即桑树距污染源越近，有毒桑叶的叶位越低；距污染源越远，有毒桑叶的叶位越高（案例3-2和案例3-3）。

5.2.4.3 农药的扩散与污染

农药的扩散与污染，与农药的化学性质、剂型及施用方式有关。桑园施用农药的主要问题在于残留问题或安全间隔期的控制问题。桑园使用农药都有严格的施用和采叶时间规定。在按规程作业和非农药质量问题的情况下，不会造成农药的扩散与污染。农药的扩散与污染主要来源为其他作物、森林和绿化林带害虫治理的农药使用，以及蚕室或桑园附近农药企业的生产或包装。

其他作物、森林和绿化林带使用农药，造成的农药扩散与污染距离和范围与农药施用方式和组织实施形式有关。在施用方式中，如使用手动背负式喷雾喷粉机，扩散和污染的距离和范围相对较小；如使用电动或燃油动力的喷雾喷粉机械，甚至高射程机械，则扩散和污染的距离和范围较大；如采用飞机喷洒方式（无人机或航播）施用农药，则农药扩散和污染会涉及整个飞行区域（与飞行角度、风向和雾化程度等有关）。在组织实施形式方面，如零星使用或小规模单家农户使用农药，扩散和污染的距离和范围相对较小；如统一组织使用农药，则扩散和污染的距离和范围较大。

此外，农药的性质对扩散与污染也有明显的影响。根据在植物体内传导的特性，农药分为内吸传导性和非内吸传导性农药。污染桑树部分器官的内吸传导性农药可扩散到包括桑叶在内的整个植株。这些农药可以通过直接接触、桑园灌溉和施肥及空气介导的漂移而扩散污染到桑叶。对于非内吸传导性农药，只有接触到农药的部位才被污染，如菊酯类农药虽然对家蚕的毒性为剧毒，但在桑树上只有接触到农药的桑叶才有毒性，而新生长的桑叶不会被污染。有些农药在施入农田后，则可能通过水分的蒸发和植物的蒸腾作用等扩散到空气之中，出现无序的桑园污染现象，如杀虫双等有机氮农药。农药生产或分装企业的污染扩散与“三废”的排放方式类似，但毒性往往更大，造成的扩散与污染更为严重。如果施用的农药为微生物农药（如白僵菌、杆状病毒或苏云金杆菌等），相当于在养蚕区域投放了大量传染性病原微生物，其扩散和污染或残留的影响在时间上更为久远。

在有毒化学物质浓度较高和污染面较大的情况下，有毒化学物质的来源和进入饲养家蚕群体或区域的路径较为明显和容易判明，如采用易扩散和污染的农药施用方式（喷粉、远程发射、无人机或航播等）和组织实施形式。在大面积养蚕中毒情况下，饲养或管理人员可及时做出正确判断，采取有效措施，终止有毒物质的排放或切断进入饲养群体和区域的路径，并通过精心饲养减轻危害和杜绝危害的进一步扩大及持续危害。

在有毒化学物质浓度较高和污染面较小（个别饲养户）的情况下，通过对蚕室或周边是否有有毒化学物质的存放或使用、桑园治虫用药和饲养人员是否接触有毒化学物质等的排查与分析，较易判断毒源和进入路径并排除其影响。

在有毒化学物质浓度较低的情况下，有毒化学物质对家蚕造成的危害往往是慢性中毒（家蚕在外观上并不表现明显的异常或异常难于被发现），或间接影响和诱导其他传染性病害的流行与暴发。该种情况下，有毒化学物质的来源和进入饲养群体或区域的路径难于被发现。

5.3　病害流行的主要影响因素

病原微生物和有毒化学物质可直接作用于家蚕，病原微生物和有毒化学物质在各种因素影响下可发生不同程度的扩散。其他致病因素虽然主要以间接的形式作用于家蚕，但当这些因素与病原微生物或有毒化学物质共同（或综合）作用于家蚕饲养群体时，则更易发生家蚕病害的流行或暴发。在实际生产中，病原微生物和有毒化学物质，往往与生态因素和物理因素等交错综合作用后，导致病害的流行或暴发，而究明其相互关系和主要因素就是流行病学的重要目的，也是养蚕病害诊断的主要任务。

生物因素中的传染性病原微生物，或化学因素（有毒化学物质）从分布地或排放点，到进入家蚕饲养群体后，在饲养群体内或饲养区域内扩散，导致养蚕病害的发生，该过程可称为致病因素的传播或扩散过程，即病害流行过程。从时间概念上看，可将该过程分为水平传播和垂直传播两种形式。水平传播（horizontal transmission）是指同一季养蚕（同一世代）过程中传染性病原微生物或有毒化学物质的传播形式。对病原微生物而言，这种传播有蚕座内传染、家蚕与野外昆虫间的交叉传染或其他方式的病原微生物扩散造成的传染。对有毒化学物质而言，这种传播主要是有毒化学物质通过桑叶、空气或污染物品不断扩散或增加的过程。水平传播在生产上主要表现为病害“从少到多”，甚至大规模流行的过程，也就是饲养初期往往仅有个别发生病害的家蚕个体，但随着饲养过程的进行，饲养群体内有病个体不断增加，或病害在整个区域内流行的过程。垂直传播（vertical transmission）是指上一季养蚕或上一世代（卵）养蚕过程中残留下来的病原微生物或有毒化学物质在下一季养蚕过程中发生危害的传播形式。垂直传播过程中病原微生物或有毒化学物质的分布点就在蚕室、桑园或家蚕自身群体之内。垂直传播在生产上主要表现为病害“从无到有”,即饲养初期无病害，随着饲养过程的进行，家蚕个体出现病害的过程。部分传染性病原微生物（病原性病毒和家蚕微粒子虫）具有明显的水平传播和垂直传播，而有些病原微生物（细菌）和有毒化学物质没有明显的水平传播。垂直传播更多的是残留问题。

在养蚕区域内，致病因素进入个别家蚕饲养群体（或饲养农户）后可通过水平传播使整个蚕区大规模流行该种病害，也可通过垂直传播使该区域成为疫区。而有毒化学物质或生态因素往往直接作用于整个区域，或与其他致病因素共同作用于区域内个别或大多数饲养群体。

除高剂量或剧毒的有毒化学物质造成的养蚕中毒较易判断主因外，低剂量有毒化学物质引起的养蚕病害往往难于判断发生主因（案例2-41、案例2-42和案例3-4）。传染性病原微生物引起的病害种类确定相对较为容易，但发生主要原因的判断不一定简单。例如，细菌性败血症的发生，必然由养蚕操作失当造成家蚕创伤引起；血液型脓病的大规模发生，则可能由清洁消毒失当，或桑园虫害治理失当，或饲养温度等环境控制失当等引起，也可能是综合影响所致。诊断的基础目标是提出有效技术措施，案例2-32中细菌性肠道病的确诊并非困难，但主因是氟化物污染，针对前者提出技术措施显然无效。

养蚕病害流行除与致病因素本身特点有关外，与蚕品种、饲料（桑叶或人工饲料）和生态环境，以及不同致病因素间的共同/相互作用等都有关。

5.3.1 蚕品种

家蚕的抗病性可分为感染（侵染）抵抗性、发病抵抗性和诱发抵抗性。

感染（侵染）抵抗性是指家蚕通过限制病原微生物的入侵部位或侵染过程而阻止寄生关系成立的抵抗力。病原微生物对家蚕的感染都有其特定感染途径，其所不具备的感染途径，也就是家蚕对其的感染抵抗性，如病毒不能直接通过家蚕体壁感染家蚕。家蚕对BmDNV-1的抗性受一对位于第21染色体8.3座位的隐性非感受性基因（*nsd*-1）和一对位于另一染色体的显性非感受性基因（*Nsd*）支配，抗性蚕品种不会被BmDNV-1感染。病原真菌虽然可以直接通过体壁感染家蚕，但不同真菌的感染能力不同，家蚕对不同病原真菌感染的抵抗性也不同，如曲霉菌较难感染5龄盛食蚕期的家蚕。家蚕的感染抵抗性与病原微生物的组织侵染特异性也有关，侵入家蚕的不同病原微生物都有其特定的侵染途径和繁殖组织或器官，该特点也是养蚕病害诊断中确定检测靶组织的依据。

发病抵抗性是指家蚕通过特有的生化过程和生理机能，抑制已侵入其细胞或组织的病原微生物在其体内发育和增殖的能力。家蚕的慢性病害往往与发病抵抗性有关。病原微生物（如BmCPV、BmDNV和BmIFV）感染家蚕中肠后，由于家蚕中肠组织具有代偿功能，再生细胞可以分化、发育生长为杯形细胞和圆筒形细胞，代偿因感染而从上皮组织脱落的相应细胞，因此发病较慢。家蚕可以将被微粒子虫感染而退化萎缩的体壁细胞挤出体壁上皮细胞层，并通过蜕皮排出体外。

诱发抵抗性是指家蚕受不良理化因子等冲击后，对病原感染和发病的抵抗力。过高或过低的饲养温度、化学物质及辐射等都可引起家蚕对病毒抗性的大幅下降，该现象也被称为病毒的潜伏性感染与诱发现象。这种诱发抵抗性在家蚕特定的发育阶段表现尤为明显，如养蚕生产中眠、起和熟蚕期的病害流行与暴发现象，与家蚕对病原微生物和有毒化学物质的诱发抵抗性密切相关。

多数蚕品种对 BmCPV、BmNPV和 BmIFV的感染抵抗性受若干微效基因控制，但也有例外（如大造对 BmCPV的抗性受显性主效基因控制）。控制病毒感染抵抗性的微效基因间存在一定的相关性（如 BmCPV和 BmNPV抵抗性有明显的正相关，r=+0.59）；但并不一定都是相同的微效基因（如 BmCPV和 BmIFV抵抗性之间相关性不明显，r=+0.14）。家蚕对氟化物的抗性遗传特性被认为由显性主效基因控制，虽然具有显性效应和母体效应，但主要可能表现为不完全显性，由基因的加性效应控制。

在家蚕对血液型脓病抗性方面，至少有500多个育种材料或杂交蚕品种（包括部分杂交种的正反交和部分不同实验室使用的相同品种）得到评价或鉴定。由于不同试验环境（病毒的新鲜程度、家蚕试验温湿度标准程度、桑叶质量等）条件下的试验很难有绝对数值比较性，对不同品种抗性的评价以同一实验条件下进行的比较数据较为可取。在对育种素材的评价中，品种间血液型脓病多角体 IC_{50}（或 LC_{50}）的差异在10^3的范围之内，其中品种的系统间抗性存在欧系＞日系＞中系的趋势，多化＞二化＞一化、日一化＞欧一化＞中一化、日二化＞中二化的趋势；杂交品种间的血液型脓病多角体 IC_{50}（或 LC_{50}）差异较小，多数在10倍以内。但近期发现，有些蚕品种间的血液型脓病多角体 IC_{50}（或 LC_{50}）差异高达10^3 ～ 10^5。

在白僵病的抗性方面，一般中国系统品种＞日本系统品种。在微粒子病方面，中国系统多化性品种＞中国系统二化性和一化性品种＞日本系统品种＞欧洲系统品种。在抗逆性或对有毒物质的抗性方面，不同品种间存在明显差异，浙江蚕区当家品种秋丰 × 白玉较某些品种的氟敏指数低，即抗性更强，一般多化性品种＞非多化性品种，中国系统品种＞日本系统品种。

在理论上，抗性蚕品种的育成是防控家蚕病害发生和流行最为有效的技术，但事实上却是一项十分艰巨的任务，在现有对蚕品种或蚕茧质量要求过于单一化的状态下育成实用抗性蚕品种则更为艰巨。再则，即使同一家蚕品种其个体间也存在着明显的差异。因此，在生产实践中，难于采用具有足够抗性的蚕品种，及无法避免饲养过程中个别家蚕个体被大量传染性病原微生物入侵。防控养蚕病害的蚕座内和区域内扩散依然是一项十分重要的工作。

在实际养蚕生产中，病害流行或暴发与家蚕品种的关系，主要是品种选择的问题。20世纪80年代，在浙江蚕区发生大面积养蚕氟化物中毒，以及部分蚕区环境中氟化物浓度偏高问题未能得到解决的情况下，具有良好氟化物抵抗性和抗逆性的浙农一号 × 苏$_{12}$得到大面积推广就是一个典型的范例。在部分自然生态环境条件不佳的蚕区，春期使用抗逆性较强的蚕品种（秋种春养等），也是蚕品种抗性遗传特性的利用。因此，饲养蚕品种的选择也是防控区域内病害大规模流行的重要手段。

筛选具有较强抗性的品种素材并育成实用化蚕品种，以及转基因等新型育种技术的研发都是产业技术发展中非常值得期待的事情。

5.3.2　蚕的龄期

一般而言，家蚕随着龄期的增长，对各种传染性病原微生物和有毒化学物质的抗性增强。蚁蚕、2龄蚕、3龄蚕、4龄蚕和5龄蚕经口接种血液型脓病多角体的 LD_{50}分别为3.5318、2.6456、1.4319、0.5672和0.6160，4龄蚕和5龄蚕较蚁蚕的抗性分别提高921.7倍和82308倍，即随着龄期的增加家蚕对 BmNPV的抗性明显增强。在抗 BmCPV和 BmDNV方面，2龄蚕、3龄蚕和4龄蚕与蚁蚕的抗性基本相同，5龄蚕抗性较蚁蚕分别提高3.3倍和18倍，这种随龄期增长而抗性增强的趋势较 BmNPV不明显（吴友良，1983a；吴友良等1986）。家蚕对真菌病的抗性随龄期增加而增强的趋势也十分明显，尤其是对曲霉菌。家蚕对有毒化学物质的抗性同样随着龄期的增加而增强。

在同一龄期中，家蚕随着摄食和生长，各种与抗性相关的功能也逐渐增强，如中肠围食膜的完整化、体壁的增厚和除皱，以及抗病毒和抗菌物质的增加等，一般都在盛食期达到高峰。盛食期后，与摄食量的下降同步，抗性也逐渐降低。在防止氟化物中毒的养蚕技术中，要求氟化物污染蚕区在家蚕眠起时喂饲相对较嫩的桑叶（叶位上升，桑叶在空气中暴露时间较短，氟化物积累较少），就是根据眠起期间家蚕对氟化物抗性较低，而经过一定时间食桑后，抗性明显增强的特性而采取的措施。

5.3.3 生态因素

生态因素主要包括饲料（桑叶或人工饲料）、温度、湿度和气流，生态因素对养蚕的影响主要包括对家蚕生理功能（抗性等）和蚕座内病原微生物生存和繁殖状态两方面的影响，偏离家蚕饲养标准的生态因素往往有利病害的流行和暴发。生态因素还可通过对野外昆虫种类和数量的影响，影响养蚕区域内病原微生物的种类、数量和扩散状态。这些对蚕室内外的影响和饲养技术也紧密相关。

5.3.3.1 饲料的影响

在桑叶育情况下，家蚕生长发育所需的营养全部来源于桑叶，桑叶质量的好坏直接影响蚕的体质和抗性。以嫩叶（1～3位叶）、适熟叶（7～8位叶）、老叶（下部叶）和储藏3天的适熟叶喂饲家蚕，测定其对病毒病的抗性，其抗性强弱次序为适熟叶、老叶、嫩叶和储藏叶（吴友良，1991）。桑苗繁育地区利用桑苗叶（偏嫩）养蚕，往往发生家蚕血液型脓病的流行特点，就是一个实践案例。当喂饲家蚕的桑叶过嫩，或桑叶储藏不善（过于干燥或时间过长）时，家蚕较易发生细菌性肠道病。

在人工饲料育情况下，用桑叶粉含量在10%～30%的饲料喂饲家蚕后，家蚕抗病性随桑叶粉含量增加而增强；饲喂桑叶粉含量为36%～50%的饲料，无抗性增强的趋势。对于脱脂大豆粉添加率在20%～35%的饲料，家蚕抗性随其含量的增加而增强。蔗糖含量在8%～12%的饲料喂饲后家蚕抗性最强，饲料适当添加维生素C有利增强家蚕抗性，饲料含水率以1g干粉加2～2.4倍水为佳（吴友良，1983c；吴友良和贡成良，1987）。

家蚕的过渡饥饿对其抗性有普遍的不良影响。过度饥饿导致其对病毒病的抗性下降。5龄起蚕在25℃下饥饿24 h后，对 BmNPV的抗性明显下降，且随温度升高更加明显（浙江大学，2001）。农村养蚕生产中，为了统一家蚕群体的发育进程，在眠起处理中采用“等等齐”的作业，必然造成群体中部分个体的过度饥饿及抗性的下降。

5.3.3.2　温湿度的影响

家蚕为变温动物，环境温湿度对其生长发育和抗性具有明显影响。极端气候条件下，极易造成与家蚕直接相关的蚕室温湿度失控；气候变化也会影响桑叶质量和桑园虫害状态等，从而间接影响家蚕的饲养。“小蚕靠火养，大蚕靠风养”的农谚正是温湿度和气流对养蚕影响的形象描述。

高温的影响　高温可直接影响家蚕的生理状态和对病原微生物或有毒物质的抵抗性。家蚕不同龄期对高温的抗性不同，一般小蚕期高于大蚕期，但过高的温度对感染抵抗性、发病抵抗性和诱发抵抗性都有十分明显的影响。

已有试验表明，不同饲养温度组合对家蚕抗 BmNPV具有明显的影响。例如，家蚕1—3龄于不同温度条件下（21℃、25℃、29℃和33℃）饲养，4龄起蚕经口接种 BmNPB，其 BmNPB的 LC_{50}分别为0.4474、0.4330、0.5657和2.5192，即1—3龄33℃饲养较25℃饲养家蚕对 BmNPV的抗性下降。1—4龄于21℃、25℃、29℃和33℃饲养，5龄起蚕经口接种 BmNPB，其 BmNPB的 LC_{50}分别为0.6074、1.0000、1.5000和2.3000，即33℃饲养家蚕较25℃饲养家蚕对 BmNPV的抗性下降。

家蚕1—4龄25℃饲养，5龄起蚕经口接种 BmNPB，21℃、25℃、29℃和33℃饲养家蚕的 BmNPB LC_{50}分别为1.3204、0.8931、1.5000和2.0538，即33℃饲养家蚕较25℃饲养家蚕对 BmNPV的抗性下降。

家蚕1—3龄25℃饲养，3眠眠中置于25℃、32℃和36℃，起蚕经口接种 BmNPB，再于25℃饲养，其 BmNPB LC_{50}分别为1.625、2.3103和2.5，即眠中36℃和32℃家蚕分别较25℃家蚕对 BmNPV的抗性下降。

在25℃饲养至4龄起蚕，正常饷食和绝食24 h后饷食并经口接种 BmNPB，分别在19℃、25℃、31℃和37℃饲养，其 BmNPB LC_{50}分别为0.1249、

0.3913、0.5833、1.3333和3.5192，即绝食24 h后37℃饲养家蚕较25℃饲养家蚕和未绝食25℃饲养家蚕对 BmNPV的抗性下降。（吴友良，1983b）。

有实验表明，高温（37℃）可以抑制 BmDNV核酸和病毒蛋白质合成有关酶的活性，蜕皮期间中肠组织内的抗原量减少；高温（37℃）处理感染幼虫，BmCPV的多角体形成受阻，感染中肠圆筒形细胞脱落和新生细胞填补增加。但高温对家蚕抗性的负面影响更为严重（吕鸿声，1982；吴友良和贡成良，1986）。

在真菌方面，真菌分生孢子穿透家蚕体壁具有特定的温度要求（白僵菌、绿僵菌和曲霉菌分生孢子的最佳入侵温度分别为24 ～ 28℃、22 ～ 24℃和30 ～ 35℃），但分生孢子一旦进入蚕体，则温度越高，发病越快（病程越短）。高温同样可以加快细菌性败血症和细菌性肠道病的病程。

高温通过影响蚕座内病原微生物的增殖，间接影响病害的流行和暴发。高温促进感染病原微生物病蚕发病的进程，导致蚕座内未感染家蚕病感染原微生物的概率大大增加。同时，高温条件下，蚕座内蚕沙和残余桑叶中非专性寄生的细菌或真菌的繁殖速度加快，同样增加家蚕感染的概率（浙江大学，2001）。

低温的影响　低温对家蚕抗性的影响相对高温较小。低温在影响家蚕正常生理生化功能的同时，使家蚕幼虫期生长发育经过（或摄食期）延长，接触（包括摄食等）和感染病原微生物的机会增加。在病蚕体内病原微生物受低温影响较小，即病程不会受明显影响，但家蚕龄期在低温下明显延长。家蚕幼虫期发病率上升，从而在生产中出现上蔟前大量发病或不结茧的情况。

高湿的影响　湿度对家蚕的直接影响主要是水分代谢，家蚕不同龄期的水分代谢规律不同，小蚕期对高湿的抗性较大蚕期强。水分代谢对家蚕抗病性的直接影响相对较小。高湿环境条件主要有利于病原微生物的生存和繁殖（特别是真菌和细菌病原微生物），或有利于病原微生物的入侵（真菌分生孢子的发芽）。所有家蚕病原微生物在湿度较高的情况下，都更容易生存；细菌和真菌等非专性寄生的病原微生物在高湿情况下，更容易进行繁殖；病原真菌的分生孢子只有在相对湿度高于80%的条件下才能侵入家蚕体壁，而且湿度越高越有利于其的入侵。

低湿的影响　低湿环境条件不利于病原微生物的生存和繁殖，如家蚕微粒子虫孢子在干燥环境条件下很容易失活。由此，低湿不利于病害的扩散。但低湿容易导致蚕座内桑叶的萎蔫，桑叶的萎蔫使家蚕的食下量下降和营养需求得不到满足，间接影响家蚕的抵抗性。喂饲萎蔫桑叶可使家蚕对BmNPV的抗性下降，抗病毒蛋白和抗肠球菌蛋白含量下降。

气流的影响　气流主要通过对温湿度的影响来影响家蚕。适度的气流能有效降低蚕座或蚕室的湿度，并排除蚕座内因蚕沙等的发酵产生的有害气体。过度的气流容易造成桑叶的萎蔫或人工饲料的明显失水，影响家蚕的摄食性；或将蚕室内外的病原真菌分生孢子或其他病原微生物吹散，从而扩散病原微生物。气流的影响主要发生于大蚕和上蔟时期，以及高密度饲养的情况。

5.3.3.3　野外昆虫的影响

野蚕（*Bombyx mandarina*）、桑螟（*Diaphania pyroalis*）、金毛虫（*Prothesia similes xanthocampa*）和桑尺蠖（*Hemerophila atrilineata*）等桑园害虫，以及菜粉蝶（*Pieris rapae*）、斜纹夜蛾（*Spodoptera litura*）、二化螟（*Chilo suppressalis*）、大蜡螟（*Galleria mellonella*）、舞毒蛾（*Lymantriadispar*）、松毛虫（*Dendrolimus*）和美国白蛾（*Hyphantria cunea*）等其他野外昆虫，特别是一些鳞翅目的野外昆虫都会被家蚕的一些病原微生物所感染。感染病原微生物的野外昆虫在桑园、蚕室（随桑叶进入，或飞入）或其他植物上栖息、生活、发病和死亡，同时排出各种病原微生物污染桑叶和蚕座等，造成家蚕与昆虫间的交叉传染。

“桑园虫多，蚕室病多”的农谚是对病原微生物在家蚕和野外昆虫间交叉感染的很好描述，从图5-7也可见桑园害虫病原微生物对养蚕的潜在风险。病毒和微粒子虫等专性寄生的病原微生物必须利用其他生命体的代谢机能进行自身繁殖，这些病原微生物种群的大小与野外昆虫交叉感染的相关性更大。

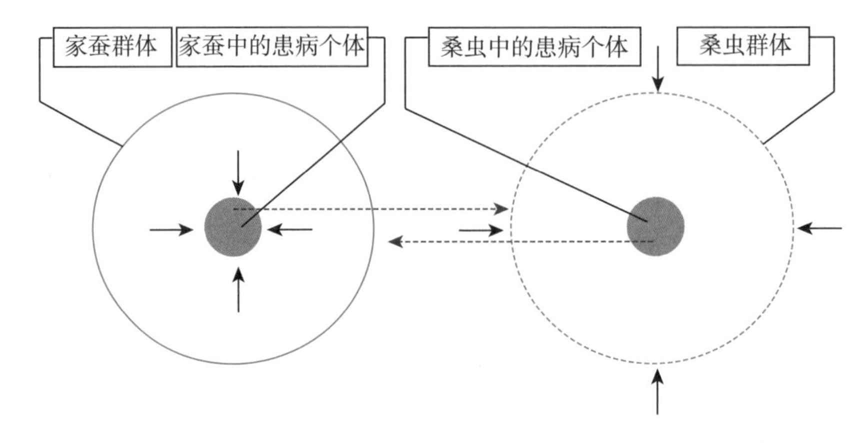

图5-7　家蚕饲养群体与野外昆虫群体间病原微生物的传播扩散示意图

注：实线圆圈代表家蚕饲养群体的数量，虚线圆圈代表野外昆虫群体的数量，实心圆圈代表饲养家蚕和野外昆虫群体中的有病群体数量，实线箭头代表养蚕和桑园治理等技术措施控制方向，虚线箭头代表传染性病原微生物的传播扩散方向。

生态因素的气候条件对野外昆虫的种群结构和数量等都会有明显的影响，不同区域农作结构（种植种类和产生大量害虫的时间等）的不同，野外昆虫的种类和数量也会有很大差异。因此，不同蚕区、年度和蚕季，桑园害虫或其他野外昆虫的分布具有明显的区域特征。野外昆虫的大量存在必然导致治虫强度的增加，而治虫过程中农药的大量使用（包括水稻、森林等），则容易引起家蚕农药中毒或微生物农药引起的传染性病害流行或暴发。

5.3.3.4　饲养技术的影响

家蚕饲养技术是养蚕技术中与家蚕最为直接相关的过程，涉及家蚕整个世代的生长发育过程。养蚕技术主要包括催青、饲养、上蔟或制种等过程。丝茧育和种茧育的主要目标分别是获得优质高产的蚕茧和蚕种（蚕卵），病害防控技术的实施是其达成目标的基本保障。所以饲养技术除充分发挥蚕品种所具有的优良经济性状外，对保持家蚕强健体质同样重要。

饲养技术中与致病或抗性直接相关的环节是温湿度控制技术、给桑技术和眠起处理技术。各蚕区根据饲养蚕品种的特性（包括生理生化特性及抗性等）、桑园和气候等基础条件，制定相应的饲养标准或技术要求。但实际生产中，由于饲养技术水平、饲养设施设备条件、气候变化及农作习惯等，偏离标准的情况时常发生。饲养技术严重偏离饲养标准，极易成为病害流行或暴发的主要因素。

温湿度控制技术是根据家蚕生长发育的规律和气候条件的变化，利用设备（空调和电加热器等）、设施（地火龙、各式围台、外走廊和栽植遮阴树等）和自然或人为条件（微风、熏烟和冷水等）等，适时适度、因地制宜地进行的温湿度调控技术。有效的加温模式可以保证小蚕整齐的发育进程；外走廊和遮阴树能有效防止大蚕期的高温冲击，尤其是大棚养蚕；微风和熏烟可有效降低蚕座和蚕室内的湿度；冷水浇洒地面，可有效降低蚕室温度；水帘空调可以有效降低蚕室或大棚的温度，但容易造成蚕室湿度的偏高。温湿度控制技术的失当，将导致生态因素直接或严重影响家蚕的抗性和病原微生物在蚕座内的扩散。

给桑技术包括喂饲桑叶的成熟度（老嫩适当）、均匀度、新鲜度、给桑量和时间，以及虫口叶剔除等。家蚕小蚕期发育较快，喂饲桑叶成熟度和均匀度的不当将导致其发育不良和整齐度不佳，造成后期眠起技术处理困难和工作量增加等；桑叶新鲜度和给桑量的不足，会导致家蚕抗性下降。在血液型脓病抗性方面，当喂饲家蚕桑叶粉含量分别为10%和50%的人工饲料时，其 BmNPB LD_{50}分别为2.2709和1.1338，即人工饲料中桑叶粉含量的增加有利于提高家蚕对 BmNPV的抗性（吴友良，1983c）。在氟化物污染蚕区,以“使用偏嫩桑叶”作为防氟技术措施往往导致血液型脓病的暴发，也是饲料质量影响家蚕抗 BmNPV能力的事例。给桑技术中同样包含了对虫口叶的控制，虫口叶携带病原微生物的可能性很高，尤其在小蚕期。

催青和眠起处理技术的合适与否，与饲养群体的整齐度有关。整齐度的不一致，必然导致用桑一致性的欠缺，对部分家蚕个体健康度产生不良影响。足够高的孵化率是高水平蚕种质量和催青技术的体现，也是饲养顺利进行的第一步。止桑和提青时间决定了分批提青的强度。止桑过早，则因青头蚕太多无法进行淘汰处理，即达不到隔离防病的作用，或无端分批过多，工作量增加，过度的饲养工作量容易造成对防病技术实施的忽视；止桑过迟，则无法发挥分批隔离防病的作用，而且容易导致早起家蚕摄食干瘪残桑而引起口器破坏或过度饥饿，出现抗性较低或易感个体。饷食时间过早，容易引起龄期内发育不齐，导致下一龄期眠起处理中的无奈分批；饷食时间过迟（俗称“等等齐”），导致较早的起蚕过度饥饿，部分个体抗病性大幅下降或易感个体增加。

5.3.4 致病因素间的关系及其他影响

致病因素有生物、化学、物理和生态因素，每类因素都有多种独特或类似的致病因子，各种单一的致病因素都可导致家蚕的发病，各种病害的特征又决定了病害扩散的规律。但在实际生产中，养蚕病害往往是多种致病因素共同或相互作用后的结果，特别是大规模发生的养蚕病害。因此，致病因素间的关系（图5-8）是家蚕流行病学研究的重要任务之一，也是控制病害流行的基础理论依据。

在养蚕病害诊断中，收集足够的信息，在对各种致病因素间相互关系（图5-8）充分理解的基础上，开展系统分析或综合评价，确定病害发生的主因，这是养蚕病害诊断的基本方法和根本目标，也是及时采取相应技术措施以控制病害进一步流行、减少养蚕经济损失、杜绝类似病害发生或流行的重要基础。

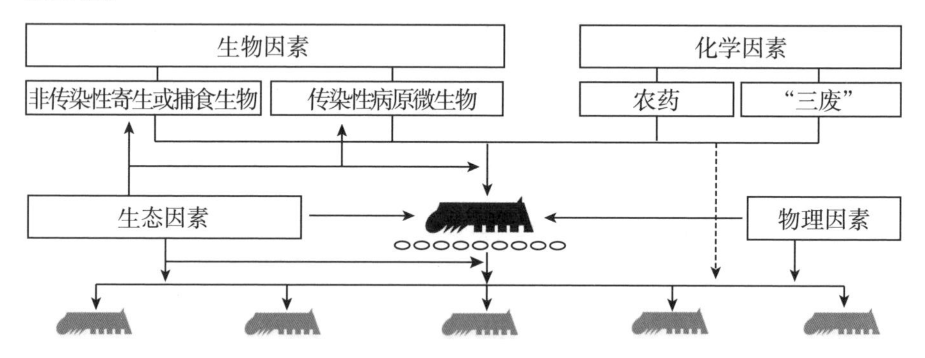

图5-8　致病因素的相互关系

5.3.4.1　不同饲养季节与致病因素的关系

在特定的饲养季节，特定的饲养技术水平或习惯、蚕区区域作物和经济结构，以及病原微生物等致病因素往往会形成特定的关系。

不同饲养季节与致病因素间的关系主要是指气候（生态因素）与饲料（桑叶）质量、桑园害虫，或病原微生物累积的能力等的关系。气候不同，桑叶质量、桑园害虫的数量和种类、蚕室温湿度的调控要求，以及病原微生物在养蚕环境中积累数量等都会有所不同。

在长江流域蚕区，春蚕期桑叶质量好，家蚕食下后抗性相对较强；桑园害虫少，桑叶质量受损小，交叉感染病原微生物的机会少；其他作物使用农药少，发生农药中毒的概率低；气候逐渐变暖的趋势，有助于解决大蚕期蚕室加温相对困难的问题；此外，春蚕也是该流域蚕区的年度首次养蚕，病原微生物的自然累积较少，饲养家蚕感染病原微生物的概率低。但在5龄期易遭遇高温冲击，在清洁消毒技术未到位和温度调控能力不足的情况下，病害暴发的可能性增加（案例2-1和案例2-2）。在夏秋蚕期，桑叶快速生长，造成营养成分积累不足和家蚕抗性下降；虫害增加和农药使用频率增加，造成养蚕中毒风险加大；病原微生物的积累增加，造成家蚕感染概率增加；高温冲击造成家蚕抗病性下降而诱发传染性病害暴发等。与春季养蚕相比，夏秋季养蚕存在较多不利的影响。同样在夏秋蚕季，不同蚕期也存在一些不同，如中秋蚕期在桑叶质量和气候方面与春蚕期相近，而较其他夏秋蚕期更为有利，但遭遇高温、农药污染或气温急变等情况较多；晚秋蚕期则较易遭遇低温和多湿，导致不结茧和真菌病的流行与暴发（案例2-13和案例2-36）。

我国各蚕区的地理位置和气候条件差异较大，即使同为长江下游的太湖流域蚕区也存在平原蚕区和丘陵蚕区的地理与气候条件差异，这种差异除直接通过温湿度等气候因素影响养蚕外，还可能从农作结构影响养蚕。因此，了解和掌握养蚕季节的特征性规律也是养蚕病害诊断的基础之一。

5.3.4.2 不同饲养技术水平和习惯与致病因素的相互关系

不同饲养技术水平包括具体操作人员的技术素养和养蚕设施设备条件。在设备设施良好的条件下，高水平的饲养人员可以很好地完成催青、收蚁、给桑、除沙、眠起和温湿度控制等技术处理，以及防范农药等有毒化学物质污染造成的养蚕中毒，使饲养的家蚕发育整齐、体质强健、抗病力强，同时能做好病原微生物扩散的控制工作和消毒防病工作，使区域环境中病原微生物的数量相对较少（图5-6），所饲养的家蚕发病概率小。在饲养水平不高和养蚕设施设备条件较差的情况下，饲养群体容易发育不齐和出现病害，由此往往导致工作量的增加，相关技术到位率的进一步下降，从而造成恶性循环和养蚕病害的流行。

不同饲养技术水平或不良饲养习惯导致养蚕病害流行和暴发的情况可以很多。例如：桑园虫害治理不善，虫害暴发导致严重的交叉感染，或农药污染桑园造成养蚕中毒等；粗暴的给桑和除沙（如不使用蚕网，手工除沙）等造成蚕体的创伤和体质下降，易引发细菌性败血症；未能按照饲养标准的温湿度控制要求调控温湿度，或遭遇恶劣气候条件（包括干旱、高温、多雨和气温急变等）后未能及时采取相应技术措施，导致高温诱发血液型脓病的流行与暴发，多湿造成真菌病等的流行与暴发（案例2-1和案例2-13）。

此外，新养蚕区域（及新蚕室等）在开始时，虽然未能养成良好的病原微生物防扩散和防污染技术习惯，且消毒防病技术到位率不高，但因病原微生物积累较少（未有宿主存在，专性寄生病原微生物感染和繁殖关系无法建立），不易发生病害流行或暴发。若以此作为“成功经验”，数年后必然发生病害的流行和暴发（案例2-13）。高水平养蚕地区（包括原蚕区等）饲养人员自持水平很高或过于追求饲养批的一致（提高劳动效率），而在分批、提青和饷食等防病技术环节上忽略家蚕抗病性（造成过度饥饿后易感个体数量增加，及轻度感染个体未能及时去除），也极易导致养蚕病害的流行与暴发，原蚕区种茧育“高产不丰收”的现象往往由此而引起。养蚕不同作业功能性质区域（储桑、切桑、养蚕）的混杂，或为利用蚕沙和剩余枝叶（喂饲湖羊，作为发酵肥料等）而不使用新鲜石灰粉的养蚕习惯，则可使养蚕处于病害流行和暴发的高风险状态（案例2-1和案例2-10）。

5.3.4.3　不同蚕区及区域作物和经济结构与致病因素的相互关系

我国蚕区的主要饲养方式有两大类型。①长江流域等蚕区的全年间歇性养蚕模式，即一年饲养2 ～ 5次蚕（春蚕和多季夏秋蚕），每个蚕季之间具有一定的时间间隔，可利用间隙时间充分实施清洁消毒等防病相关的技术措施；②两广蚕区的全年两段式连续养蚕模式，即每年2 ～ 3月开始到7月间连续养蚕，9月左右至冬季桑树落叶前的连续养蚕，没有明显的蚕季间间隔，但该区域普遍采用的大小蚕分离饲养模式为其病害防控提供了有利的条件。这两种模式间的防病体系存在较大的差异，其理论基础就在于致病因素间关系的不同。当然，近年在长江流域，由于劳动力和气候等因素，部分蚕区也出现了蚕季间重叠的模式，或专用蚕室多批次养蚕的模式。

不同蚕区所处区域作物和经济结构间存在差异。经济或工业发达区域容易发生因厂矿企业“三废”而造成的养蚕中毒，这种中毒的规模与“三废”的化学性质、排放方式、排放量和扩散污染规律等有关（案例2-26、案例2-28、案例2-29、案例2-30和案例2-31）。不同农作结构状态下，养蚕病害的流行与暴发主要与害虫种类和农药施用情况有关。不同作物其主要害虫的种类不同，与家蚕发生交叉感染（或寄生）的可能性和程度也不同。例如：栽培棉花的蚕区，棉铃虫极易被蒲螨寄生，养蚕也容易发生蒲螨病的流行；山区植被混杂常见虱螨类，养蚕也会零星发生虱螨类造成的危害。蚕区栽培作物不同，施用农药的种类和使用时间不同，对养蚕危害的程度、方式和时间也不同，如在稻 -桑混栽区域，中秋蚕期（晚稻期）容易因水稻防治“两迁”害虫（稻飞虱和稻纵卷叶螟）等大量使用农药而引起养蚕中毒（案例2-19、案例2-20、案例2-21、案例2-22、案例2-23、案例2-24和案例2-25）。

5.4　病害流行程度的评估与分析

养蚕病害流行程度是流行病学量化评价研究的重要内容。在实际生产中，流行程度不同，经济损失和后续技术处理等方面都不同。在流行程度较大或病害暴发的情况下，一般可获取较多的信息，病害种类的确定和发生主要原因的判断相对较易进行，但对病害种类的确定和发生主要原因判断的准确性要求更高，综合评价和决策中涉及的相关方较多，处理难度也较大。在小规模或零星发生养蚕病害的情况下，确诊相对比较困难。

养蚕病害流行程度的评估是确定是否采取应对防控技术措施和研发新防控技术的基本参数，也是对养蚕防病水平的评价。养蚕病害流行程度可分为散发（或零星发生，sporadic）、暴发（或突然发生，outbreak）、流行（epidemic）和大流行（pandemic），这种程度上的区分可以是单一生产单位（农户或蚕种场），也可以是某一特定的区域（自然村、行政辖区和特定生产区域）。从养蚕病害的控制而言，前者往往是后者的先兆，后者是区域养蚕病害流行程度的客观结果，或如何采取应对技术措施的重点。

散发（或零星发生）可分为两个层面。①在区域层面上，即在某蚕区发生病害的饲养单元（一个农户，或一个蚕种生产单位的某一小组或蚕室）数量较少；②饲养单元内出现少量的病蚕。前者与养蚕技术水平和区域自然环境等有关。在养蚕技术较高区域，这种情况很少发生，一旦发生，则必然有不同以往的致病因素入侵，一般蚕农或地方农技人员可以及时发现；在自然环境与家蚕生长发育需要偏差较大，且人为调控能力不及的区域，该种情况较易发生。后者作为偶发事件，是难于避免的。不论是区域性零星发生病害，还是饲养单元的零星发生病害，都可能是不可避免的偶发事件（不会对生产造成明显影响），或是暴发、流行或大规模流行的先兆和隐患。

暴发（或突然发生）是指在短期内出现大量病蚕的情况。这种大量病蚕的出现，可以是在饲养单元内，也可以在区域内。暴发现象的出现一般是大量致病因素的入侵所致，而且致病因素的潜伏期较短。另一种情况是：具有较长潜伏期的致病因素入侵后，叠加第二个致病因素的大范围入侵。在生产中，一般表现为上次给桑或观察时未见异常，但下次给桑或观察时发现大量病蚕的情况。

流行是指致病因素在病蚕数量和病害发生时间上对养蚕造成较大危害的情况。在病蚕的数量上，致病因素导致大量的病蚕和死蚕，并造成蚕茧产量的明显下降，从而带来经济损失；在发生的时间上，致病因素持续几个养蚕季，甚至长期存在于某个饲养单元或区域，并造成同一病害连续发生。

大规模流行是指致病因素造成区域内大面积养蚕病害，带来严重经济损失，甚至多季养蚕病害持续发生的情况。大规模流行的发生往往由极端致病因素的入侵或防控技术的严重失当引起，也是容易引发群体事件的农业灾害。

在宏观上，对流行程度的评价主要作为区域内政府或部门在产业布局（政策性鼓励或调整）、科技研发导向，以及技术推广强化重点等方面的决策依据。在具体养蚕病害诊断中，充分利用流行过程中病害发生程度，从空间（不同病害发生区域的距离）和时间（发现病害时间的差异）角度分析，有利于系统分析和综合评价病害发生的主要原因（案例3-3）。

5.5 病害流行的控制要点

蚕区、饲养方式（间隙与连续）和饲养技术水平的不同，以及气候、土壤和农作结构等的较大差异，直接影响了不同蚕区与家蚕饲养相关的桑树品种与栽培管理、家蚕品种与饲养方式，以及生产习惯和养蚕病害控制技术等。

在理论上，养蚕病害流行和暴发是致病因素作用于家蚕的结果，杜绝这些致病因素作用于家蚕，即可实现养蚕病害防控的目标。但在现实生产中，这种杜绝不仅在技术上难于实现，在经济上也往往存在投入与产出的冲突。因此，不同蚕区必须根据自身特点，因地制宜，突出重点，形成实用化病害防控技术体系。在该技术体系构建中，控制养蚕环境污染、做好养蚕清洁消毒工作和精心饲养是3项必须遵循的基本原则。

5.5.1 养蚕病害防治的重要基础——控制养蚕环境污染

养蚕环境污染主要是指传染性病原微生物（生物因素）和有毒化学物质（化学因素）。

控制传染性病原微生物对养蚕环境的污染技术有两个方面。①控制养蚕过程中产生的传染性病原微生物在养蚕环境内（蚕匾或蚕室）和向养蚕环境外的扩散与污染，即控制蚕座内和区域间的病害和病源物扩散。②控制养蚕外环境中的传染性病原微生物输入养蚕环境内（蚕匾或蚕室），包括专性寄生和兼性寄生的病原微生物。这种内外的区分，不仅包括蚕室内外，也包括区域间的污染扩散和控制。

在防控传染性病原微生物方面，必须认清养蚕生产过程是传染性病原微生物增加的过程（图3-6、图4-14、图5-6和图5-7），有效控制病原微生物增加的过程，就是切断或隔离病原微生物在养蚕过程中的各种扩散和污染途径。切断或隔离病原微生物扩散和污染的主要内涵：在物理空间上创造良好的隔离条件（设施和设备等），对养蚕各功能区域（桑园、储桑、调桑、小蚕饲养、大蚕饲养、上蔟、养蚕和桑园用具用品等区域）进行有效的隔离；在不同饲养功能区域的进出口设置消毒区域。在技术上系统贯彻各项有效隔离措施，如原种饲养中控制适度的收蚁批规模，适时进行“分批提青”和适度淘汰迟眠蚕，喂饲桑叶前后和除沙后的洗手（勤洗手），及时剔除病死蚕并集中填埋与消毒，适时合理进行蚕体蚕座消毒，及时有效的回山消毒和集中销毁被病原微生物严重污染的物品（蔟具）等。在防控传染性病原微生物输入养蚕环境方面，必须严格控制养蚕期间人员流动和圈养畜禽等动物流动，做好桑园及周边农作及植物的虫害管理，做好蚕室周边环境的卫生与清洁工作，以及大蚕期间悬挂防蝇黑布（网）等。

病原微生物感染的病蚕个体、病蚕个体的排出物及其他被感染或污染的物品都可称为病源物。在实际生产中，病原微生物往往随着病源物的扩散而扩散。当病原微生物存在于有机物（蚕粪或病死蚕等）中时，其对环境的抵抗性和稳定性，以及消毒药物作用的耐受性都会大大提高（表5-3和表5-4）。

不同病原微生物由于来源和致病机制的不同，在饲养群体内和区域内扩散的特点或规律也不同。对于在饲养群体内容易发生扩散的病原微生物，需要严格控制病源物的排放、桑园害虫治理和环境消毒，否则极易造成区域的大规模流行。对于在区域内容易发生扩散的病原微生物，养蚕大环境的严格控制和小环境的有效隔离十分重要。例如，真菌类病原微生物的生长范围较大（家蚕和野外昆虫的寄生繁殖，有机物的腐生繁殖），其致病家蚕的主要形态——分生孢子大量生长于寄主或腐生物表面且极易随气流飘散的特征，决定其容易发生大规模的扩散。

病原微生物在区域内的扩散是指饲养群体间（蚕匾、饲养农户或蚕室等更大空间）的扩散。区域内的扩散在饲养单元（蚕室或农户）群体中，与养蚕防病隔离措施和技术有关。从一个饲养单元群体向其他饲养群体的扩散在短期内不会十分严重，但长期出现该类现象后，将会演变成多个饲养群体的病原微生物同时入侵与扩散。多个饲养群体的病原微生物入侵与扩散，与养蚕环境的病原微生物污染防控、野外昆虫、养蚕习惯，以及自然环境对病原微生物生长繁殖的有利性等有关。部分蚕区实施统一桑园害虫管理、统一蚕室蚕具和养蚕环境消毒、统一集中深埋隔离病死蚕，以及统一其他防病技术措施等的“统防统治”综合防控技术体系，这是有效防止家蚕病害大规模流行的方法。部分蚕区养蚕期间乡里乡亲不走动、鸡鸭畜禽都圈养和桑叶蚕具不互借等民间习俗都是对减少病原微生物在区域内扩散非常有益的行为。

病原微生物可因养蚕操作等人为习惯（或操作规范）和人员移动的人为扩散，虫鸟的飞行、畜禽或宠物的走动、刮风下雨及流水的自然扩散，以及养蚕用水的不洁等其他类型的扩散到达蚕体或桑叶，从而进入饲养群体，并入侵家蚕个体。

养蚕过程中，养蚕操作等人为习惯（或操作规范）和人员移动的人为扩散，虫鸟的飞行、畜禽或宠物的走动、刮风下雨及流水的自然扩散，以及养蚕用水的不洁等其他类型的扩散都会导致病原微生物的扩散和造成养蚕环境中病原微生物无处不在的境况，也就是养蚕防病技术中所谓的“消毒是局部的，污染是全面的”的概念。

控制有毒化学物质对养蚕环境的污染技术包括以下两方面。①家蚕饲养系统内的防控：养蚕过程中杜绝蚕室和相关蚕具被农药等有毒化学物质污染，使用未被有毒化学物质污染的桑叶（或人工饲料），蚕室内及附近严禁使用含有菊酯类农药等有毒化学物质的家居卫生用品，蚕室内及邻近场所严禁放置农药，以及严禁接触过农药又未经严格清洗的各种物品及人员进入蚕室等。②外界输入性有毒化学物质的防控：在区域产业（包括工业与农业）结构布局中，农业内部不同种植品类采用相对集中的布局；全农业（包括森林和绿化等）害虫治理的统筹协调，包括区域内使用农药种类和使用时间，以及养蚕的收蚁和上蔟时间规划等。

在正常情况下，按照农药的安全间隔期和急性毒性等实施桑园病虫害治理，即可有效防范桑园农药使用对养蚕的危害。在实际生产中，农作害虫防治与养蚕的结构性矛盾、农药经营和使用的不规范，以及农药的质量问题等常导致养蚕中毒事件的发生。对于农作害虫防治与养蚕的结构性矛盾，可以在农业内部，通过蚕期调整和农作用药时间及用药种类的协调解决。农药经营和使用的规范问题涉及工商管理、农资经营许可、农业执法监督、质量检测与监督，以及农业技术推广部门等多个方面，该问题的解决需要更为广泛的部门间的有效协调。从农业技术推广部门而言，尽快适应农业土地经营权和农业结构调整过程中新农作在蚕区出现后的农作结构变化，及时推广有效和安全使用农药技术（案例2-19是该类问题的典型）。农药质量问题主要是指桑园用农药或蚕区其他农作用农药中含有对家蚕毒性极强或在桑树残留时间很长的农药，该种情况可以通过构建可靠的农药购销系统或有效的检测系统进行防范。厂矿企业“三废”则涉及社会经济更为广泛的领域，其根本的解决途径在于生态建设的发展水平。

桑园虫害治理正面临着与诸多小众作物类似的可用化学农药日趋减少这一大趋势的胁迫。传统桑园治虫用农药与农药发展趋势或方向有悖，桑园可使用农药种类日趋减少；桑园农药总体使用量较少，登记用于桑园的农药企业或农药品类十分稀少。桑园虫害治理虽然正在面临缺药的窘境，但性诱、食诱、花诱、诱虫灯、色板、植物工厂及其他生防技术正在快速发展之中，这些技术的发展和成熟应用，也将为养蚕污染防控提供新的路径和开创新局面。

总之，不论是传染性病原微生物还是有毒化学物质，污染养蚕环境的可能性是全面和无限的，而养蚕消毒和精心饲养的作用是局部和有限的。因此，控制养蚕环境污染是养蚕病害防控的重要基础，必须对此有充分清醒的认识。

5.5.2 养蚕病害防治的技术关键——做好清洁消毒工作

养蚕消毒措施可进一步降低养蚕环境（蚕具、蚕座、桑叶和蚕室等）中传染性病原微生物的数量和密度，降低其与家蚕接触和感染的概率。

消毒方法有化学消毒和物理消毒。化学消毒主要使用药剂包括次氯酸钙等无机含氯制剂等（中国兽药信息网，www.ivdc.org.cn），消毒方式主要有浸渍、喷雾和撒粉等；物理消毒主要包括煮沸、蒸汽、日晒和焚烧等。

养蚕消毒较之预防医学消毒更为困难（或难度更大），主要原因包括以下两方面。①消毒目标场所或目标物的清洁度很低（与养蚕设施设备的发展水平有关）；②目标微生物中的多角体病毒作为主要传染性病原微生物的环境抵抗性，或对化学消毒剂的耐受性与裸露病毒（或称游离病毒）、细菌和真菌等有很大差异。

从养蚕生产过程，可将消毒分为养蚕前、养蚕中和养蚕后消毒。

养蚕前消毒是控制当季养蚕传染性病害流行或暴发的重要措施，其目标是使家蚕饲养环境中的传染性病原微生物的数量降低到最低限度。获得有效消毒效果的前提是尽量清除蚕室、蚕具和养蚕周边环境中被有机物（如蚕沙、病死蚕和虫尸体等）包埋的病原微生物（清扫和清洗），或使病原微生物充分暴露（清洗），只有如此，才能使消毒药物有效地与病原微生物接触并将其杀灭，从而达成有效消毒的目的（鲁兴萌等，1991；鲁兴萌和金伟，1996b；鲁兴萌和金伟，1998；鲁兴萌，2009）。在消毒程序上强调扫除-清洗-消毒，或用石灰浆涂抹蚕室墙壁和熏烟等。

养蚕中消毒的主要作用是控制养蚕过程中传染性病原微生物的扩散（或病害的流行）。该消毒需要达到既能杀灭病原微生物又不明显影响家蚕生长发育的目标。由于养蚕中消毒“投鼠忌器”的特性，其作用的局限性十分明显。蚕座内适度使用新鲜石灰粉（强碱性），即可对BmCPV和BmNPV起到一定的消毒作用，且对隔离病原微生物也有很好的效果。养蚕期间，蚕具和环境（蚕室地面和门前屋后）等可采用与养蚕前消毒相同的方法进行环境消毒。

养蚕后消毒的主要目的是有效控制病原微生物的污染与扩散，养蚕结束之际是传染性病原微生物数量最多和分布最为集中之时，及时有效的控制技术可以为后续的养蚕提供良好的环境条件。与养蚕前的消毒程序不同，养蚕后消毒现场首先采取“毛消”，再扫除和清洗消毒。“毛消”一般采用喷雾消毒方式，通过对病源物（死蚕和蚕粪等）表面消毒，减少病原微生物在该类病源物清除过程中的环境扩散与污染。在扫除过程中，必须“轻扫轻除”，避免“尘土飞扬”。对一些被传染性病原微生物严重污染的物品和用具，应采用集中销毁或填埋等方式处理；对一些耐用高值的物品和用具，则通过强化理化消毒因子的强度（如消毒浓度和温度等）和时间进行处理。

在实施消毒中，对饲养环境中传染性病原微生物环境抵抗性、分布规律和影响因素的充分了解，有利于合理实施消毒方案和提高消毒效率。饲养规模较小的农村养蚕，可采用“统防统治”的模式进行消毒，以保证消毒工作质量。规模化生产的单位（如专业蚕种场和工厂化养蚕等），更需要和更具备条件实施精准化的靶向消毒工作。

随着社会经济的快速发展和农业现代化对养蚕机械化和自动化要求的日趋紧迫，各蚕区养蚕设施条件不断改善，养蚕清洗工作条件较之过去有明显的改善。同时，大量养蚕相关机械层出不穷。养蚕设施设备中金属或易腐蚀物件的增加，对消毒工作提出了新的要求。

5.5.3 养蚕病害防治的有效保障——加强管理、精心饲养

家蚕是一种防御（致病因素）功能十分有限的昆虫，高度密集饲养的形式决定了一旦在群体中出现感染个体，就极易发生扩散或病害的流行。因此，精心饲养、增强体质是养蚕病害防控的有效保障。

不同蚕区饲养模式和品种等一系列的差异，决定了饲养标准和具体作业要求上有较大的不同。在实际养蚕生产中，完全符合现行标准是一件不可能完成的任务，但以标准为基准和努力方向，因地制宜，把握轻重缓急，特别是在遭遇不良气候环境等不确定因素影响时，及时采取技术措施，为家蚕饲养群体营造一个较为适宜的生长发育和生产环境条件是养蚕成功的有

效保障。

精心饲养主要包括有效保持蚕座和蚕室内温湿度、良桑饱食、适时止桑和饷食，以及合理上蔟等技术环节。

5.5.4 对不同致病因素引起病害的主要后续技术措施

养蚕病害发生后的后续技术措施的主要目标是防止类似事件的再次发生和防控病害的大规模流行，其次是挽救剩余可能未受影响或影响较小的家蚕群体，减少经济损失。对于不同致病因素引起的养蚕病害，后续技术措施的方案有明显不同。

生物因素　生物因素分为传染性病原微生物因素和非传染性寄生生物因素两类。因传染性病原微生物种类不同，后续技术措施也有差异。对于具有明显蚕座内传染的病害（如血液型脓病、中肠型脓病和家蚕微粒子病等），在发生时期较早或发病程度较高的情况下（如3龄以前出现该类病蚕，或大蚕期严重发生病害），以放弃养蚕，甚至放弃下一季的养蚕（案例2-3）为优选方案，并及时清场和实施严格环境消毒。在大蚕期，病害发生程度相对较轻，选择继续饲养的情况下，则必须强化蚕体蚕座的消毒与隔离工作、强化养蚕环境的消毒与污染控制工作、强化分批提青和淘汰病小蚕的工作，同时做好精心饲养工作。如有其他影响因素（如桑园虫害和化学污染物等），则同步尽力去除。

由于细菌病和真菌病的蚕座内传染相对较弱，一般情况下可以选择继续饲养，但必须在去除病死蚕的同时，及时采取针对性措施。细菌病防控措施以适度添食抗生素和不喂潮湿或闷热发酵后的桑叶为主。在添食抗生素时，必须充分考虑蚕座的湿度可能升高问题，潮湿气候条件下不宜喂饲或充分阴干后使用。真菌病防控措施以降低蚕座和蚕室湿度为优先，适度使用药物。在气候干燥时可使用含有效氯消毒剂，直接进行蚕体蚕座喷施消毒；在病害发生原因为外界输入性病原微生物的情况下，则需要平衡好降低湿度与隔离外界分生孢子输入的措施矛盾。

对于非传染性寄生生物引起的病害，一般采用继续饲养的方案，但必须发现其来源并及时去除。

化学因素 化学因素为非传染性致病因素，除小蚕期发生中毒外，一般都采用继续饲养的方案。小蚕期中毒时，采用放弃方案，重新饲养，时间影响不大，经济上更合算。只有在发现污染来源或可能的污染来源并加于排除的情况下，才能达成化学因素（有毒化学物质）防控的效果。化学因素虽然没有传染性，但由于家蚕中毒后体质下降，极易感染传染性病原微生物，因此必须强化精心饲养工作。

生态和物理因素 两者均为非传染性致病因素，一般都采用继续饲养的方案。该两类因素的直接影响虽然相对较小，但通过间接的方式产生的影响并不一定小。如细菌性败血症发生的防控后续技术措施中，防控创伤的发生是首要措施，即必须究明创伤产生的原因并加于改善。生态因素对家蚕的抗性和传染性病原微生物都有明显影响，甚至直接影响到两者的相互作用，如湿度较大的情况下，不仅有利于真菌的生存和繁殖，而且有利于其分生孢子入侵家蚕体内。因此，对生态因素的控制往往在后续技术措施中提及，并有时成为首要措施。

第六章　简易养蚕病害检测技术

养蚕病害检测技术（detection technology of silkworm disease）是指根据家蚕病理学和养蚕流行病学的理论及知识，借助仪器设备等，直接或间接获取确定家蚕发生病害种类相关结果或证据的技术，即养蚕病害诊断的重要技术基础之一。

养蚕病害检测技术按技术类型可分为肉眼观察技术、生物学试验技术、显微观察技术、化学分析技术、免疫学技术和分子生物学技术等。按技术功能方式，可分为直接检测和间接检测。直接检测是指采用某类型技术直接检测家蚕的致病因素而确定病害种类的方式，如从病死蚕或其某一组织器官中，利用光学显微观察技术，或免疫学技术，或分子生物学技术检测到病原微生物的存在，即可确诊该蚕发病的种类；间接检测是指采用某类型技术，通过对养蚕病害发生密切相关因素的检测，确定病害种类的方式，如通过检测桑叶中对家蚕有害成分（氟化物和农药等），对比检测结果与病害发生现场家蚕表现症状的吻合性，确诊病害种类。按技术需求可分为养蚕病害种类或发生主要原因确定需求和致病因子来源确定需求。前者相对程序简单或耗时较短，后者相对程序复杂且耗时较长，甚至劳而无功。例如，发现养蚕中毒，确定有毒化学物质来源为桑叶，这相对较为简单，但查明桑叶中的有毒化学物质是何种化学分子和来自何处污染源，则较为复杂和困难。

随着科学技术的不断发展，不同类型的检测技术层出不穷，特别是基于仪器的检测技术，其灵敏度、准确度、高通量和自动化程度日趋提高。但在现实生产中，养蚕病害诊断的时效性和经济性特征决定了多数场合下这些基于仪器的检测技术应用频率不高，或多数情况下无法解决现实问题。

在现实养蚕病害诊断中，基于病征和病变的肉眼观察检测技术、光学显微镜检测技术和生物学试验检测技术等简易养蚕病害检测技术，是实际应用最为广泛的检测技术，也是本章主要介绍的内容。有关显微观察中的电镜技术、化学分析中的仪器分析技术，以及蚕病检测的免疫学技术和分子生物学技术等可参考相关书籍（鲁兴萌，2012a），以及环保、农药和食品领域的相关技术标准。

6.1 基于病征和病变的检测技术

家蚕在受到侵害性因子（致病因素）的侵害后，能够与之相抵抗。当侵害性因子扰乱了家蚕生理功能的平衡（即偏离健康状态）时，家蚕就会在形态、摄食、排泄、蜕皮、营茧、变态、交尾、产卵和孵化等行为和生命活动方面表现异常。病征是指家蚕被病原微生物感染或受其他致病因素影响后，在外观（外部）形态和机能上的变化，如爬行失常、发育受阻、食欲不振、体色异常、吐液、泻痢和出现病斑等。病变是指家蚕受到病原微生物感染或其他致病因素影响后，在生理功能和内部（细胞、组织和器官等）形态上或生理生化指标上发生的变化，如肿胀、变色及细胞和细胞器等的异常。

基于病征和病变的肉眼观察检测技术是指以肉眼观察为主，结合简易的解剖和闻触感知进行诊断，或通过典型病征和病变的发现直接确诊病害种类的一种检测技术。基于病征和病变的检测技术，需要诊断者对各种致病因素作用于家蚕的病理学基础、流行病学基础和特定致病因素作用下的病征或病变有所了解。扎实的病理学和流行病学基础，以及丰富的病征和病变观察经验十分有利于正确的诊断。

致病因素作用于家蚕后，家蚕必然会产生异常，即产生相应的病征和病变。由于致病因素（包括种类和剂量）、家蚕发育阶段（包括入侵和表现症状）和环境条件不同，家蚕发病后的病征和病变具有丰富的多样性。从病害诊断的利用，可将家蚕的病征分为行动异常、出现明显病斑和体色异常、死亡后尸体软化、死亡后尸体硬化和群体发育不齐（宋慧芝等，2006；养蚕安全工作站，www.lxm3s.com）。

6.1.1 行动异常

家蚕行动异常主要表现在食桑、眠起、爬行和吐丝结茧等方面。不论是群体性还是个体性的行动异常，都是病害发生或流行的可能先兆。

食桑　按照标准（温湿度和给桑量的控制）实施饲养的情况下，在给桑前，蚕座内的桑叶应为基本食尽状态，如有过多残桑，则为异常；5龄盛食期，在给桑后，蚕室内应可听到清晰的食桑声，否则为异常。在发现异常后，需要对群体进行更为仔细的观察，通过发现个体异常情况，判断可能出现的病害。

眠起　家蚕眠起异常主要表现在群体眠起的整齐度，即群体内个体间的差异程度。在不够整齐（青头蚕过多等）的情况下，止桑或饷食时间难于确定，或无法兼顾。该种情况的出现可能与饲养技术失当有关，也可能与病害发生有关。群体发育的明显推迟可能与饲养技术的严重失当有关，致病因素作用的可能性也上升。饲养群体出现明显的发育（或眠起）不整齐，可怀疑氟化物中毒、中肠型脓病、浓核病、病毒传染性软化病、家蚕微粒子病、细菌性肠道病和微量有害化学污染物（农药和工业“三废”等）中毒等。饲养过程中对发育进程和整齐度的精细观察，是尽早发现群体内有病个体和有效控制病害流行的重要手段。

爬行　食桑期（或觅桑时）幼虫一般表现为头胸略举、闲庭信步或憨态可掬之状。食桑中，幼虫表现为胸足把持桑叶、头部上下均匀摆动之状（5龄期可观察到口器快速闭合之状）。眠中则表现为胸部略大、头胸高举、静伏蚕座之上之状。如出现呆滞、头胸耷拉、静伏蚕座的桑叶之下、腹足失去把持力、侧卧（安静型），或吐液、狂躁爬行（如，向蚕座四周爬行）、头胸激烈摆动、身体蜷曲和翻身打滚（兴奋型），以及蛾期振翅乏力、胸足把持力不足、交配困难等，均为行动异常。安静型异常，可能是中毒也可能是传染性病害所致；兴奋型异常，多数为中毒所致。

吐丝结茧　正常情况下，熟蚕上蔟后，在蔟具中找到适宜空间，半天内即可完成茧框构架和初具茧形；如熟蚕漫游于蔟具上端，蛰伏于蔟具底端或不做茧框而吐平板丝则均为异常。

6.1.2 群体发育不齐

群体发育不齐是指养蚕过程中所饲养群体中个体间的大小不一或眠-起（发育进程）不齐的现象，是一种群体性症状。群体发育不齐是养蚕过程中常见的现象，也是家蚕患病后最早出现的异常现象，用肉眼即可发现，并可为进一步观察群体内是否已经出现发病个体提供重要线索。因此，群体发育不齐也是一个病害诊断或检测中非常基础的信息和依据。眠起阶段也是群体发育不齐最易观察和发现的时期。

多种致病因素影响或饲养管理不善，均可导致家蚕饲养群体的发育不齐，但部分致病因素或流行病危害可造成饲养群体的明显不齐，如氟化物、中肠型脓病、浓核病、病毒传染性软化病、家蚕微粒子病、细菌性肠道病和微量有害化学污染物（农药和厂矿企业“三废”等）中毒等。

6.1.3 尸体软化

健康家蚕（包括幼虫、蛹和蛾）身体饱满且具有一定的弹性，5龄盛食期幼虫尤为明显，经验丰富者用手轻按5龄盛食期蚕座内家蚕即可通过手指或手掌感知其健康状况。

部分致病因素作用于家蚕后可以导致其身体的软化和失去弹性，而家蚕死亡后，多数表现为尸体软化（除真菌病外）。不同致病因素导致的尸体软化存在一定的差异，尸体软化的过程也往往伴随体色、体型变化和异味的产生等现象，综合比较和观察可以提高病害诊断的正确性或为进一步确诊提供有效依据。如家蚕尸体完全软化而仅剩体皮（或蛹期的蛹皮）并散发恶臭，可判断病害为细菌性败血症。在病蚕死亡的早期，如在胸腹部环节出现黑斑，则病害为黑胸败血症（图3-15A）；如黑斑下可见微小白点（气泡状），则为青头败血症；如全身布满黑褐色小点并呈红褐色，则为灵菌败血症（图3-15B和C）。死亡后，挂于蚕室墙壁，或蚕架等非蚕座场所的软化死亡者，可能为血液型脓病病蚕（图2-2B）或中肠型脓病病蚕。死亡后尸体呈干瘪状而无恶臭者，可能为微量污染物累积性中毒或微粒子病病蚕。

尸体软化病蚕的发现一般在5龄期。进入具有较高饲养（或防病）水平农户的蚕室内，一般闻到的是清香，听到的是“沙沙”的食桑声；如扑鼻而至的是一股臭味，则往往表明已存在大量的软化病等病蚕或死蚕。

许多家蚕在受到致病因素侵害死亡后，由于其体内（中肠）细菌的快速繁殖而呈现尸体软化状，虽然借助是否有恶臭可以确认是否是细菌性败血症，但该种情况用肉眼往往难于正确判断，因此在诊断中也应充分考虑和避免误诊。

6.1.4 尸体硬化

家蚕死亡后尸体硬化可分为全身硬化和局部硬化。

全身硬化（包括幼虫和蛹）可用于真菌病的初步确诊（亚典型病征）。真菌病感染家蚕死亡初期，尸体呈软化状，但会逐渐硬化。对初学者而言，可根据刚硬化的死蚕和长出的白色气生菌丝，确定病害为真菌病，但难于确定真菌病种；对有经验者而言，可根据细微的病征或病斑，以及气生菌丝的形状进行区别（图3-16B和D）。需要进一步确认的情况下，可采用简易的培养观察法，即将病蚕（或病蛹）放于较高湿度的容器内，数天后待尸体表面长出白色绒毛状气生菌丝，再观察粉状分生孢子的颜色来确诊（白色为白僵病、绿色为绿僵病、褐色为曲霉病、灰色为灰僵病）。在死亡早期，可取死蚕血液进行光学显微镜观察，发现短菌丝，即可确诊（图4-8）。或在刚出现气生菌丝时，进行分生孢子着生状态的光学显微镜观察（图4-9、图4-10和图4-11）。

在小蚕期发现有明显减蚕率时，可检查蚕座下层是否有死蚕存在，如有死蚕也可采用简易的培养观察法和光学显微镜检测法进行判断。如死蚕呈黄褐色小花状（“霉花”，图3-16G），或在载玻片上滴加一小滴水，放上死蚕，充分研碎后，用光学显微镜观察到束状菌丝等，则直接可确诊为曲霉病。

部分硬化的病征主要发生在幼虫期，主要有两种情况。①真菌引起的部分硬化。夏秋蚕期这种情况在白僵病、绿僵病和灰僵病病蚕上较为多见；春蚕期这种部分硬化主要发生在大蚕期由曲霉菌引起病害的家蚕上。这种部分硬化的部位具有随机性，其中曲霉菌以幼虫尾部和中后部发生硬化多见（图3-16H）。②大蚕期幼虫的中后部发生硬化，但在硬化部位不会长出绒毛状菌丝和有色粉状分生孢子，猝倒菌、酵母菌和生理性不适等都有可能出现该类情况（图3-16J）。

在营茧后发生的硬化，可通过振摇蚕茧，听其是否有清脆的声音进行判断。蛹期硬化后，有些整个蚕蛹长出大量气生菌丝；有些仅在环节间出现绒毛状菌丝和有色粉状分生孢子；有些整个蚕蛹硬化、蛹体缩小和体色暗淡，并无气生菌丝和分生孢子长出。这种情况的不同，与侵染菌的生长能力（或感染时间）和湿度有关。

6.1.5 病斑和体色异常

病斑是致病因素作用于家蚕后家蚕在某些部位的颜色、透视度和质感等方面表现出的外观性异常，是直接可视的现象。不同致病因素引起的病害出现病斑的部位、形状和颜色等有所不同。

不同的蚕品种有其固有的花纹和体色（即不同蚕品种间存在一定差异），同一蚕品种不同龄期和性别及同一龄期不同发育阶段的家蚕个体也存在差异。一般小蚕期体色为灰褐多绉，大蚕期青白光亮，起蚕色黄多绉，盛食蚕青白质柔，将眠蚕体壁光亮。1、2龄家蚕由于个体较小，家蚕固有花纹和体色等不明显，因此难于用肉眼发现病斑；4、5龄家蚕的花纹和体色较为明显，出现异常较易发现，但由于家蚕固有的花纹和体色的差异，相同致病因素引起的病斑也会有一定的差异。

部分病斑可以用于病害确诊（典型性）或初步确诊（亚典型性）。如家蚕幼虫在环节间出现环形黑斑和环节间肿胀（图3-12），可初步确诊为家蚕氟化物中毒；灵菌败血菌危害后家蚕出现褐色小圆点，体色泛红（图3-15C）；微粒子病家蚕出现胡椒斑（图3-10C和E）；蜇伤症家蚕出现黑褐色病斑（图3-17B）；如5龄蚕体壁上出现褐色三角形病斑，可基本确诊为蝇蛆病（图3-17A）。

在发病早期，根据出现的病斑或体色异常，往往难于确诊，但可以作为进一步观察的重点，或采用其他检测技术进行检测。例如，蚁蚕未能及时疏毛（收蚁1天后仍有个体保持绒毛状的质感，及体色未转成糙米色等），上蔟时间尚未出现熟蚕（家蚕未从青白色转为全身通透明亮），“空头”（逆光条件下观察家蚕胸部环节，呈半透明状的一种病征，图2-3A和图2-4）和体色不清白（饷食1天后，或盛食期），在生产上都是较为常见的病征，可以作为中肠型脓病、浓核病、病毒传染性软化病、细菌性肠道病和微量有害化学物污染中毒的初步依据。2龄起蚕胸部皱褶部位的褐色病斑可作为曲霉病的重要依据，也可取病斑，进行充分捣碎（镊子），再用光学显微镜观察，以发现束状菌丝为确诊依据。

在家蚕发病后期或较为严重的情况下，通过病斑等的观察判断病害种类相对较为容易，如细菌性败血症的尸斑（图3-15），血液型脓病的体色乳白、体躯肿胀、狂躁爬行、体壁易破等典型病征（图3-14），中肠型脓病病蚕排出的沾有白色黏液状的蚕粪（图3-11B），以及长出分生孢子的真菌病等（图3-16C、D和I）。

相同致病因素感染家蚕的发育时期不同或感染剂量及方式不同，在病征的表现上也会出现较大的差异。例如：小蚕期和熟蚕期感染曲霉菌，家蚕较多表现为全身硬化；大蚕期感染一般表现为部分硬化。在血液型脓病多角体病毒感染家蚕剂量较小的情况下，其典型病征非常明显；在高剂量或游离病毒创伤感染的情况下，则体色乳白、体躯肿胀的病征相对弱化。

家蚕受不同病原微生物或致病因素影响后，也有出现相同病征（症状）的情况。发育不整齐、“空头”、体色转青不佳和起缩等都是许多病原微生物或致病因素影响后常见的病征。

家蚕发病后出现的病斑或体色异常种类繁多，尽早发现这些异常有利于病害的防控。这些异常一般需要与健康家蚕（大多数）的比较来发现。此外，群体中发病个体间也存在差异，通过更为全面和仔细的观察可发现处于发病后期的个体，这有利于尽早确诊。非传染性致病因素作用于家蚕后的病斑或异常在短期内即会出现（上次喂饲正常，下次喂饲前发现明显异常）；而传染性致病因素作用于家蚕后病斑的出现往往需要较长的时间。对这种特征的理解也有利于病害种类的判断和后续技术措施的选择。

大部分情况下，病斑或体色异常只能作为进一步诊断和检测的基础依据，如发现体色不清白个体后，可解剖取血或观察中肠病变等，从而进一步判断。

6.1.6 病　变

家蚕受病原微生物感染或不同致病因素影响后，在生理生化的代谢方面和细胞（包括细胞器）形态等方面发生变化，这些病变有些在发病后期肉眼可以观察到而成为病害诊断的依据，但大部分需要组织化学、免疫或放射标记及电子显微镜等技术手段（不属于简易的养蚕病害诊断技术）的介入才能被发现。

在观察家蚕群体时，发现异常（或病征出现）个体和典型病变，可直接确诊（受到特定致病因素影响，家蚕必然会出现相应的病变；某种病变出现必然有特定致病因素的影响）。如发现体色不清白，可剪去尾角或腹足，观察血液的透明度和颜色。健康家蚕血液为淡黄色透明液体。如血液混浊而不乳白，且有结晶状颗粒，则可推测病害为真菌病或微粒子病；如血液乳白，则确定为血液型脓病病害（图3-14D）。也可进一步采用光学显微镜观察进行确诊。解剖家蚕大蚕期幼虫（撕开体壁，暴露中肠和丝腺等）后，如发现丝腺出现不透明的乳白色肿胀（图3-10A）这一典型病变，则可确诊为家蚕微粒子病。如发现中肠后部有乳白色横皱或整个中肠呈乳白色横皱状（图3-11A）的典型病变，则可确诊为中肠型脓病。

养蚕病害发生后的病征和病变具有综合性，主要表现为同一种致病因素引起的病害具有多种病征和病变，不同致病因素引起的病害可以有同一种或相似的病征或病变。因此，在利用基于病征和病变的肉眼观察检测技术进行养蚕病害诊断中，必须综合利用病征和病变的特征，或进一步利用光学显微镜检测、生物学试验检测、免疫学和分子生物学技术进行诊断。

基于病征和病变的肉眼观察检测技术是养蚕病害诊断中运用最为广

泛的一种检测技术。但该技术也有其局限性，可确诊的病害种类局限于具有“典型性”病征或病变的病害，“亚典型性”或“非典型性”病征或病变的情况下难于确诊。此外，该技术对经验的依赖性较强。在资讯不断发达的今天，充分利用电脑或手机等网络终端（养蚕安全工作站，www.lxm3s.com），可以收集到大量有益的图片和资料，通过比较可做出相对可靠的判断，同时满足确诊和后续技术处理时效性的要求。

6.2 基于光学显微镜观察的检测技术

多数家蚕病原微生物（除 BmDNV和 BmIFV）可以用光学显微镜直接观察到。因此，通过制作临时标本进行观察，是蚕病检测的常用技术之一。有效应用该项技术的基础主要包括以下3个方面：①取样技术，即对导致病征或病变出现的可能病原微生物及致病机制或寄生组织器官等具有基本的了解，这种了解程度越高，选取检测组织器官和制作标本的准确性越高，检测效率也越高（有关知识可阅读本书第四章“4.2传染性病原微生物对家蚕的作用”相关内容，或其他家蚕病理学有关书籍或文献）；②样本制作技术，在对感染初期的样本、卵或小蚕样本，以及环境样本进行检测时，由于病原微生物的数量较少，检测难度大，通过简单的样本制作技术（离心和过滤等）可大大提高检测灵敏度；③熟练掌握光学显微镜的使用原理和方法。

6.2.1 光学显微镜简介

光学显微镜由机械系统（包括镜座、镜臂、载物台、镜筒、物镜转换器、粗调螺旋、细调螺旋、推动器等部件）和光学系统（包括物镜、目镜等放大部分，光源、聚光镜和光阑等照明部分）组成。机械系统是光学系统精准性能发挥的保障基础，光学系统决定了显微镜的主要性能和特点。

在养蚕病害诊断中，利用光学显微镜可进行诊断的病原微生物有血液型脓病多角体、中肠型脓病多角体、细菌（包括芽孢）、真菌（分生孢子、短菌丝和菌丝束等）和微粒子虫孢子等。光学显微镜也可应用于组织病理学观察等间接性诊断。光学显微镜的主要性能或能力在于物镜，物镜的镜口率（数值孔径）决定了显微镜的分辨率。分辨率（R）用 $\lambda/$（2NA）表示，λ 为光线波长（可见光波长为400 ～ 700 nm），NA为镜口率；NA=$n\cdot$Sin α /2，n为标本或观察物与物镜间的介质折射率（干镜为空气，n=1.00；油镜为香柏油，n=1.51），α 为物镜的镜口角（＜180°）。

养蚕病害诊断中，一般使用40倍物镜（镜口率为0.35 ～ 0.85），10倍或15倍目镜（只影响形态大小，不影响分辨率）。不同病原微生物在相差物镜（Ph）和普通物镜下观察，其特征有所不同，一般建议使用相差物镜或相差显微镜。相差光学显微镜较之普通光学显微镜，不仅物镜不同，而且必须配置相差聚光镜。物镜中相差板（phase plate）和聚光镜中相环（phase ring，环形透光装置）共同组成相差装置。由于从聚光镜的相环透入物镜的衍射光在相差板上被推迟1/4波长（即直射光和衍射光的相位、振幅和吸光量等发生变化），从而产生光波间的干涉作用，出现正反差（暗反差）效应，即背景比较明亮，而被检物则较背景暗的效果，有利于养蚕病害诊断中常用的活体标本检测（或临时标本观察）。

光学显微镜的型号或配置不同，但使用方法或性能大同小异。

6.2.3 用于光学显微镜检测的样本制作与观察

光学显微镜检测的目的和对象不同，样本的制作存在差异。光学显微镜检测根据检测目的不同，可分为诊断检测和环境检测；根据检测对象的不同，可分为家蚕样本检测、野外昆虫样本检测、蚕沙检测和尘埃等环境样本检测。不论何种检测目的和对象，样本制作应该做到观察视野充满内容物，但没有过多的内容物重叠，同时提高检测对象物的收获率。

由于检测目的和对象的不同，样本的制作和观察有所不同。对于多数病原微生物引起的病害，将家蚕幼虫（或病变组织）样本制成临时标本，通过光学显微镜观察，并根据病原微生物形态特征进行判断。家蚕微粒子病是养蚕生产中唯一的检疫性病害，在蚕种生产过程和产品（蚕种）质量监控中，需要采取多种检测方法和不同的样本制作技术，以提高检出效率。

此外，在针对检出率较低的环境样本和家蚕微粒子病检测中，往往通过集团样本检测扩大检测面，提高检出率。

6.2.3.1　诊断检测的样本制作及观察

诊断检测主要是指养蚕病害发生后，对发病个体进行光学显微镜观察的检测，是在病征或病变的肉眼检测或初步诊断基础上，开展进一步确诊的检测技术，主要针对家蚕幼虫期的病蚕样本进行检测。诊断检测一般采用临时标本制作的方法，即取样于载玻片，再盖上盖玻片，轻轻碾压或充分捣碎即可。由于不同病原微生物在家蚕体内的寄生部位（组织或器官）不同，或发病程度不同，检测样本的制作也有所不同。

家蚕血液型脓病　可用眼科小剪刀剪破幼虫尾角或腹足，或用昆虫针等尖锐用具刺破蚕蛹或蛾，使其流出血液（轻度病蚕血液呈浑浊不透明状，重度病蚕血液呈乳白色），滴于载玻片，盖上盖玻片（临时标本），用40×10（或15）倍光学显微镜观察是否有六角形多角体（2～6 μm，平均3.2 μm；图4-1A）。在相差显微镜下，多角体周围有较为清晰的黑色轮廓线，六角形多角体较易判断（在微调过程中，动态观察较易发现六边形），多角体的大小较为均匀一致，还可观察到血球细胞被寄生后细胞核膨大状（核内有大量折光性很强颗粒的多角体）的血细胞。

在普通明视野显微镜下观察相对较为困难，但可以通过有效调节视场光阑（多角体具有较强的折光性，以较小的视场光阑为宜），缓慢转动焦距微调螺旋，在不同焦平面连续观察，可以看出多角体的六角形轮廓。

此外，脂肪球往往成为初学者判断失误的主要因素，根据多角体较之脂肪球比重更大（1.26～1.28）的特征，在临时标本制成后，静止约30 min，通过调节显微镜微调，观察目标物是在上层（脂肪球）还是下层（多角体），再结合对六角形的形状特征的观察，进行判断。

另外，还可通过有机溶剂溶解鉴别法和染色鉴别法区分两者。①有机溶剂溶解鉴别法：利用有机溶剂可溶解脂肪球而不能溶解多角体的特征。在制成疑似病蚕的血液临时标本并观察后，如有疑惑，则滴上少量1∶1的乙醇和乙醚混合液（揭开盖玻片直接滴加，或在盖玻片周边滴加渗入），放置

30 min后再观察。脂肪球会消失，多角体可继续观察到。②染色鉴别法：利用苏丹Ⅲ染色液（苏丹Ⅲ的70%乙醇饱和液）对脂肪球和多角体的染色能力不同的特征。在制成疑似病蚕的血液临时标本并观察后，如有疑惑，则滴上少量苏丹Ⅲ染色液（揭开盖玻片直接滴加，或在盖玻片周边滴加渗入），放置30 min后再观察。脂肪球被染成红色，多角体不被染色。

通过进一步观察病变，可更为确切地进行诊断。例如，用小镊子取少量体壁真皮或支气管组织，观察其上皮细胞，血液型脓病病蚕可观察到大量多角体堆叠在上皮细胞内并导致上皮细胞层局部膨大的病变，另有游离的多角体分布在视野中。观察血球细胞可发现细胞核肿大且充满强折光的多角体等。

家蚕中肠型脓病　用镊子固定病蚕的头部和（或）尾部，用另一把镊子夹住固定镊子相近部位体皮，反方向撕开体壁，即可暴露中肠；或用眼科小剪刀，剪开体壁暴露中肠。用小镊子夹取少量（取样数量适当，即盖玻片压片后在显微镜下观察时，内容物充满视野，但较少重叠）中肠后部组织，放于载玻片上，盖上盖玻片，用手指轻轻碾压，制成临时标本。用40×10（或15）倍光学显微镜观察是否有六角形（或四角形）多角体（见图4-2C）。除六角形多角体（0.5～10.0 μm，平均2.62 μm）较血液型脓病病毒多角体大之外（也是两种多角体鉴别的特征），比重、折光性、染色性、有机溶剂的溶解性等都类似，即可利用相同的方法进行直接观察和鉴别观察。在取样和碾压盖玻片力度适当的情况下，可观察到圆筒形细胞内堆叠大量多角体（具有较强折光性的颗粒）的细胞病理学变化。

家蚕浓核病或病毒传染性软化病　对推测为浓核病或病毒传染性软化病的病蚕（疑似病蚕），临时标本制作可同中肠型脓病病蚕，或用吸管或移液器等吸取中肠内容物来制成临时标本。用40×10（或15）倍光学显微镜观察。病毒无法在显微镜下观察到，一般只能观察到中肠内的各类细菌。该检测一般用于排除法诊断，即如观察到大量细菌，则病毒的可能性较低；如未观察到大量细菌，则病毒的可能性较高。确诊需要采用免疫学或分子生物学的方法进行检测（鲁兴萌，2012a）。

家蚕细菌性败血症　制样法同血液型脓病检测，即取血液（浑浊，不透明），制成临时标本，用40×10（或15）倍光学显微镜观察。观察到大杆菌（图4-5A）即可判断为黑胸败血症；观察到在视野中不断游动的短杆状（似球形）细菌（图4-5B）即可判断为灵菌败血症；观察到不运动的短杆状细菌（图4-5C）即可判断为青头败血症。细菌性败血症的光学显微镜检测必须在家蚕死亡不久的时间内进行，在中肠破裂后，肠道内大量细菌混入血液，观察结果无法用于判断。

家蚕细菌性肠道病　制样法同浓核病或病毒传染性软化病检测的中肠内容物取样法，用40×10（或15）倍光学显微镜观察，小蚕样本可用盖玻片整体碾压制样。如观察到大量成对或成短链状的肠球菌（图4-7A），即可判断为细菌性肠道病。

家蚕细菌性中毒症　制样法同中肠型脓病检测，暴露中肠，在中肠后部用镊子撕开小口，取内容物，放于载玻片上，盖上盖玻片，用40×10（或15）倍光学显微镜观察；或挤压病蚕尾部环节，挤出黏液，沾于载玻片上，盖上盖玻片，用40×10（或15）倍光学显微镜观察。如是该病，虽然可观察到大杆菌，但无法确定（家蚕中肠微生态为路过型，在家蚕中肠内容物中可检测到各种类型的细菌）。如需确诊，需要进一步的分离和染色鉴别（图4-6A），以观察到细菌芽孢或伴孢晶体为确诊依据。

家蚕白僵病和绿僵病　取病蚕或死亡时间不久（硬化前）蚕，同血液型脓病检测的制样法取血液（浑浊、不透明、略带乳白色、在定向强光下可见晶体折光），制成临时标本，用40×10（或15）倍光学显微镜观察。观察到圆筒形芽生孢子（图4-8A），即可判断为白僵病；观察到豆荚状芽生孢子（图4-8B），即可判断为绿僵病。

家蚕曲霉病　在载玻片上滴上一滴无菌水，用小镊子取小块病斑，放于水滴中，用两把小镊子或手术刀等尖锐器物，充分捣碎病斑小块，盖上盖玻片，用手指充分碾压，用40×10（或15）倍光学显微镜观察。如观察到束状菌丝，即可诊断为曲霉病。

上述病原微生物引起的传染性病害，虽然主要在幼虫期发生，但在蛹和蛾期也可检测到其病原微生物。在蛹和蛾期检测时，一般采用取血和整体磨碎的方法制样。取血制样：主要针对血液型脓病和细菌性败血症，即用尖锐器物（昆虫针、剪刀和镊子的尖端）轻轻刺破蛹或蛾的腹部，流出血液，用吸管吸取或用载玻片靠取血液，盖上盖玻片，用40×10（或15）倍光学显微镜观察。整体磨碎制样：适用于蛹或蛾或小蚕的各种病害检测，即将整体放于研钵内，加少量无菌水，用研棒充分研碎；或放入试管，加少量无菌水，用笔式捣碎机充分捣碎，或用自动研磨均质器研碎。用吸管或移液器，取少量悬浊液，滴于盖玻片，盖上盖玻片，即成临时标本，用40×10（或15）倍光学显微镜观察，或经过离心（3000～5000 r/min，10～20 min）和过滤操作后，再进行光学显微镜观察（制样方法可参见下述微粒子病检测样本制作的原理或方法）。

6.2.3.2 微粒子病检测和诊断的样本制作及观察

家蚕微粒子病的检测主要应用于蚕种生产，在蚕种生产过程中开展的检测类型有补正检查、预知检查、母蛾检验、成品卵检测和环境监测等。家蚕微粒子病的监测类检测主要有环境样本检测（包括桑叶、尘埃和土壤等）、迟眠蚕检测（包括1～2龄的补正检查）和野外昆虫检测等。在检测中，由于检测样本对象和要求的不同，检测技术的应用也有较大的差异，这种差异主要体现在样本的制作上。光学显微镜观察的制作样本一般为临时标本；在判断中，以是否观察到家蚕微粒子虫孢子为准。

家蚕微粒子虫检测临时标本的观察 采用40×10（或15）倍光学显微镜观察。在相差显微镜下，家蚕微粒子虫孢子为一明显的光滑黑线围成的卵圆形［（2.9～4.1）μm×（1.7～2.1）μm］，卵圆形孢子内不可见小的颗粒物；由于孢子的成熟度不同，形态和折光性也有所差异（图4-12A）；在明视野下，可见具有很强折光的卵圆形孢子，并呈淡绿色；孢子比重较大（1.30～1.35），一般沉于标本底层，并呈上下摆动状。

家蚕微粒子虫孢子的简易鉴别制样与观察 由于样本来源的复杂性，特别是环境样本检测中，出现家蚕微粒子虫孢子疑似物的可能性较大，对初学者的诊断困扰较大，但通过简单的鉴别方法可以提高鉴别能力。例如，可采用“花粉碘染色法”鉴别花粉，即揭开盖玻片滴加一滴10%碘溶液，或滴于盖玻片周边渗入，或在载玻片上滴加样本液和碘溶液，室温放置

30 min，用40×10（或15）倍光学显微镜观察，花粉颗粒被染成紫色。也可采用“强酸溶解法”鉴别，即如上法滴加50%盐酸或硝酸，室温放置30 min后用40×10（或15）倍光学显微镜观察，家蚕微粒子虫孢子会变形或消失，真菌分生孢子则不会发生变化。也可采用“番红花染色法”鉴别，即如上法滴加番红花染色液（0.6%番红花乙醇溶液，在使用前与4%的氢氧化钾溶液等比混合），室温放置30 min后用40×10（或15）倍光学显微镜观察，家蚕微粒子虫孢子和许多其他杂物都被染成红色，但形态因染色而更为清晰和易于观察鉴别。

卵（蚕种）的样本制作及检测　将单粒蚕卵直接放于滴有20%的氢氧化钾溶液的载玻片上，放置约20 min，待蚕卵呈赤豆色之际，盖上盖玻片，轻轻碾压后，用40×10（或15）倍光学显微镜观察。如检测蚕卵为死卵，则浸泡氢氧化钾溶液的时间需更长（以卵壳软化可研碎为度）。

幼虫的样本制作及检测　家蚕微粒子虫可全身性寄生家蚕，家蚕各种组织器官和细胞中都能检出家蚕微粒子虫孢子。但由于家蚕微粒子虫孢子最早寄生和繁殖的组织器官为中肠，因此，以中肠检测的灵敏度为最高。在怀疑大蚕幼虫患该病时，可采用上述中肠型脓病的方法（中肠前后部位均可）制样检测。小蚕（2龄及以下）样本由于解剖困难，可采用整体样本进行检测，即将样本放于载玻片，滴上一滴5%的碳酸钠（或其他碱性）溶液，用盖玻片轻轻碾压后即可观察。被检测病蚕的细胞或组织中，微粒子虫世代重叠，同步存在不同发育阶段的微粒子虫，在视野中往往除可观察到呈卵圆形、具较强折光性的孢子外，还可观察到颜色灰暗的未成熟孢子，或颜色灰暗呈洋梨形的孢子母细胞。该特征也可有效用于区别微粒子虫孢子与真菌分生孢子、酵母菌或细菌芽孢。

用小镊子取各种组织器官一小块于载玻片，盖上盖玻片，轻轻碾压后用40×10（或15）倍光学显微镜观察。肌肉组织可观察到肌肉中间孢子沿肌纤维方向排列，或局部肿大的病灶；支气管可观察到上皮细胞堆叠大量孢子并肿大的病灶；丝腺、体壁和马氏管也可观察到类似病灶。血液检测可同血液型脓病的检测方法取样，用40×10（或15）倍光学显微镜观察。

蛹和蛾的样本制作及检测　可以解剖取血或中肠痕迹于载玻片，盖上盖玻片，直接或轻轻碾压后用40×10（或15）倍光学显微镜观察。蛹和蛾的脂肪球较多，可用5%的碳酸钠（或其他碱性）溶液进行背景去除处理。也可整体放入离心管或磨碎管，加水[检测家蚕微粒子虫时，加5%氢氧化钠和0.01%的十二烷基硫酸钠（SDS）溶液，效果更佳]及钢珠（2～3颗）。或用笔式捣碎机捣碎（30 s×3），或在磨碎管中用自动研磨均质器磨碎（65 Hz，60 s×3）。捣碎或磨碎样本用40×10（或15）倍光学显微镜直接观察，或离心（3000 r/min，10 min）后再观察，或过滤（200目或2层纱布）后再观察。

6.2.3.3 环境样本和集团样本的制作及检测

环境样本检测的主要目的是预防病害及有效采取针对性更好的防病技术措施，如确定重点清洗和消毒场所及靶标等。由于家蚕的病原微生物是发病归因危险度（attributable risk）极高的流行因子，环境样本的病原微生物检测不仅可以作为预防技术措施的实施依据，而且可作为流行病学调查的有效手段。家蚕血液型脓病、中肠型脓病和微粒子病等主要病原微生物都具有明显的寄生特异性，也是养蚕生产中的主要流行性病害，可作为指标性检测对象。细菌和真菌（分生孢子）等兼性寄生病原微生物，在自然环境中可营腐生生活，在桑叶育养蚕中一般作为参考性检测或关联性检测对象。

环境样本的种类无穷无尽，常见的检测样本有蚕粪、桑叶、尘埃、土壤、病死蚕或野外昆虫及尸迹物等。家蚕微粒子虫的全身性感染（蚕粪、蜕皮壳和鳞毛等）、典型隐性感染和可交叉感染昆虫较多的特点，导致其在环境中普遍存在可能性较大，但实际生产环境样本中检测到的概率较低。因此，采用集团样本检测不仅可以扩大检测面，而且可在有效制作样本、排除干扰因子的前提下提高检出率。

首先，单一集团样本的制作需避免干扰物的明显影响。例如，母蛾家蚕微粒子虫检测中，随着集团样本母蛾数量的增加，病蛾在样本中的比例下降，干扰因子的影响也增加，检出率下降，即并非集团规模（母蛾数量）越多越好。其次，应考虑样本制作的复杂性，随样本规模的增加，样本制作的复杂性增加。例如，在相同病蛾率前提条件下，母蛾经捣碎、过滤和离心等复杂程序，较之简易的过滤离心，样本的检出率要明显提高，但对技术设备、人员技能和时间等的要求也提高。

蚕粪和土壤样本的制作及检测　在检出率可能较低的情况下，蚕粪或土壤等样本可通过浸渍后过滤和离心的方法制样及检测。1 g蚕粪或土壤加100 ～ 200 mL水浸泡2 h后，进行过滤（200目，或2层纱布），过滤液用3000 r/min离心10 min，弃上清，用玻棒直接蘸取或加少量水后蘸取（或移液器，或滴管吸取），滴于载玻片后用40 × 10（或15）倍光学显微镜观察。在蚕粪或土壤较为干燥的情况下，可延长浸泡时间（过夜或12 h以上）后再行过滤和离心检测。较大的加水量，有利于将蚕粪或土壤中的病原微生物游离出来，提高检出率，但加水量的增加也会给后续的过滤和离心增加难度和复杂性。

在检出率可能较高的情况下，可取少量样本放于离心管，加水，用笔式捣碎机捣碎，或在磨碎管中加水和钢珠（2 ～ 3颗），用自动研磨均质器磨碎（65 Hz，60 s × 3）。捣碎或磨碎样本直接用40 × 10（或15）倍光学显微镜观察，或离心（3000 r/min，10 min）后观察，或过滤（200目或2层纱布）后观察。

桑叶等的取样制样及检测　将桑叶等植物叶片或茎等样本放入三角烧杯中，加100 ～ 200 mL水，振荡洗涤，或用洗瓶冲洗桑叶等样本表面。将振荡液或冲洗液以3000 r/min离心10 min，弃上清，用玻棒直接蘸取或加少量水后蘸取（或移液器，或滴管吸取），滴于载玻片后用40 × 10（或15）倍光学显微镜观察。

尘埃的取样制样及检测　对尘埃可用湿的脱脂棉球擦拭取样点来获取样本，将取样脱脂棉浸于水中，取水进行离心（3000 r/min，10 min）后用40 × 10（或15）倍光学显微镜观察。在检出率可能较低的情况下，可将数个取样脱脂棉球混合浸于水中制样。

病死蚕或野外昆虫及尸迹物等样本的制作及检测　对尚未死亡或死亡不久的野外昆虫，可采用上述6.2.3.2节中“幼虫的样本制作及检测”方法。对死亡过久的病死蚕或野外昆虫（无法进行解剖），可采用捣碎或磨碎的方法进行制样，即同“蚕粪和土壤样本的制作及检测”方法。

蚕卵（蚕种或蚁蚕）集团样本的制作及检测　蚕卵样本的检测主要针对家蚕微粒子虫。未经催青的蚕卵检出率很低，一般检测催青到点青期以后的蚕卵较为合理。在孵化后一周再进行检测的检出率更高，但耗时较长。具体操作：将1000颗蚕卵放于5 mL的磨碎管中，盖上海绵塞，进行常规催青；催青后25℃放置1周；加2 mL磨碎液（5%氢氧化钠和0.01%的 SDS）和钢珠（2 ～ 3颗），用自动研磨均质器磨碎（65 Hz，60 s×3）。磨碎后直接用40×10（或15）倍光学显微镜观察，或离心（3000 r/min，10 min）后观察，或过滤（200目或2层纱布）后再观察。

在对收蚁后剩余物进行检测时，散卵蚕种应吹去空壳后进行浸泡，干瘪程度越高，浸泡时间越长，一般浸泡时间以半天以上为佳。浸泡后同上进行磨碎、制样和用40×10（或15）倍光学显微镜观察。平附蚕种应将蚕连纸浸泡于水中2 h，再刮下蚕卵（含有空壳和蚕连纸纤维）后磨碎，磨碎后过滤（200目或2层纱布，去除卵的空壳和蚕连纸纤维等杂物），再离心（3000 r/min，10 min），制样，用40×10（或15）倍光学显微镜观察。

小蚕（迟眠蚕）集团样本的制作及检测　在检测家蚕微粒子病时，3龄及更早发育阶段的小蚕样本（如迟眠蚕），可采用上述“蚕卵（蚕种或蚁蚕）集团样本的制作及检测”的方法进行。如检测目标微生物为病毒多角体，磨碎液要换用水加 SDS（强碱性会溶解多角体）。

大蚕集团样本的制作及检测　多数情况下，大蚕样本可获取的病征或病变等信息较为容易，可据此直接取样进行光学显微镜观察和判断。在特别需要制作大蚕的集团样本进行检测时，以解剖去除丝腺后制样，或加大量水或溶剂进行制样较好。制样方法同“蚕卵（蚕种或蚁蚕）集团样本的制作及检测”。检测家蚕微粒子虫孢子和病毒多角体所用的磨碎液组成不同（家蚕微粒子虫孢子检测中大量使用强碱性溶液，病毒多角体检测使用中性溶液更佳）。

蛹和蛾的集团样本制作及检测　由于蛹和蛾集团样本的容量较大，磨碎法的相对容量限制较大（现有磨碎管一般都在50 mL或以下），一般可采用大型笔式捣碎机，或组织捣碎机，或家庭用捣碎机进行捣碎，再过滤和离心后用40×10（或15）倍光学显微镜观察。检测家蚕微粒子虫孢子和病毒多角体所用的磨碎液组成不同。

在上述集团样本制作中，在必要时，可进一步采用差速离心法离心

（3000 r/min离心5 min，取沉淀；充分悬浮后再以低速500 r/min离心1 min，取上清），多次重复可进一步去除杂质，以便观察和提高检出率。但过度的差速离心次数，也可导致靶标微生物的遗失而影响检测率。

对蚕种生产单位等企业或农业技术推广服务部门而言，光学显微镜已成为一种常备的仪器设备，相关容器（烧杯、试管和滴管等）和溶液的配置也并非难事，如有条件配置离心机等仪器设备，利用光学显微镜进行养蚕病害检测的能力可以得到大大的增强。

6.3　基于生物学试验的检测技术

生物学试验检测技术是指针对前期信息[病征和（或）病变的肉眼观察，或光学显微镜观察，或病害发生相关事项调查]，将致病物（致病因素携带者）怀疑对象作用于家蚕，通过饲养后，观察是否出现养蚕病害发生现场相同或类似情况的一种检测技术，相似程度越高，确定为致病因子的可靠性越高。

生物学试验检测技术的科学依据与微生物学和医学中的科赫法则和重演性发生定律类似。其优点在于适用范围广泛和简便易行。在有些情况下可为病害的防除和减灾技术的采取提供足够的依据，有时能完成许多仪器检测技术无法实现的检测，甚至比仪器检测更为高效，可有效弥补仪器检测技术等的不足。其缺点是多数情况下耗时较长，在解决时效性较强的问题时不适用；其次，精确定性致病因素或化学成分的能力缺失。

生物学试验检测的待检物品取样，应注意随机性和靶向性有机结合。一般以2龄起蚕为试验用蚕（对病原微生物或有毒化学物质较为敏感，取材和观察相对容易和方便），同时以健康常规饲育家蚕为同步对照，观察1个龄期。观察主要内容：是否与病害发生现场出现相同症状、是否出现中毒症状或行动异常、是否出现发育进程的异常（眠起是否正常）。在发生急性中毒或有毒化学物质含量较高的情况下，一般出现第一种结果，即很快得到重演性结果和做出明确诊断。在慢性中毒，或有毒化学物质含量较低，或有毒化学物质接触家蚕的路径较为复杂的情况下，较多的是第二或第三种结果，或未见异常；在第二和第三种结果的情况下，可以认定所检测材料对家蚕有害或在养蚕生产中必须防范，但是否是造成现场家蚕病害的主要原因难于确定；在未见异常的情况时，不能简单确定为该检测样本材料对家蚕无害，而是需要进一步的信息收集或尝试其他检测方法。

6.3.1 非多角体病毒病的生物学试验检测

家蚕感染非多角体病毒（BmDNV和BmIFV）后，在行动和外观上都会表现出一定的异常（如发育不整齐、食桑不旺或“空头”等）。在大蚕期发病严重的情况下，可以通过解剖中肠和观察病变进行检测及诊断；在感染程度较轻或感染初期等情况下，往往难于通过病征和（或）病变的观察进行检测和诊断。在该种情况下，生物学试验则可以有效地区别非多角体病毒和肠球菌引起的细菌性肠道病（两者的后续措施不同）。

具体方法 对现场发现的从病征（或）病变上疑似非多角体病毒感染的家蚕个体，在光学显微镜观察未能检测到病毒多角体或其他病原微生物的情况下，取样（小蚕取整体，大蚕解剖取中肠组织），加约10倍体积的无菌水后，在研钵内用研棒充分匀浆，或用细胞捣碎机或细胞破碎仪（珠磨式研磨器）在磨碎管内充分捣碎，以1000 r/min离心10 min，取上清，用无菌水稀释10倍和100倍，将原液与稀释液分别涂于桑叶叶背（湿润为度，勿使形成小水坑），并用其喂饲2龄起蚕（30～50条即可），常规饲养。以未添食家蚕为健康对照，1周内即可得出结果。如家蚕出现与病害发生现场家蚕类似的病征或症状，则可排除肠球菌引起的病害，而诊断为非多角体病毒所引起的病害。用不同稀释梯度组织液添食家蚕后，家蚕所表现病征或症状的程度差异可进一步提高检测的可靠性。

该方法不适用于时效性要求较高的诊断。在时效性要求较高的情况下，可采用免疫学或分子生物学技术方法，一般在2天内即可完成检测。免疫学或分子生物学技术方法在检测灵敏度方面也更为优越；在感染时间上，一般感染36 h后即可检出；在检出病毒的滴度上较生物学试验更低。但其前提条件是检测技术实施实验室具备相应病毒的抗体或特异性引物，以及相关仪器设备，否则需要花费更长的时间。

6.3.2 桑叶的化学污染物毒性检测

在怀疑有毒化学物质来源于桑叶的情况下，可直接采集桑叶进行2龄起蚕喂饲试验。有毒化学物质毒性较大或污染剂量较高，可引起家蚕急性中毒，针对此种情况，利用生物学试验的重演性进行检测是非常有效的。在慢性中毒的情况下，生物学试验的检测能力较弱，且耗时较长。

利用该检测技术，通过对与推测污染源不同距离桑园桑叶喂饲家蚕的中毒程度比较检测，可确定污染源（案例2-26和案例3-3）；通过对桑枝条上不同叶位桑叶喂饲家蚕的中毒程度比较检测，可确定污染物的主要污染形式（是粉尘还是气体）（案例3-2和案例3-3）。

6.3.3 养蚕相关物品及空间的化学污染物毒性检测

养蚕相关物品包括养蚕用具（如稻草蔟具和垫料等）和桑园周边植物及秸秆等。如怀疑稻草蔟具（蜈蚣蔟和伞形蔟）和养蚕用垫料被农药等有毒化学物质污染，或怀疑周边植物施用农药污染的情况下，可采用浸渍法、垫料法、混合法、燃烧法、留置法和盆栽法等进行检测。该类方法是使待检物品的溶出物或挥发物接触桑叶或家蚕一定时间，再观察家蚕是否出现异常，从而验证或解明有毒化学物质来源的检测方法。溶出物通过涂抹桑叶喂饲家蚕而直接发生作用，挥发物则可能通过桑叶吸收后发生危害，或直接危害家蚕（呼吸和体表渗透）。

浸渍法 该方法主要针对较小物品的检测，如稻草、其他农作物或植物（蔬菜、水稻、花卉等）的器官及小件物品等。将这类物品直接或切碎后放入三角烧瓶等容器，以浸没供试材料为基准，一般新鲜植物材料放入约1倍的洁净水（质量比），干燥材料放入约2倍的洁净水（质量比）。常温浸渍1～8 h（利用浸渍时间的不同，可以推测待检物的污染程度，以及污染是表面还是内部的特性），期间可不定期振摇三角烧瓶，加快待检物中有毒化学物质的溶解或渗出。浸渍后，用脱脂洁净棉花球蘸取溶液，涂抹桑叶叶背至湿润，用其喂饲2龄起蚕（30～50条），连续涂抹添食，饲养观察1个龄期。如重演现场症状或出现中毒症状，则确诊（案例2-23和案例2-24）。

垫料法　该方法主要针对较小物品的检测。将小物品直接或切碎后放入有盖器皿（如二重皿、保鲜盒和饭盒等），垫约1cm厚，再盖上与器皿同形洁净纸张（或滤纸），将2龄起蚕（30～50条）放于纸上，常规饲养，观察1个龄期。如重演现场症状或出现中毒症状，则确诊。该方法是利用有毒化学物的挥发性和桑叶的吸收特点进行的检测（案例2-23和案例2-24）。

混合法　该方法主要针对较小物品的检测，原理同垫料法。将待测物品直接或切碎后放入无害塑料袋或可密封塑料容器内；再放入桑叶（物品和桑叶的质量比约为5:1），扎紧塑料袋或盖上容器盖子；阴凉处放置8～12 h；取出桑叶，再用该桑叶喂饲2龄起蚕（30～50条），饲养和观察1个龄期。如重演现场症状或出现中毒症状，则确诊（案例2-23和案例2-24）。

燃烧法　该方法主要针对可燃烧物品的检测。将可燃烧物品放于可密闭金属容器的一端，桑叶放置另一端，点燃后盖上盖子。放置2 h后，放入家蚕，1天后观察家蚕是否出现异常。出现异常则可能是燃烧烟雾中有毒物被桑叶呼吸吸入后家蚕食下而中毒，也可能是烟雾中有毒物直接导致家蚕中毒；未出现中毒或明显异常，即该方法不能检测其中的有毒可能性。

留置法　该方法主要针对大型物件和较大空间的检测，如蚕匾、蚕室和工厂车间或作坊等。将2龄起蚕（30～50条）直接放于蚕匾或大型物件中，用洁净桑叶常规饲养，观察1个龄期。在较大空间的情况下，在该空间的不同方位，用洁净桑叶常规饲养，2龄起蚕（30～50条），观察1个龄期。如重演现场症状或出现中毒症状，则确诊（案例2-28）。

盆栽法　该方法主要针对较大空间的检测，如蚕室、工厂车间或作坊等。将盆栽桑树放于这些较大空间的不同方位，放置1天后开始喂饲2龄起蚕（30～50条），用该桑叶连续喂饲和观察1个龄期。如重演现场症状或出现中毒症状，则确诊。

上述6种生物试验检测方法，不仅可为发生养蚕危害后的诊断提供有效的依据，而且可用于养蚕生产过程中杜绝有毒化学物质危害的监测。

6.3.4 农药原药的生物学试验检测

由于家蚕对农药和部分化学污染物十分敏感，无法用其他借助于仪器的检测技术进行确诊，实际应用中主要还是依靠肉眼诊断技术或结合生物学试验检测分析进行诊断。乐果、敌敌畏、辛硫磷和毒死蜱等有机磷类农药由于对家蚕的毒性相对较低，在桑叶（树）上的残留期较短，因此是养蚕桑园治虫常用的农药。

在这些农药中混入菊酯类农药后极易造成严重的养蚕中毒。这些农药用于桑园后，家蚕群体往往在低龄幼虫期不出现中毒个体（枝条上部叶位的桑叶，为未接触农药的新生桑叶），随着龄期增大和使用桑叶叶位的下降（曾经接触过农药的桑叶）开始出现中毒个体。如症状为菊酯类农药中毒，可初步确诊为来源于桑叶的菊酯类农药中毒。

桑园或周边农作一般严禁使用对家蚕剧毒的农药，如菊酯类和杀虫双等。在桑园或周边农作使用农药中一旦含有该类农药，农户往往因不知情而采桑喂饲家蚕，从而导致养蚕中毒。非剧毒农药或桑园用农药中混入剧毒农药成分（如菊酯类和杀虫双等）有两类情况。①企业为了提高某种农药的治虫效果或降低生产原料成本而故意混入，但在产品的主要有效成分标识中未进行标注（剧毒农药成分含量较高，可通过仪器检测原药检出）。②因农药生产企业对所生产产品的用途不明或使用方未强调桑园使用，农药企业未在整个生产过程中采用防止剧毒农药污染该产品技术措施，导致剧毒农药成分在乳化、分装和生产场所等环节中混入，含量很低，很难通过仪器检测原药检出，但可通过生物学试验检出。前者事件的杜绝需要农药生产企业的自律和政府相关职能部门加大监管强度进行防范，后者需要养蚕技术人员通过对农药来源的控制，或生物学试验的方法进行监测。生物学试验也可作为养蚕中毒原因确诊的方法（案例2-15和案例2-16）。

有机磷类农药中微量菊酯类农药的检测（差异检测法）是利用两类农药对家蚕毒性的显著性差异特征及家蚕中毒症状明显差异的一种检测方法。该方法通过阶段稀释农药原药，涂抹桑叶喂饲家蚕，根据不同稀释倍数试验区家蚕中毒程度和症状差异进行判断。即将原药进行阶段稀释，将不同稀释倍数的溶液涂于桑叶叶背，喂饲2龄起蚕，观察家蚕中毒症状。在低稀释倍数时，家蚕出现有机磷类农药中毒的症状（头胸膨大、吐水和身体缩短等），菊酯类农药的中毒症状被掩盖；随着稀释倍数的增加，在同一批家蚕中出现两种症状并存的情况；在高稀释倍数时，有机磷类农药对家蚕的毒性减弱而不出现相应症状，而菊酯类农药因其对家蚕的剧毒性，使个别家蚕出现菊酯类农药的中毒症状（身体蜷曲）。

某案例中，40%乐果中混有（微量）菊酯类农药的试验表明：在稀释1000倍及以下时，家蚕表现以有机磷类农药中毒症状为主；在1万倍和10万倍之间，两者并存，但菊酯类农药中毒症状的个体比例增加；在稀释100万倍时，仅有菊酯类农药中毒症状的个体（图6-1）。具体稀释倍数下家蚕两种中毒症状的出现情况和个体数量比例变化与混入菊酯类农药的量有关，但通过生物学试验后两者的变化趋势可做出有效的判断。

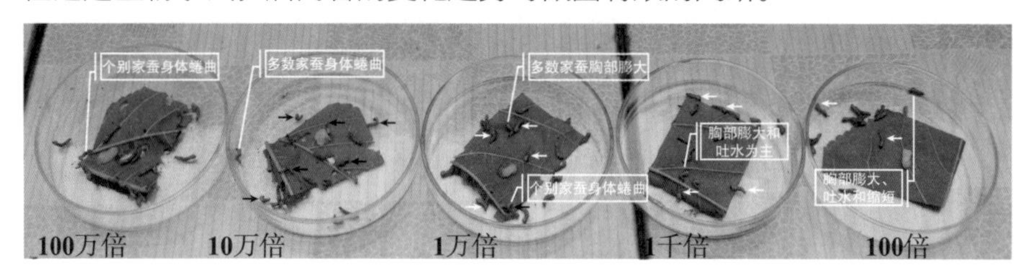

图6-1　菊酯类农药的差异检测法生物学试验

注：黑色箭头所指为身体蜷曲，或吐水的菊酯类农药中毒症状蚕。白色箭头所指为身体缩短，胸部膨大和吐水的有机磷类农药中毒症状蚕。

在生产实践养蚕病害诊断中，熟练应用和灵活应用或组合基于病征和病变观察、光学显微镜观察和重演性生物学试验等检测技术，充分运用家蚕病理学和养蚕流行病学的理论与知识，通过有效的信息收集、科学的系统分析和合理的综合评价，可以有效达成养蚕病害诊断的基本目标和根本目的。

参考文献

王瀛，V. Shyam Kumar，汪方炜，等 . 2005. 诺氟沙星对家蚕病毒性软化病发病过程的影响［J］. 蚕桑通报，36（1）：20-24.

冯家新 . 1995. 我国90年代以来的蚕种技术革新［J］. 中国蚕业，16（4）：8-12.

白兴荣，江亚，黄平 . 2011. 云南省家蚕血液型脓病的危害与流行分析［J］. 云南农业科技，（4）：31-32.

孙克坊，周勤，周金钱，等 . 2002. 微量菊酯类农药对家蚕毒性的调查初报［J］. 蚕桑通报，33（3）：27-29.

孙文静，杨逸文，蔡志伟，等 . 2012. 省力化养蚕技术对养蚕规模化的影响［J］. 蚕桑通报，43（2）：14-17.

孙海燕，陈伟国，董瑞华，等 . 2008. 10%吡丙醚EC对家蚕的毒性测试［J］. 蚕桑通报，39（2）：18-20.

孙海燕，陈伟国，戴建忠，等 . 2015. 47种杀虫剂对家蚕的毒性与安全性评价［J］. 中国蚕业，36（3）：42-47.

朱方容，卢继球 . 2004. 家蚕中肠型脓病流行的原因及防治对策［J］. 广西产业，41（3）：25-30.

朱宏杰，赵新华，戴建一，等 . 2006. 家蚕病毒性软化病病毒抗血清的研制及应用［J］. 蚕桑通报，37（3）：16-19.

李明乾，尚娜娜，蔡顺风，等 . 2009. 家蚕传染性软化病病毒（桐乡株）5′端非编码区基因的克隆及序列分析［J］. 蚕业科学，35（1）：84-89.

吕鸿声 . 1982. 昆虫病毒与昆虫病毒病 [M]. 北京: 科学出版社 .

吕鸿声 . 1998. 昆虫病毒分子生物学 [M]. 北京: 中国农业科技出版社 .

沈炼 (仲昴庭编补,郑辟疆宗元校注). 1960. 广蚕桑说辑补 [M]. 北京: 农业出版社 .

沈秉成 (郑辟疆校注). 1960. 蚕桑辑要 [M]. 北京: 农业出版社 .

宋慧芝, 鲁兴萌, 沈海 . 2004. 家蚕病害诊断专家系统的设计 [J]. 蚕业科学, 30(2) : 164-170.

邱海洪, 韦秉兴, 冯健玲, 等 . 2008. 广西家蚕血液型脓病发生的原因分析和防治对策 [J]. 安徽农业科学, 36(6) : 2368-2370.

吴一舟 . 1996. 浙江蚕种业十年回顾及今后十年瞻望 [J]. 蚕桑通报, 27(1) : 3-6.

吴友良 . 1983a. 关于家蚕对 NPV感染抵抗性的研究: Ⅰ与发育阶段的关系 [J]. 蚕业科学, 9(1) : 29-33.

吴友良 . 1983b. 关于家蚕对 NPV感染抵抗性的研究: Ⅱ与感染病毒前后饲育温度的关系 [J]. 蚕业科学, 9(2) : 93-96.

吴友良 . 1983c. 关于家蚕对 NPV感染抵抗性的研究: Ⅲ与人工饲料内桑叶粉、Vc和水分添加比率的关系 [J]. 蚕业科学, 9(3) : 167-171.

吴友良, 孙曙光, 贡成良 . 关于家蚕对 CPV感染抵抗性的研究, Ⅰ与发育阶段、性别等生理因素的关系 [J]. 蚕业科学, 1986, 12(2) : 95-99.

吴友良, 贡成良 . 1986. 关于家蚕对 CPV感染抵抗性的研究: Ⅱ与感染病毒前后饲育温度的关系 [J]. 蚕业科学, 12(4) : 215-219.

吴友良, 贡成良 . 1987. 关于家蚕对 CPV感染抵抗性的研究: Ⅲ家蚕对 CPV感染抵抗性与营养因素的关系 [J]. 蚕业科学, 13(2) : 101-105.

吴友良 . 1991. 家蚕对病毒病感染抵抗性生理生化机制研究综述 [J]. 江苏蚕业, (1) : 1-4.

陈端豪, 冯建琴, 马秀康, 等 . 2001. 家蚕血液型脓病的发生与防治对策 [J]. 中国蚕业, 22(3) : 63-64.

陈伟国, 鲁兴萌 . 2012. 农药对家蚕的毒性和安全性评价研究 [J]. 蚕业科学, 38(2) : 329-336.

陈开沚 . 1956. 裨农最要 [M]. 北京: 中华书局 .

陆奇能，朱宏杰，洪健，等 . 2007. 一株传染性软化病病毒的分离和鉴定［J］. 病毒学报，23（2）：143-147.

茼娜娜，陆奇能，金伟，等 . 2007a. 家蚕传染性软化病病毒（桐乡株）*VP1*基因片段的克隆及序列分析［J］. 昆虫学报，50（10）：1016-1021.

茼娜娜，陆奇能，洪健，等 . 2007b. 传染性软化病病毒感染感染家蚕中肠上皮细胞的免疫电镜观察［J］. 蚕业科学，33（4）：602-609.

张海燕，周勤，潘美良，等 . 2006. 阿维菌素对家蚕毒性的试验［J］. 蚕桑通报，37（1）：18-20.

赵淑英、仝德侠 . 2011. 睢宁县家蚕血液型脓病多发原因与防治对策［J］. 中国蚕业，32（3）：57-59.

费晨，张海燕，钱永华，等 . 2006. 家蚕消化道来源蒙氏肠球菌的鉴定［J］. 蚕业科学，32（3）：350-356.

浙江大学 . 2001. 家蚕病理学［M］. 北京：中国农业出版社 .

黄少康，鲁兴萌，汪方炜，等 . 2004. 两种微孢子虫孢子表面蛋白及对家蚕侵染性的比较研究［J］. 蚕业科学，30（2）：157-163.

谢道燕，杨振国，柴建萍，等 . 2018. 8种常用农药对家蚕的慢性毒性测定［J］. 农药，57（6）：438-442.

谢礼，张勤奋，鲁兴萌，等 . 2009. 家蚕传染性软化病病毒的冷冻电子显微镜三维重构［J］. 中国科学C辑：生命科学，39（8）：768-774.

鲁兴萌，金伟 . 1990. 家蚕消化液中抗链球菌蛋白含量和抑菌活性的研究［J］. 蚕业科学，16（1）：33-38.

鲁兴萌，吴国桢，金伟，等 . 1991. 消特灵和漂白粉消毒液的稳定性［J］. 蚕桑通报，22（2）：5-10.

鲁兴萌，金伟 . 1996a. 桑蚕细菌性肠道病研究［J］. 蚕桑通报，27（2）：1-3.

鲁兴萌，金伟 . 1996b. 蚕室蚕具消毒剂的实验室评价［J］. 蚕桑通报，27（4）：6-8.

鲁兴萌，金伟，钱永华，等 . 1996. A DNA hybridization taxonomic study of enterococci from the intestine of silkworm（桑蚕消化道中肠球菌的染色体杂交分类学研究）［J］. 浙江农业大学学报，22（4）：331-337.

鲁兴萌，钱永华，金伟，等 . 1997. 桑蚕消化道中肠球菌的部分特性的研究［J］. 浙江农业大学学报，23（2）：184-188.

鲁兴萌，金伟 . 1998. 含氯制剂对家蚕微粒子虫孢子消毒效果评价的研究［J］. 蚕业科学，24（3）：191-192.

鲁兴萌，金伟 . 1999. 桑蚕来源肠球菌的溶血性［J］. 蚕桑通报，30（2）：15-17.

鲁兴萌，金伟，钱永华，等 . 1999. 肠球菌在家蚕消化道中的分布［J］. 蚕业科学，25（3）：158-162.

鲁兴萌，吴勇军 . 2000. 吡虫啉对家蚕的毒性［J］. 蚕业科学，26（2）：81-86.

鲁兴萌，吴海平，李奕仁 . 2000. 家蚕微粒子病流行因子的分析［J］. 蚕业科学，26（3）：165-17.

鲁兴萌，汪方炜，石彦 . 2002. 对我国养蚕业中传染性软化病的思考［J］. 蚕桑通报，33（3）：6-8.

鲁兴萌，周勤，周金钱，等 . 2003. 微量氯氰菊酯对家蚕的毒性［J］. 农药学报，5（4）：42-46.

鲁兴萌，陆奇能 . 2006. 家蚕病毒性软化病的研究进展［J］. 蚕桑通报，37（4）：1-8.

鲁兴萌，周华初 . 2007. 家蚕微孢子虫与其它微孢子虫及真菌的进化关系［J］. 蚕业科学，33（2）：325-328.

鲁兴萌 . 2008a. 养蚕中毒的原因分析和防范［J］. 蚕桑通报，39（1）：1-5.

鲁兴萌 . 2008b. 家蚕传染病的流行与控制［J］. 蚕桑通报，39（4）：5-8.

鲁兴萌 . 2009. 蚕用兽药的现状与应用［J］. 蚕桑通报，40（2）：1-5.

鲁兴萌 . 2010. 养蚕业分布与影响因素［J］. 蚕桑通报，41（3）：1-5 .

鲁兴萌 . 2012a. 蚕桑高新技术研究与进展［M］. 北京：中国农业大学出版社 .

鲁兴萌 . 2012b. 家蚕对血液型脓病的抗性与防治策略［J］. 中国蚕业，33（3）：4-7.

鲁兴萌，孟祥坤，沈伯民，等 . 2013. 基于养蚕环境样本检测的流行病学调查方法［J］. 蚕业科学, 39（2）: 913-920.

鲁兴萌 . 2015. 蚕桑产业的现代化与可持续发展［J］. 中国蚕业, 36（1）: 1-5.

鲁兴萌, 呼思瑞, 邵勇奇, 等 . 2017. 家蚕胚胎期感染微粒子病的个体对健康群体的影响［J］. 蚕业科学, 43（1）: 68-76.

鲁明善（王毓瑚校注）. 1962. 农桑衣食撮要［M］. 北京: 农业出版社 .

蒲蛰龙, 李增智 . 1996. 昆虫真菌学［M］. 合肥: 安徽科学技术出版社 .

戴建忠, 陈伟国, 孙海燕等 . 2017. 灭多威和毒死蜱在桑叶中的消解动态研究［J］. 蚕桑通报, 48（2）: 25-28, 50.

Fei Chen, Lu Xing-meng, Yong-hua Qian, et al. 2006. Identification of Enterococcus sp. from midgut of silkworm based on biochemical and 16S rDNA sequencing analysis［J］. Annals of Microbiology, 56（3）: 201-205.

Li Ming-qian, Lu Qi-neng, Wu Xiao-feng, et al. 2009. Analysis of RNA-dependent RNA polymerase sequence of infctious flacherie virus isolated in China and its expression in BmN cells［J］. Agricultural Sciences in China, 8（7）: 872-879.

Li Ming-qian, Chen Xiao-xue, Wu Xiao-xia, et al. 2010. Genome analysis of the *Bombyx mori* infectious flacherie virus isolated in China［J］. Agricultural Sciences in China, 9（2）: 299-305.

Li Mingqian, Man Nana, Qiu, Haihong, et al. 2012. Detection of an internal translation activity in the 5′ region of *Bombyx mori* infectious flacherie virus［J］. Applied Microbiology and Biotechnology,（95）: 697-705.

R. Sato, M. Kobayashi, H. Watanabe.1982. Internal ultrastructure of spores of microsporidans isolated from the silkworm, *Bombyx mori*［J］. J. Invertebr. Pathol., 40: 260-265.

Xie Li, Zhang QinFen, Lu Xingmeng, et al. 2009. The three-dimensional structure of Infectious flacherie virus capsid determined by cryo-electron microscopy［J］. Sci China Ser C-Life Sci, 52（12）: 1186-1191.

川瀬茂実 . 1976. ウイルスと昆虫［M］.東京: 南江堂 .

案例清单

案例2-21　稻-桑混栽蚕区农药不合理使用引起的养蚕中毒-3

案例2-22　稻-桑混栽蚕区农药不合理使用引起的养蚕中毒-4

案例2-23　花-桑混栽蚕区农药不合理使用引起的养蚕中毒-1

案例2-24　花-桑混栽蚕区农药不合理使用引起的养蚕中毒-2

案例2-25　其他农作-桑混栽蚕区农药不合理使用引起的养蚕中毒

案例2-26　小作坊污染排放引起的养蚕中毒

案例2-27　多因素污染引起的养蚕中毒

案例2-28　工厂无组织排放“三废”引起的养蚕中毒-1

案例2-29　工厂无组织排放“三废”引起的养蚕中毒-2

案例2-30　工厂无组织排放“三废”可能引起的养蚕中毒-1

案例2-31　工厂无组织排放“三废”可能引起的养蚕中毒-2

案例2-32　养蚕病害诊断中的主因（氟化物）判断

案例2-33　可能的氟化物污染引起的养蚕中毒

案例2-34　零星发生的养蚕氟化物中毒

案例2-35　零星发生的养蚕有机氮类农药中毒

案例2-36　大蚕期极端低温引起的养蚕不结茧

案例2-37　蚕期低温气候引起的养蚕不结茧

案例2-38　发生规模较小情况下的养蚕病害诊断

案例2-39　多种不利因素并存引起的养蚕不结茧

案例2-40　错失诊断时机的养蚕病害

案例2-41　零星发生的养蚕中毒

案例2-42　怀疑中毒的养蚕不结茧

案例3-1　散卵形式原种的家蚕微粒子病检疫失当引起的大规模养蚕病害

案例3-2　蚕区布局吡虫啉生产企业导致的大规模养蚕中毒

案例3-3　蚕区布局阿维菌素生产企业导致的大规模养蚕中毒

案例3-4　假农药引起的养蚕大规模中毒

后　记

书稿付梓，也是作者工作经历的一个侧影描述呈现。

书中案例全部发生于特定的区域与历史时期，即我国优质蚕茧主产区——浙江蚕区，养蚕生产从快速发展巅峰进入下行通道的历史过程背景下。1995年，浙江/全国的蚕种发种量和蚕茧产量分别是383.1/2731.0万张和12.2/70.8万吨；浙江1992年的蚕种发放量和蚕茧产量最高，分别达到415.7万张和14.1万吨；全国蚕种发放量1995年最多，蚕茧产量最高的是2007年的82.2万吨。在2019年，全国蚕种发种量和蚕茧产量保持基本稳定的状态下，浙江的蚕种发放量和蚕茧产量分别为38.4万张和2.0万吨。浙江这种养蚕规模变化的社会背景是区域社会经济的快速发展和经济结构的不断调整。在宏观背景下，理解本书各种案例的内涵，根据所在区域社会经济、人文历史和产业模式的背景底色，将诊断方法有效应用于生产实际，则可达成“解·舒”的目的。

在相当长的时期内，全国养蚕业规模保持了基本稳定的态势，蚕茧产量在1990年超过50万吨后，始终稳定在60万吨左右，但区域分布发生着不断的变化。社会和经济宏观发展对养蚕业市场化发展的推进，养蚕生产和经营方式的适度规模化发展，机械化、工厂化和自动化技术模式的不断创新等，都是大概率发生的趋势。与此同时，养蚕业从业人员（包括教学科研、技术管理和生产操作等相关人员）的泛专业化现象正在凸显，这种变化在大格局上为养蚕业的创新发展提供了十分有益的氛围，但也因从业者缺乏系统的专业训练而产生解决具体问题时缺乏抓手或切入点的问题。例如：在生产中，如何在现场正确诊断病害基础上提出有效后续技术措施；在科学研究中，如何保持对照家蚕的健康状态而避免不明病蚕导致的结果谬误等。本书也期望能为具有一定再学习能力的从业者提供辅助和参考，共同推动养蚕业生产技术及科学研究向高水平和高质量方向发展。

书稿付梓之际，必须对学校、政府相关部门及相关人士表示由衷的谢意。感谢国家现代农业蚕桑产业技术体系（CARS，2008—2020年）和浙江省农业（农村）厅（1995—2010年）等机构和部门在经费上的持续支持，这种支持也是书稿相关内容的实验研究支撑、社会公益服务和书稿出版等的物质基础。感谢所有案例处置中的相关人员，包括师长同行、基层蚕桑和农业技术人员，以及各级政府和相关部门的领导或事件处置责任人，他（她）们高度的社会责任感、无私奉献的工作精神，强大的再学习能力，以及充满智慧的逻辑思维，促使作者本人成为“行者”（doer）而非“白知”（intellectual yet idiot）。

书稿形成虽历经数年，由于个人思维深度和逻辑长度的不足，文字功底的浅薄，难免在某些内容的陈述或观点的表达中挂一漏万，或出现偏差和错误，在此也冀望读者指正赐教，以批判中利用的姿态共同推进养蚕病害诊断技术水平的提高。

鲁兴萌

庚子春于启真湖畔

图书在版编目（CIP）数据

解·舒：基于案例的养蚕病害诊断学 / 鲁兴萌著 .
— 杭州：浙江大学出版社，2020.12
ISBN 978-7-308-20791-1

Ⅰ . ①解… Ⅱ . ①鲁… Ⅲ . ①蚕病－诊断 Ⅳ .
① S884

中国版本图书馆 CIP 数据核字（2020）第224618号

解·舒——基于案例的养蚕病害诊断学
鲁兴萌　著

策划编辑　徐有智　许佳颖
责任编辑　潘晶晶
责任校对　金佩雯　蔡晓欢
封面设计　周　灵
出版发行　浙江大学出版社
（杭州市天目山路 148 号　邮政编码 310007）
（网址：http://www.zjupress.com）
排　　版　杭州朝曦图文设计有限公司
印　　刷　浙江省邮电印刷股份有限公司
开　　本　710mm×1000mm　1/16
印　　张　19.75
字　　数　314千
版 印 次　2020年12月第1版　2020年12月第1次印刷
书　　号　ISBN　978-7-308-20791-1
定　　价　198.00元

浙江大学出版社市场运营中心联系方式（0571）88925591;http://zjdxcbs.tmall.com